高等职业教育畜牧兽医类专业教材

动物微生物

DONGWUWEISHENGWU

杨玉平　主编

中国轻工业出版社

图书在版编目（CIP）数据

动物微生物/杨玉平主编．—北京：中国轻工业出版社，2021.1

高等职业教育畜牧兽医类专业教材

ISBN 978-7-5019-8887-7

Ⅰ.①动…　Ⅱ.①杨…　Ⅲ.①兽医学-微生物学-高等职业教育-教材　Ⅳ.①S852.6

中国版本图书馆 CIP 数据核字（2012）第 142966 号

责任编辑：马　妍　　责任终审：张乃柬　　封面设计：锋尚设计
版式设计：宋振全　　责任校对：杨　琳　　责任监印：张　可

出版发行：中国轻工业出版社（北京东长安街 6 号，邮编：100740）
印　　刷：三河市万龙印装有限公司
经　　销：各地新华书店
版　　次：2021 年 1 月第 1 版第 5 次印刷
开　　本：720×1000　1/16　印张：16.75
字　　数：340 千字
书　　号：ISBN 978-7-5019-8887-7　定价：34.00 元
邮购电话：010-65241695
发行电话：010-85119835　传真：85113293
网　　址：http://www.chlip.com.cn
Email：club@chlip.com.cn
如发现图书残缺请与我社邮购联系调换
201653J2C105ZBW

全国农业高职院校“十二五”规划教材

畜牧兽医类系列教材编委会

（按姓氏拼音顺序排列）

本书编委会

（按姓氏笔画顺序排列）

主　编

杨玉平　黑龙江生物科技职业学院

副主编

王丽娟　辽宁职业学院

张素丽　周口职业技术学院

参　编

罗国琦　周口职业技术学院

姜　鑫　黑龙江农业经济职业学院

高月林　黑龙江农业职业技术学院

主　审

金璐娟　黑龙江职业学院

前言 / PREFACE

根据国务院《关于大力发展职业教育的决定》、教育部《关于全面提高高等职业教育教学质量的若干意见》和《关于加强高职高专教育人才培养工作的意见》的精神，2011 年中国轻工业出版社与全国 40 余所院校及畜牧兽医行业内优秀企业共同组织编写了“全国农业高职院校‘十二五’规划教材”（以下简称规划教材）。本套教材依据高职高专“项目引导、任务驱动”的教学改革思路，对现行畜牧兽医高职教材进行改革，将学科体系下多年沿用的教材进行了重组、充实和改造，形成了适应岗位需要、突出职业能力，便于教、学、做一体化的畜牧兽医专业系列教材。

《动物微生物》是规划教材之一。本教材针对畜牧兽医专业人才就业岗位所需要的微生物知识与技术，设置了动物微生物概述、细菌、病毒、其它微生物、消毒与灭菌、免疫学基本知识、血清学试验、免疫学应用、主要的病原微生物及微生物的其它应用 10 个项目，同时融入了微生物及免疫检验中的新知识、新技术、新方法。

本教材每个项目都提出了具有可检测和可操作性的知识目标和技能目标，以便学生学习和掌握每个项目的主要知识和基本技能；每个项目结束后都有相应的思考与练习题，可以帮助学生掌握和巩固重点内容。本教材在编写中力求语言通俗易懂、图文并茂、简明扼要、由浅入深、循序渐进，既保证内容的新颖性和先进性，又突出重点和实用性。

参加本教材编审的人员均为各高职高专院校长期从事动物微生物教学和科研的骨干教师和双师型教师，具有丰富的教学经验和实践经验，在安排编写任务时也是根据各位编写人员专业特长进行分工，以保证教材的质量和特色。

本书具体编写分工为：杨玉平编写项目一、项目二、项目九中的任务一；王丽娟编写项目六；张素丽编写项目三、项目九中的任务二；罗国琦编写项目十；姜鑫编写项目四、项目五；

高月林编写项目七、项目八。全书由杨玉平统稿，承蒙黑龙江职业学院金璐娟教授主审，在此表示衷心感谢。

由于编者水平有限，缺点和不足在所难免，敬请专家和读者批评指正。

编者

2012 年 5 月

目录 / CONTENTS

项目一 动物微生物概述

项目二 细菌

血清学试验

微生物的其它应用

项目一 动物微生物概述

【知识目标】

理解微生物和病原微生物的概念；掌握微生物的特点及分类；了解微生物与人类、动物及植物的关系。

任务一 | 微生物的概念和类型

一、微生物的概念及特点

（一）微生物的概念

微生物是广泛存在于自然界中的一群肉眼不能直接看见，必须借助光学显微镜或电子显微镜才能看到的微小生物的总称，包括细菌、真菌、放线菌、螺旋体、霉形体（支原体）、立克次体、衣原体和病毒八大类。

微生物在自然界中分布广泛，绝大多数微生物对人类和动、植物的生存是有益且必需的。例如，土壤中的微生物能将动、植物尸体中的有机蛋白转化为无机含氮化合物，以供植物生长的需要，而植物又被人类和动物所食用；人类在工业、农业、食品、医药等行业中利用微生物为我们服务，如酿酒、生产发酵食品、熟皮、制造菌肥、生产抗生素及疫苗等；肠道内的微生物能帮助反刍动物牛、羊等发酵分解纤维素，肠道内的大肠杆菌能合成 B 族维生素和维生素 K 来保护动物的健康。然而，也有一小部分微生物可对人类或动、植物产生危害，尤其是能引起人和动物的传染病。这些具有致病性的微生物称为病原微生物，简称病原体。有些微生物在正常情况下是不致病的，而在特定条件下才可引起疾病，称为条件性病原微生物。

（二）微生物的特点

微生物具有生物的共同特点：①基本组成单位是细胞（病毒例外）；②主要化学成分相同，都含有蛋白质、核酸、多糖、脂类等；③新陈代谢等生理活动相似；④受基因控制的遗传机制相同；⑤有繁殖能力。另外，微生物还具有与动、植物不同的特点，可以归纳为以下5点。

（1）形体微小、结构简单　微生物个体微小，一般小于0.1μm。细菌在光学显微镜下放大1 000倍、病毒在电子显微镜下放大1万倍以上才能看见。除个别真菌外，大部分微生物都是单细胞结构，而病毒则无细胞结构。

（2）生长繁殖快，容易培养　微生物的繁殖速度是动、植物无法比拟的。有些细菌在适宜的条件下每20min就可繁殖一代，即24h可繁殖72代。微生物的快速繁殖能力应用在工业发酵上可以大大提高生产率，运用于科学研究中可以大大缩短科研周期。当然，必须防止病原微生物和腐败微生物的危害。微生物容易培养，能在常温常压下利用简单的营养物质，甚至工、农业废弃物进行生长繁殖，积累代谢产物。利用微生物发酵法生产食品、医药、化工原料等具有许多优点：设备简单，不需要高温、高压设备；原料广泛，可用廉价的甘薯粉、米糠、麸皮、玉米粉及废糖蜜、酒糟等工、农业副产品；不需要催化剂；产品一般无毒；工艺独特，成本低廉，可因地制宜，就地取材。

（3）代谢能力强，类型多样　微生物的代谢能力比动、植物强得多，一个或几个细胞就是一个独立的个体，能迅速与周围环境进行物质交换，因而具有很强的合成与分解能力。有资料表明，大肠杆菌每小时可分解自重1 000～10 000倍的乳糖，乳酸细菌每小时可产生自重1 000倍的乳酸，产朊假丝酵母合成蛋白质的能力是大豆的100倍、肉用公牛的10万倍。因此，微生物高效率的吸收转化能力具有极大的应用价值。另外，微生物代谢类型之多也是动、植物所不及的，它们几乎能分解地球上的一切有机物，也能合成各种有机物。

（4）适应能力强，易发生变异　微生物具有极灵活的适应性。为了适应多变的环境条件，微生物在长期的进化过程中产生了许多灵活的代谢调控机制，并有多种诱导酶。微生物对环境条件尤其是恶劣的极端环境具有惊人的适应能力。例如，海洋深处的某些硫细菌可在100℃以上的高温下正常生长，有些嗜盐细菌能在32%的盐水中正常活动。微生物个体微小，易受环境条件影响，加之繁殖快、数量多，容易产生大量变异的后代。可利用这一特性选育优良菌种。

（5）分布广泛，种类繁多　微生物在自然界分布极为广泛。土壤、空气、河流、海洋、盐湖、高山、沙漠、冰川、油井、地层下及动物体内外、植物体表面等各处都有大量的微生物在活动。微生物的种类繁多，目前已发现的微生物约有15万种，而有人估计已发现的微生物种类最多也不超过自然界中微生物总数的10%。我们可以相信，随着人类认识和研究工作的发展，不断会有新的微生物被发现和利用。

二、微生物的类型

微生物种类繁多，根据其结构和组成不同，可将8大类微生物分为3种细胞类型。

（1）真核细胞型微生物　细胞核的分化程度较高，有核膜、核仁和染色体，胞质内有完整的细胞器（如内质网、核糖体及线粒体等）。真菌属于此类微生物。

（2）原核细胞型微生物　细胞核的分化程度低，仅有原始核质，无核膜、核仁，缺乏完整的细胞器。此类微生物有细菌、放线菌、螺旋体、支原体、立克次体和衣原体。

（3）非细胞型微生物　体积微小，不具备细胞结构，也无代谢必需的酶系统，只能在活细胞内生长繁殖。病毒属于此类微生物。

任务二 | 动物微生物的研究内容

一、动物微生物的研究内容

动物微生物包括动物微生物学与动物免疫学两部分。动物微生物学主要阐述与动物生产有关的微生物的生物学特性、与外界环境的相互关系及在畜禽及畜产品生产中的应用，并介绍常见病原微生物的致病作用及诊断要点。动物免疫学主要阐述的是免疫系统的结构与功能、免疫应答、免疫产物与抗原反应的理论和技术，以及如何应用其对机体有益的防卫功能，防止有害的病理作用，发挥有效的免疫学措施，达到诊断、预防和治疗疾病的目的。因动物免疫学侧重研究的免疫血清学诊断和免疫学防治多与微生物有关，所以在高职院校中多将两者合并为一门课程来讲授。

二、学习动物微生物的目的和方法

动物微生物是畜牧兽医类专业的一门核心技术课程，学习动物微生物的目的在于了解病原微生物的生物学特性与致病性；认识动物机体对病原微生物的免疫作用、感染与免疫的相互关系及其规律；了解传染性疾病的实验室诊断方法及预防原则。掌握动物微生物的基本知识和技能，可为学习动物病理、动物药理、动物传染病、动物卫生检验等课程提供必要的理论知识和操作技能。学好动物微生物，有利于将有益的微生物用于生产实践，并且有效地控制和消灭有害的微生物。

学习动物微生物应以病原微生物的致病性为核心，将各部分内容有机联系，有助于理解和记忆种类繁杂的各种病原微生物，切忌死记硬背。动物微生物是实践性很强的课程，并和临床关系密切。在学习过程中必须贯彻理论联系实际的原则，既重视理论，又重视基本技能的训练，使理论与实践密切结合起来，学会用所学的微生物学和免疫学知识解决生产实践问题。

1. 名词解释：微生物、病原微生物、条件性病原微生物。
2. 微生物有哪些特点？
3. 微生物可分为哪几种细胞类型？各有何特点？

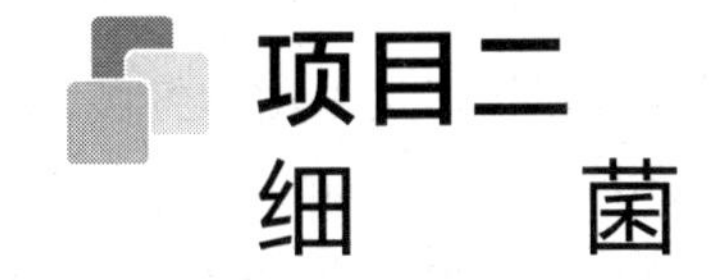

项目二 细 菌

【知识目标】

熟悉细菌的大小、形态及构造；理解细菌新陈代谢产物的意义，掌握细菌培养的条件和方法；掌握细菌生长繁殖的条件，了解细菌的繁殖方式和速度及细菌的生长曲线；理解细菌的致病作用；熟悉细菌感染的实验室诊断方法。

【技能目标】

正确使用显微镜油镜观察细菌；会利用不同的材料制备细菌标本片，并可以进行常规染色；会制备培养基并能对细菌进行分离培养；能认识病料中细菌的形态及染色特性。

细菌是一类具有细胞壁的单细胞原核型微生物，个体微小，要经染色后在光学显微镜下才能看见。

任务一 | 细菌的形态和结构

各种细菌在一定环境条件下，具有相对恒定的形态和结构。了解细菌形态和结构的特点，对于细菌的鉴别、疾病的诊断、细菌的致病性与免疫性的研究等均具有重要的意义。

一、细菌的大小与形态

（一）细菌的大小

细菌的个体微小，要用光学显微镜放大几百倍到几千倍才能看到。通常使用显微测微尺来测量细菌的大小。细菌的测量单位是微米，用“μm”表示，1μm = 1/1000mm。不同种类的细菌，大小相差很多，同一种细菌在生长繁殖的不同阶段、不同的生长环境（如动物体内外）、不同的培养条件下其大小也可能差别很大。一般球菌用直径表示，通常为0.5～2.0μm；杆菌用长和宽表示，较大的杆菌长3～8μm、宽1～1.25μm，中等大小的杆菌长2～3μm、宽0.5～1.0μm，小杆菌长0.7～1.5μm、宽0.2～0.4μm；螺旋菌是以屈曲状态时两端直线距离作为长度，一般为长2.0～20μm、宽0.4～0.2μm。

细菌的大小以生长在适宜的温度和培养基中的幼龄培养物为标准，虽然同一菌落中的个体其大小也不完全相同，但在一定条件下，各种细菌的大小是相对稳定的，而且具有明显的特征，可以作为鉴定细菌的重要依据之一。同种细菌在不同的生长环境、不同的培养条件下，其大小会有所变化，测量时的制片方法、染色方法及使用的显微镜不同也会对测量结果产生一定的影响。因此，测定和比较细菌大小时，各种因素、条件和操作技术应一致。

（二）细菌的个体形态

细菌的个体形态多种多样，但基本形态有球形、杆形、螺旋形3种，并据此将细菌分为球菌（图2－1）、杆菌（图2－2）和螺旋菌（图2－3）3种类型。

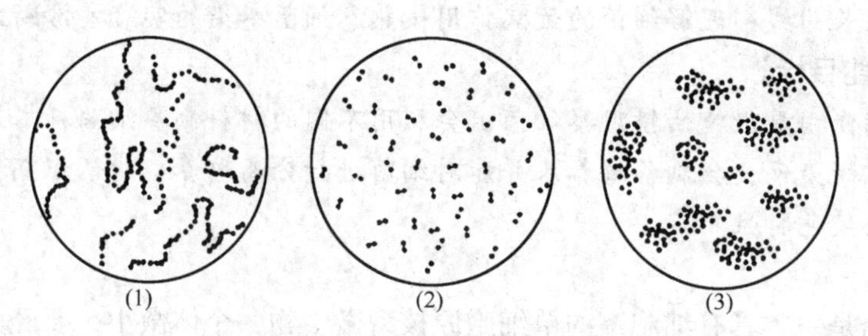

图2－1　各种球菌的形态和排列

（1）链球菌　（2）双球菌　（3）葡萄球菌

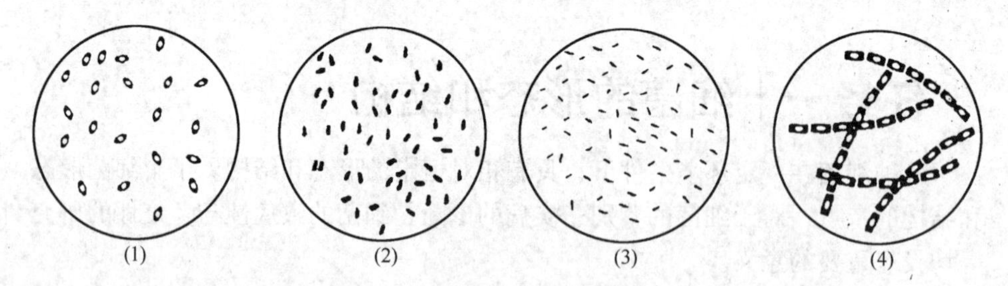

图2－2　各种杆菌的形态和排列

（1）巴氏杆菌　（2）布鲁菌　（3）大肠杆菌　（4）炭疽杆菌

细菌以简单的二分裂方式进行繁殖。有些细菌分裂后彼此分离，单个存在；有些细菌分裂后彼此仍有原浆带相连，形成一定的排列方式。各种细菌的

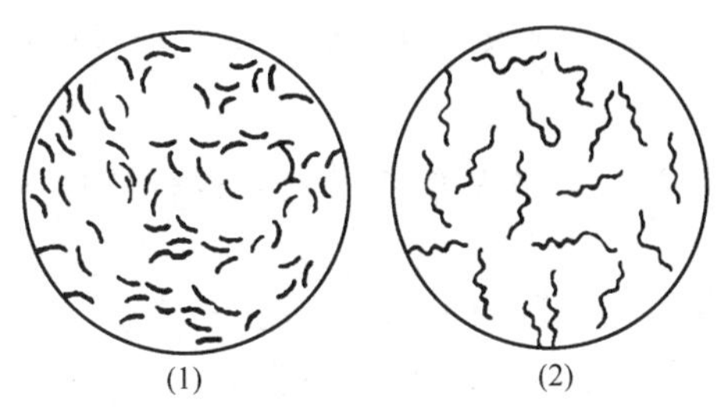

图2－3 各种螺旋菌的形态和排列

（1）弧菌 （2）螺菌

个体外形和其排列方式，在正常情况下是相对稳定并且有特征性的，可作为细菌分类、鉴定的依据。

1. 球菌

球菌呈球形或近似球形。按其繁殖时分裂方向和分裂后彼此相连的情况，又可分为以下几种球菌。

（1）单球菌 分裂后单独存在的球菌，如尿素微球菌。

（2）双球菌 在一个平面分裂，分裂后两个菌体成对排列。其接触面呈扁平、凹陷，菌体变成肾状、扁豆状或矛头状，如肺炎双球菌呈矛头状、脑膜炎双球菌呈肾状、淋病双球菌呈半月状。

（3）链球菌 在一个平面上连续分裂，分裂后连成3个以上或长或短的链状，如化脓性链球菌、猪链球菌。

（4）四联球菌 一个球菌先后在两个互相垂直的平面上分裂，分裂后4个菌体连在一起，排成“田”字形，如四联微球菌。

（5）八叠球菌 球菌先后在3个互相垂直的平面上分裂，分裂后8个球菌分两层排列在一起，成为一个立方形的包裹状，如尿素八叠球菌、盐渍食品中的八叠球菌。

（6）葡萄球菌 在多个不规则的平面上分裂，分裂后若干个球菌无规则地堆积在一起，形似葡萄状，如金黄色葡萄球菌。

2. 杆菌

杆菌是细菌中种类最多的类型，菌体形态多样，一般呈圆柱形，也有的近似卵圆形。各种杆菌大小、粗细、长短都有显著差异，短的几乎呈球形，长的可呈长丝状。杆菌两端的形状在鉴定杆菌上具有一定的意义。例如，大肠杆菌、沙门菌等两端钝圆；炭疽杆菌两端平切；梭状芽孢杆菌两端尖细；巴氏杆菌、布鲁菌呈球杆形；结核分枝杆菌形成侧枝；膀胱炎棒状杆菌一端大一端小，呈棒状。

杆菌只有一个分裂方向，其分裂面与菌体长轴垂直，多数菌体分裂后彼此分离，单独存在，称为单杆菌，如大肠杆菌；有的杆菌分裂后成对存在，称为双杆菌，如肺炎杆菌；有的杆菌分裂后呈链状排列，称为链杆菌，如炭疽杆菌。

少数细菌分裂后，可呈铰链状彼此粘连，菌体互成各种角度，继续分裂可以成丛，呈栅栏样或V、Y、L等字样排列，如马棒状杆菌。

3. 螺旋菌

菌体弯曲或呈螺旋状，两端圆或尖突。根据弯曲程度和弯曲数，又可分为：

（1）弧菌　菌体只有一个弯曲，呈弧状或逗点状，如霍乱弧菌。

（2）螺菌　菌体有两个以上弯曲，呈螺旋状，如鼠咬热螺菌。

（3）弯杆菌　呈弧形、虫形或S形，如结肠空肠弯杆菌。

各种细菌的个体外形和其排列方式，在正常情况下是相对稳定而有特征性的，可以作为细菌分类与鉴定的一种依据。

4. 细菌的衰老型和多形性

细菌在适宜的环境下有典型的形态，但在老龄培养物或环境发生改变（在不适宜的环境中或化学药品的作用）会出现和正常形状不一样的个体，称为衰老型或退化型。当这些衰老型的培养物重新处于正常的培养环境中时，可恢复正常的形状。但有些细菌即使在适宜的正常环境中生长，其形状也很不一致（形态、长短、大小），这种现象称为细菌的多形性，如根瘤菌、棒状杆菌、嗜血杆菌、坏死梭状芽孢杆菌等。

（三）细菌的群体形态

细菌在人工培养基中以菌落形式出现。在适宜的固体培养基中，由单个菌细胞固定一点大量繁殖，形成肉眼可见的堆集物，称为菌落。许多菌落融合成片，称为菌苔。由于细菌种类不同，菌落的大小、形态、透明度、隆起度、硬度、湿润度、表面光滑或粗糙、有无光泽等也有差别，由此可以初步判断细菌的种类。例如，炭疽杆菌的菌落为灰白色、表面粗糙、边缘不整齐的火焰状大菌落；大肠杆菌的菌落为圆形隆起、边缘整齐、光滑湿润的中等大小菌落；金黄色葡萄球菌在普通营养琼脂上的菌落为圆形、边缘整齐、呈黄色，菌落直径1～2mm。将细菌样本在固体培养基上划线接种，经适当时间培养后可获得单个菌落，是细菌纯化、传代和鉴定的重要步骤之一。

二、细菌的结构

细菌虽小，但结构却很复杂，包括基本结构和特殊结构（图2－4）。

（一）细菌的基本结构

细菌的基本结构是指所有细菌都具有的细胞结构，包括细胞壁、细胞膜、细胞质、核质。

1. 细胞壁

细胞壁是位于细菌细胞的最外层，紧贴在胞质膜之外的一层无色透明、坚韧而具有一定弹性的膜。细胞壁的折光性和对染料的亲和力较低，除个别大型细菌外，一般均难以在普通显微镜下观察到。

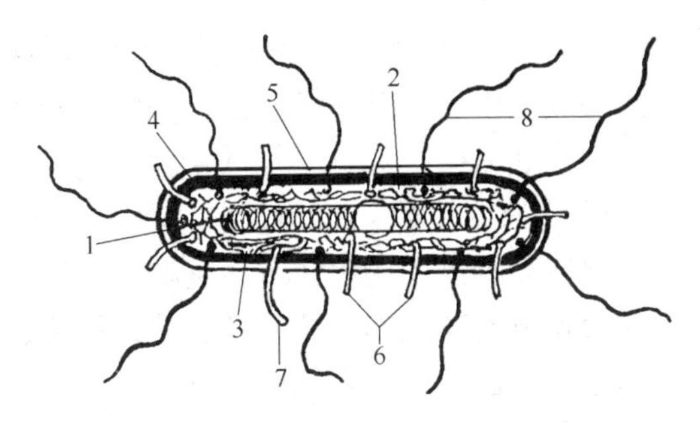

图2－4 细菌细胞结构模式图

1—核质 2—核糖体 3—间体 4—细胞壁与细胞膜

5—荚膜 6—普通菌毛 7—性菌毛 8—鞭毛

（1）化学组成与结构 细菌细胞壁的化学组成因细菌种类不同而有差异，一般是由糖类、蛋白质和脂类镶嵌排列而成，其基本成分为黏肽，也称肽聚糖。用革兰染色方法染色，可把细菌分为革兰阳性菌和革兰阴性菌两大类，它们的细胞壁结构和成分有所不同（图2－5）。

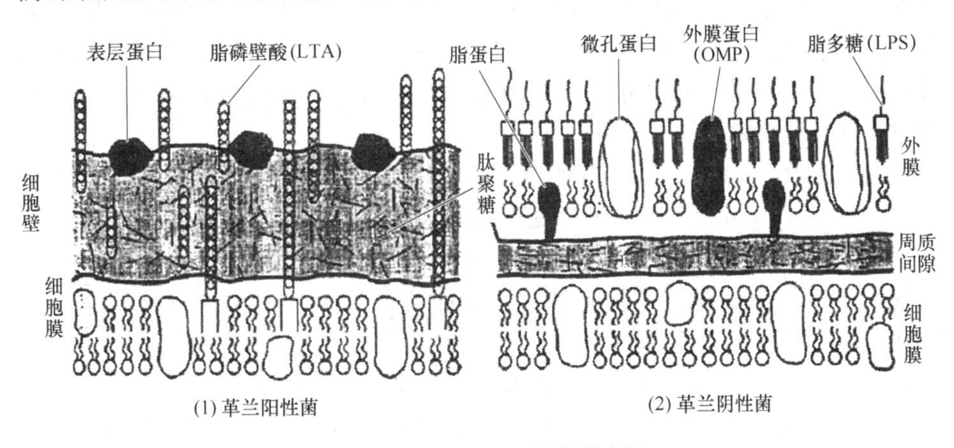

图2－5 细菌细胞壁结构模式图

革兰阳性菌（G^+菌）的细胞壁较厚，为15～80nm，其化学成分主要为肽聚糖，占细胞壁物质干重的40%～90%，并形成15～50层的聚合体。此外，还含有磷壁酸、多糖、蛋白质（如葡萄球菌的A蛋白、A群链球菌的M蛋白）等。有的细菌还含有大量的脂类，如分枝杆菌。革兰阴性菌（G^-菌）的细胞壁较薄，为10～15nm，其结构和成分复杂，由外膜和周质间隙组成。外膜由脂多糖、磷脂、蛋白质和脂蛋白等复合构成，周质间隙是一层薄的肽聚糖，占细胞壁物质干重的10%～20%。

①肽聚糖：肽聚糖是细菌细胞壁特有的物质。革兰阳性菌细胞壁的肽聚糖是由聚糖链支架、四肽侧链和五肽交联桥3部分组成的复杂聚合物。各种细菌的聚糖支架相同，均由N－乙酰葡萄糖胺和N－乙酰胞壁酸通过β-1,4糖苷键

交替连接组成；四肽侧链由 L-丙氨酸、D-谷氨酸、L-赖氨酸、D-丙氨酸组成并与胞壁酸相连；五肽交联桥由 5 个甘氨酸组成，交联于相邻两条四肽侧链之间。这样就由聚糖链支架、四肽侧链和五肽交联桥共同构成了十分坚韧的三维空间网格结构。革兰阴性菌的肽聚糖层很薄，其单体结构与革兰阳性菌有差异，聚糖链支架相同，但四肽侧链中的第 3 个氨基酸被二氨基庚二酸取代，没有五肽交联桥，由相邻聚糖链支架上的四肽侧链直接连接成二维结构，较为疏松，所以其结构不如革兰阳性菌坚固。青霉素能抑制五肽交联桥和四肽侧链之间的连接，故能抑制革兰阳性菌肽聚糖的合成。溶菌酶能水解肽聚糖骨架中的 β-1,4 糖苷键，所以能裂解肽聚糖。

②磷壁酸：又称垣酸，是一种由核糖醇或甘油残基经磷酸二酯键相互连接形成的多聚物，并带有一些糖或氨基酸。约 30 个或更多的磷壁酸分子组成长链穿插于肽聚糖层中。有的长链一端与肽聚糖上的胞壁酸以共价键连接，另一端游离于细胞壁外，称为壁磷壁酸。有的长链一端与细胞膜外层的糖脂以共价键连接，另一端穿过肽聚糖层达到细胞壁表面，称为膜磷壁酸，又称脂磷壁酸。磷壁酸是革兰阳性菌所特有的成分，是特异的表面抗原。磷壁酸带有负电荷，能与镁离子结合，以维持细胞膜上的一些酶的活力。此外，某些细菌的磷壁酸如 A 群链球菌对宿主细胞具有黏附作用，可能与致病性有关；或者是噬菌体的特异性吸附受体。

③脂多糖（LPS）：革兰阴性菌细胞壁所特有的成分，位于外膜层的最外层，厚 8 ~ 10nm，由类脂 A、核心多糖和侧链多糖 3 部分组成。类脂 A 是细菌内毒素的主要成分，可发挥多种生物学效应，能致动物体发热、白细胞增多，甚至休克死亡。各种革兰阴性菌类脂 A 的结构相似，无种属特异性。核心多糖位于类脂 A 的外层，由葡萄糖、半乳糖等组成，具有种属特异性。侧链多糖位于脂多糖的最外侧，构成菌体的（O）抗原，是由 3 ~ 5 个低聚糖单位重复构成的多糖链，其中的单糖种类、位置、排列和构型均不同，具有种、型特异性。此外，脂多糖也是噬菌体在细菌表面的特异性吸附受体。

④外膜蛋白（OMP）：革兰阴性菌外膜层中多种蛋白质的统称。外膜蛋白主要包括微孔蛋白和脂蛋白等。微孔蛋白镶嵌或贯穿于外膜层中，形成跨越外膜层的微小孔道，只允许双糖、氨基酸、二肽、三肽、无机盐等小分子的物质通过，具有分子筛的作用。因此，溶菌酶之类的大分子物质不易作用到革兰阴性菌的肽聚糖。某些特异的微孔蛋白还与细菌对宿主细胞的黏附或与某些特定物质的摄入有关。脂蛋白的作用是使外膜蛋白层与肽聚糖牢固地连接，可作为噬菌体的受体，或参与铁及其它营养物质的转运。

（2）细胞壁的功能　细胞壁坚韧而富有弹性，能维持细菌的固有形态，保护细菌免受外界渗透压和有害物质的损害。细胞壁上有很多微小的孔隙，可允许直径 1nm 大小的可溶性分子自由通过，具有相对的通透性，与细胞膜共同完成菌体内外的物质交换。此外，细菌细胞壁的化学组成和结构还与细菌的抗原性、致病性、对噬菌体与药物的敏感性及革兰染色特性有关。

2. 细胞膜

细胞膜又称胞质膜，是紧贴细胞壁内侧包围细胞质的一层柔软、富有弹性的半透明薄膜。将细菌细胞质壁分离后，在光学显微镜下可以见到它的存在，厚5~10nm。

(1) 化学组成与结构　细胞膜的主要成分为磷脂、蛋白质，也有少量的糖类和其它物质。细胞膜是一种液态镶嵌结构的单位膜，由磷脂双分子层构成骨架，每个磷脂分子的亲水基团向外、疏水基团向膜中央，蛋白质结合于磷脂双分子层表面或镶嵌贯穿于双分子层（图2-6）。

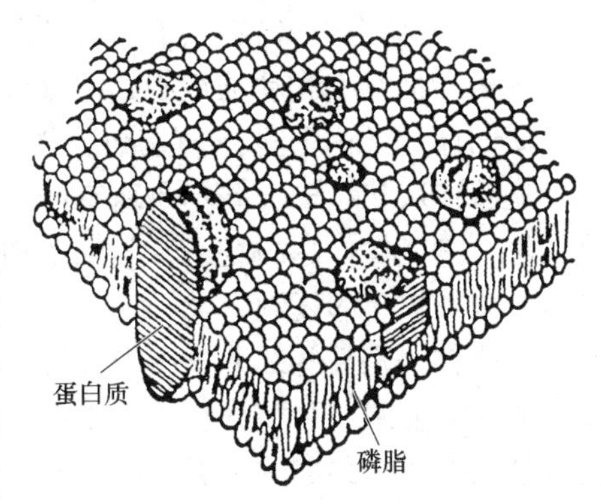

图2-6　细胞膜结构示意图

(2) 细胞膜的功能

①选择性地吸收和运送物质：细胞膜作为细胞内外物质交换的主要屏障和介质，允许水、水溶性气体及某些小分子可溶性物质顺着膜内外浓度梯度进出细胞。

②细菌细胞能量转换的重要场所：细胞膜上有细胞色素和其它呼吸酶，包括某些脱氢酶，可以转运电子，完成氧化磷酸化过程，参与细菌细胞的呼吸及能量的产生、贮藏和利用。

③传递信息：细胞膜上某些特殊蛋白质能接受光、电及化学物质等产生的刺激信号并发生构象变化，从而引起细胞内的一系列代谢变化和产生相应的反应。

④生物合成：细胞膜内含有合成磷酸酯及细胞壁的酶类，DNA 复制的蛋白质也分散在细胞膜的各个部位。

3. 细胞质

细胞质又称细胞浆，是位于细胞膜内除核质以外的无色、透明的黏稠胶体。幼龄细菌的细胞质稠密且均匀，易染色；在老龄细菌中，可见细胞质中存在空泡，数目多时，呈多孔形外貌。

(1) 化学组成　随菌种、菌龄及生活环境的不同而有一定的差别。其基本成分是水、蛋白质、核酸、脂类、少量糖和盐类、许多酶系统。

(2) 功能　细胞质中含有许多酶系统，是细菌合成蛋白质和核糖核酸的场所，也是细菌细胞进行新陈代谢的场所。

(3) 细胞质中的内含物　细胞质中含有多种重要结构，如核糖体、异染颗粒、间体、质粒等，需用电镜才能看到，如经特殊染色，在普通光学显微镜下也可观察到。

①核糖体：又称核蛋白体，是散布在细胞质中呈球形或不对称形的一种核糖核酸蛋白质小颗粒。约由2/3的核糖核酸和1/3的蛋白质所构成，是菌体内合成或装配蛋白质的场所。细胞内的核糖体串联在一起，称为多聚核糖体。有些药物，如红霉素和链霉素能与细菌的核糖体相结合，干扰蛋白质的合成进而杀死细菌，但对人和动物细胞的核糖体不起作用。

②间体：又称中间体，是细菌细胞膜内陷折叠到细胞质内形成的一些管状、囊状或层状结构，并不是所有的细菌都有，多见于革兰阳性菌。其中酶系统发达，是能量代谢的场所，与细菌细胞壁的合成、细菌的分裂、呼吸、芽孢的形成以及核质的复制有关。

③质粒：是某些细菌核质DNA以外的遗传物质，为一环形双股DNA小片段，能独立复制，可随分裂传给子代菌体，也可由性菌毛在细菌间传递。质粒携带细菌生命非必需的基因，能控制细菌产生菌毛、毒素、耐药性和细菌素等特定的遗传性状。有些质粒还能与核质DNA整合或脱离，整合到核质DNA上，称为附加体。由于质粒能与外来DNA重组，所以在基因工程中被广泛用作载体。

④异染颗粒：是某些细菌细胞质中一种特有的酸性小颗粒，它们对碱性染料亲和性特别强，用美蓝染色时，呈紫红色，而菌体其它部分呈蓝色，这种异染的特征就是这一名称的由来。因为最初是在一种名为捩转螺菌（或称迂回螺菌）中发现的，故又称捩转菌或迂回体。异染颗粒的主要成分是RNA和无机聚偏磷酸盐，其功能主要是储存磷酸盐和能量。某些细菌，如棒状杆菌的异染颗粒非常明显，常有助于细菌的鉴定。

⑤脂类：以β-羟基丁酸的多聚糖或脂肪小滴形式存在，有些细菌只含有一个较大的脂肪滴，另一些则有多个而分散的脂肪小滴。幼龄菌少见，老龄细菌细胞中多见，是一种碳源和能源的贮存物。

此外，细菌细胞质内含物还有多糖、空泡、硫磺粒、碳酸钙、草酸盐、伴胞晶体等，是细菌细胞的代谢产物。

4. 核质

细菌是原核型微生物，不具有典型的核结构，无核膜、核仁，其遗传物质处于细胞质内，称为核质。由双股DNA折叠或盘绕而成，存在于细胞质的中心或边缘区，呈球形、哑铃状、带状或网状等形态。核质含有细菌的遗传基因，控制细菌的各种遗传性状，与细菌的生长、繁殖、遗传及变异等有密切关系。

（二）细菌的特殊结构

有些细菌除具有上述基本结构外，在生长的特定阶段还能形成荚膜、鞭毛、菌毛和芽孢等特殊结构，它们一般在不同的生长期出现，有的与细菌的致病性有关，有的有助于细菌的鉴定。

1. 荚膜

某些细菌（如巴氏杆菌、炭疽杆菌），在其生活过程中，可以在细胞壁的外面产生一种黏液样的物质，包围整个菌体，称为荚膜。一般厚度为0.2μm以上，在普通光学显微镜下可观察到。荚膜在0.2μm以下时，只能用电子显微镜观察到，称为微荚膜。当多个细菌的荚膜融合，内含多个细菌时，则称为菌胶团。有些细菌菌体周围有一层很疏松、与周围物质界限不明显、易与菌体脱离的黏液样物质，则称为黏液层。

荚膜折光性低，用普通染色方法不易着色，只可见到细菌周围存在着一层无色或浅色的透明圈，用特殊的荚膜染色法，可将荚膜染上与菌体不同的颜色。一般用负染色法，使背景和菌体着色，而荚膜不着色，从而衬托出荚膜。荚膜不是细菌的主要结构，除去荚膜对菌体的生长代谢没有影响，很多有荚膜的菌株可产生无荚膜变异。

（1）荚膜的化学组成　主要成分是水（约占90%以上），有形成分因菌种而异。大多数由多糖组成，如肺炎球菌；少数由多肽组成，如炭疽杆菌；个别细菌多糖和多肽兼有，如巨大芽孢杆菌。

荚膜的形成具有种的特征，但与环境条件有密切关系。如炭疽杆菌必须在感染动物体内才能形成荚膜，在人工培养基上则往往不能产生或形成荚膜不明显，这与培养基中所含动物蛋白成分有关。一些腐生菌只在含有一定糖类的环境中才能产生荚膜。

细菌产生荚膜或黏液层可使液体培养基具有黏性；在固体培养基上则形成表面湿润、有光泽的光滑（S）型或黏液（M）型的菌落，失去荚膜后的菌落则变为粗糙（R）型。

（2）荚膜的功能　荚膜能保护细菌抵抗吞噬细胞的吞噬和吞噬体的攻击，保护细胞壁免受溶菌酶、补体等杀菌物质的损伤，所以荚膜与细菌的致病性有关，细菌失去荚膜，毒力减弱或消失；荚膜能储存水分，有抗干燥的作用；荚膜具有抗原性，并有种和型的特异性，可用于细菌的鉴定。

2. 鞭毛

大多数弧菌、螺菌，许多杆菌和个别球菌，在菌体表面长有细长而弯曲的丝状物，称为鞭毛。其直径10～20nm、长10～70μm，用特殊的鞭毛染色法，使染料沉积在鞭毛上，人为地增大直径，才能在光学显微镜下看见鞭毛。

（1）鞭毛菌的分类　根据鞭毛在菌体上的排列可以将细菌分为5类（图2-7）。

①一端单毛菌：菌体一端只有一条鞭毛，如霍乱弧菌。

②两端单毛菌：菌体两端各有一条鞭毛，如鼠咬热螺菌。

③偏端丛生鞭毛菌：菌体一端有一丛鞭毛，如铜绿假单胞菌。

④两端丛生鞭毛菌：菌体两端各有一丛鞭毛，如红色螺菌和产碱杆菌。

⑤周毛菌：菌体周身都有鞭毛，如大肠杆菌。

（2）鞭毛的化学组成与结构　鞭毛的化学成分主要为鞭毛蛋白质，有的还含有少量多糖及类脂等。一条完整的鞭毛，从形态上可分为3部分：细菌最外面的是螺旋形鞭毛丝，靠近细胞表面的是鞭毛钩，埋在细胞膜里的是基体。

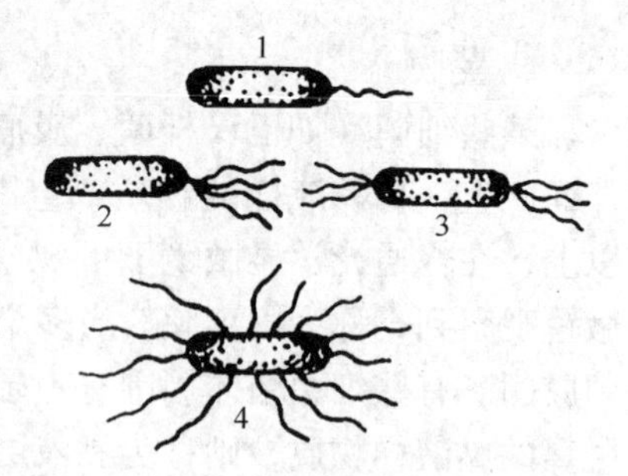

图2-7　细菌的鞭毛
1—单毛菌　2—偏端丛毛菌
3—两端丛毛菌　4—周毛菌

（3）鞭毛的功能　鞭毛是细菌的运动器官，有鞭毛的细菌在液态环境中可活泼运动。端生鞭毛一般呈直线运动，周生鞭毛可做无规律的缓慢运动或滚动。鞭毛蛋白具有良好的抗原性，称为鞭毛抗原（H抗原），对细菌分类鉴定具有重要作用，如大肠杆菌的鞭毛抗原对其血清型鉴定具有重要意义。鞭毛与细菌的致病性也有关系，霍乱弧菌等通过鞭毛运动可穿过小肠黏膜表面的黏液层，黏附于肠黏膜上皮细胞，进而产生毒素而致病。

3. 菌毛

大多数革兰阴性菌和少数革兰阳性菌的菌体表面，着生着一种比鞭毛数量多，较细、短且直的丝状物，称为菌毛或纤毛（图2-8）。直径5~10nm，长0.2~1.5μm，少数可达4μm，只有在电镜下才能直接观察到。

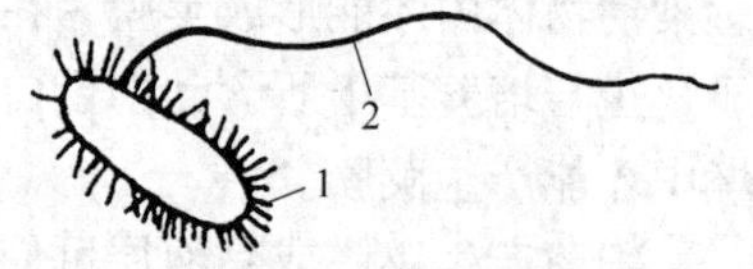

图2-8　细菌的菌毛
1—菌毛　2—鞭毛

（1）菌毛的化学组成与结构　菌毛可分为普通菌毛和性菌毛两种。它们可同时存在于一种细菌上，也可以单独存在。普通菌毛由普通蛋白质组成，呈中空管状结构，每个细菌可达150~500根，周身排列。性菌毛由性菌毛蛋白质组成，比普通菌毛粗、长，中空管状，每个细菌有1~4根。

（2）菌毛的功能　普通菌毛主要起吸附作用，可牢固吸附在动物、植物等多种细胞上，吸取营养，与细菌的致病性有关。性菌毛可传递质粒或转移基因。带有性菌毛的细菌具有致育性称为雄性菌，不带有性菌毛的细菌称为雌性菌，当雌、雄菌株发生结合时，雄性菌能通过性菌毛将质粒DNA的一股传递给雌性菌，然后各自复制成双股，从而使后者获得雄性菌的某些特性。

4. 芽孢

某些革兰阳性菌在一定的环境条件下，细胞质和核质脱水浓缩，在菌体内形成一个折光性强、通透性低的圆形或卵圆形的坚实小体，称为芽孢。带有芽孢的菌体称为芽孢体，未形成芽孢的菌体称为繁殖体或营养体。离开菌体单独存在的芽孢，称为游离芽孢。炭疽杆菌、破伤风梭状芽孢杆菌等均能形成芽孢。

（1）芽孢的形态和结构　各种细菌芽孢的形状、大小及在菌体中的位置具有种的特征，这在细菌鉴定上有重要意义（图2－9）。如炭疽杆菌的芽孢位于菌体中央，呈卵圆形，比菌体小，称为中央芽孢；破伤风梭状芽孢杆菌的芽孢位于顶端，圆形，比菌体大，形似鼓槌，称为末端芽孢；肉毒梭状芽孢杆菌芽孢的位置偏于菌端，菌体呈网球拍状，称为偏端芽孢。

芽孢的折光性强，具有较厚的芽孢壁及多层芽孢膜，结构坚实。使用普通染色法，染料不易渗透进芽孢内，不能使芽孢着色，在显微镜下观察时，呈无色的空洞状。可用特殊的染色法使芽孢着色，芽孢呈绿色，菌体呈紫色或红色。

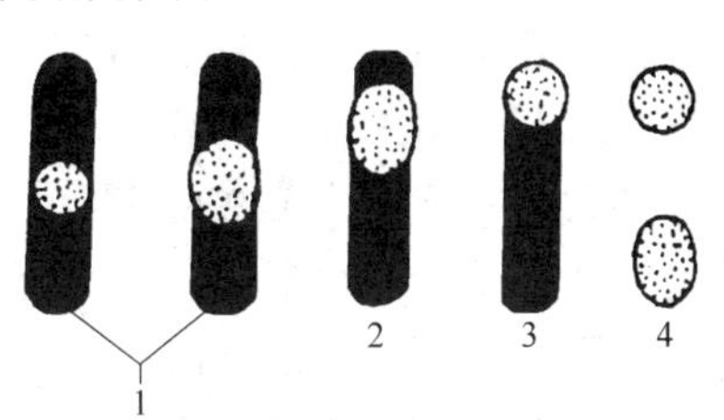

图2－9　细菌芽孢的种类
1—中央芽孢　2—偏端芽孢
3—末端芽孢　4—游离芽孢

（2）芽孢形成的条件　芽孢的形成需要一定的条件，但常与培养基中营养物的耗尽（特别是氮源和碳源短缺时）有关（旺盛生长的末期形成）。菌种不同，条件也不尽相同，这在细菌鉴定上很有意义。如炭疽杆菌在有氧条件下形成芽孢，破伤风梭状芽孢杆菌在厌氧条件下才能形成芽孢。

一个细菌的繁殖体只能形成一个芽孢，一个芽孢发芽也只能生成一个菌体，细菌数量并未增多，故芽孢不是细菌的繁殖器官，而是抵抗外界不良环境条件以保存生命的一种休眠状态的结构，此时菌体代谢相对静止。

（3）芽孢的抵抗力　芽孢具有较厚的芽孢壁和多层芽孢膜，结构坚实，含水量少，代谢极低，对外界不良因素的抵抗力比繁殖体强。特别能耐高温、干燥和渗透压，一般化学药品也不易渗透进去。如炭疽杆菌的芽孢在干燥条件下能存活数十年（20～30年），破伤风梭状芽孢杆菌、肉毒梭状芽孢杆菌的芽孢煮沸1～3h仍然不死。

杀灭芽孢可靠的方法是干热灭菌和高压蒸汽灭菌。实际工作中，消毒和灭菌的效果以能否杀灭芽孢为标准。

三、细菌形态和结构的观察方法

人的眼睛只能看见0.2mm以上的物体，细菌个体微小，仅有0.2～20μm大小，所以肉眼不能直接看到细菌，必须借助光学显微镜或电子显微镜放大后，才能观察到细菌的形态、结构及其排列。

（一）光学显微镜观察法

普通光学显微镜以可见光为光源，光波长0.4～0.7μm，平均为0.5μm。细菌经放大100倍的物镜和放大10倍或16倍的目镜联合放大1 000倍或1 600倍后，达到0.2～2mm，肉眼可以看见。光学显微镜可分为普通显微镜、相差显微镜、暗视野显微镜、荧光显微镜等类型，分别适用于观察不同状态的细菌形态或结构，最常用的是普通明视野显微镜。

1. 不染色标本检查法

不染色标本检查法常用于检查细菌运动性等生理活动，因此是细菌活标本检查的方法，常用的有压滴法、悬滴法等。

（1）压滴法　取洁净载玻片一块，以接种环钩取生理盐水 2～3 环置于载玻片中央，再用灭菌接种环钩取少许细菌培养物与生理盐水混匀，用小镊子夹一清洁无脂的盖玻片盖在菌液上。检查时先用低倍镜找到适宜的位置，再用高倍镜或油镜观察。观察时必须缩小光圈，适当下降聚光器，以造成一个光线较弱的视野，才便于观察细菌的运动情况。

（2）悬滴法　将细菌液滴于洁净盖玻片上，另取一张凹玻片，在凹孔周围涂上一薄层凡士林，然后使凹玻片的凹窝正对着盖玻片的液滴盖下，轻压使盖玻片黏附到凹玻片上，轻轻翻转使液滴朝下。观察时先用低倍镜找到液滴，再用高倍镜检查，可观察到细菌的运动状态。观察时，通过下降集光器或调节光源亮度调钮使视野变暗，以利观察。

2. 染色标本检查法

细菌细胞无色透明，需经染色后才能在光学显微镜下清楚地看到。细菌的染色方法包括单染色法和复染色法。单染色法是用一种染料染色，染色后只能观察细菌的大小、形态与排列。例如，碱性美蓝染色法、石炭酸－复红染色法等，各种细菌均染成同一颜色，不能鉴别细菌。复染色法是用两种以上染料染色，可将不同的细菌染成不同的颜色，除可观察细菌形态外，还能鉴别不同的细菌，如革兰染色法、姬姆萨染色法、荚膜染色法、鞭毛染色法、芽孢染色法等。最常用的是革兰染色法。

（二）电子显微镜观察法

电子显微镜简称电镜，以电子流为光源，包括透射电镜和扫描电镜。细菌的超薄切片，经复染、冰冻蚀刻等处理后，在透射电镜中可观察到细菌内部的超微结构。经金属喷涂的细菌标本在扫描电镜中，则能清楚地显示细菌表面的立体构象。

电镜观察的细菌标本必须干燥，并在高度真空的装置中接受电子流的作用，所以电镜不能观察活的细菌。

任务二 | 细菌的生理

细菌具有独立的生命活动能力，能从外界环境中直接摄取营养，合成菌体的成分或获得生命活动所需的能量，并排出废物，从而完成其新陈代谢的过程，使细菌得以生长繁殖。

一、细菌的营养

（一）细菌的化学组成

1. 水分

细菌体内的水分，随着菌种和培养条件的不同而异，一般在70%～90%。菌体水分可分为：

（1）结合水　与菌体其它成分结合，不参与渗透作用，也不易冻结和蒸发。

（2）游离水　呈游离状态，是菌体内重要溶剂，参与一系列生化反应。

2. 固形物

固形物占细胞总重的10%～30%，其中有机物占97%～98%，无机物占2%～3%。

（1）有机物　是菌体中最主要的组成成分，是维持细菌的生命活动所不可缺少的。

①蛋白质：菌体内的含氮化合物，大部分是以蛋白质的形式存在，占固形物的50%～80%。菌体蛋白质的绝大部分属于复合蛋白质，如核蛋白、糖蛋白、脂蛋白等，只有极少部分是简单蛋白，如球蛋白、白蛋白和麦谷蛋白等。

②核酸：是细菌的遗传物质，有RNA和DNA两种。RNA占固形物的3%～4%，大部分存在于胞质中、细胞膜上。DNA占3%～10%，存在于核质、质粒中。

③糖类：主要以多糖形式存在，并与脂类、蛋白质形成复合物，即脂多糖、糖蛋白等。占固形物的10%～30%。

④脂类：主要包括中性脂肪、脂肪酸、类脂、磷脂和蜡质等，主要存在于细胞壁、细胞膜内，以脂蛋白的形式存在；胞质内以游离的中性脂肪的形式存在。脂类在一般菌体内含量不多，但在结核菌内含量多，高达24%，在菌体形成一层蜡质膜，使其抵抗力增强。

⑤其它有机物：包括各种生长因子和色素等。

（2）无机物　无机物占固形物的2%～3%，有磷、硫、钾、钙、镁、铁、钠、氯、钴、锰等，其中磷和钾含量最多。

（二）细菌的营养需要

细菌为了生存必须不断地从外界环境吸收所需的各种物质，从而获取原料和能量以便合成新的细胞物质，它所需要的这些物质称为营养物质。细菌吸收和利用营养物质的过程称为营养。根据细菌的化学组成，细菌所需的营养物质有以下几种。

1. 水

水是所有活细菌不可缺少的成分，细菌的新陈代谢必须有水才能进行。水不是一种营养物质，但在细菌的生长繁殖过程中，营养物质的吸收、排泄及代谢过程中的有关反应均需在有水的条件下才能进行。当缺乏水分时，细菌就不能维持其生命活动和进行生长繁殖。

2. 含碳化合物

含碳化合物包括无机含碳化合物和有机含碳化合物。无机含碳化合物主要有二氧化碳和碳酸盐等；有机含碳化合物是指糖类、有机酸等。含碳化合物主要为菌体提供能量，小部分用于合成菌体自身的组成成分。

3. 含氮化合物

含氮化合物主要包括分子态氮、无机氮（如硝酸盐、铵盐）、有机氮（如牛肉膏、蛋白胨、氨基酸、玉米浆等），病原菌多以有机氮作为氮源。含氮化合物是构成细菌蛋白质和核酸的重要元素，不是能量的主要来源。

4. 无机盐

无机盐是细菌生长所必需的，根据细菌需要量的多少，将无机盐分为常量元素（磷、硫等）和微量元素（铁、钴等）。这些无机盐需要量很少但有重要作用，其主要作用包括构成菌体成分；作为酶的组成成分，维持酶的活力；调节渗透压、pH；有的可作为自养菌的能源（如硫、铁等）。

5. 生长因子

大部分细菌在上述各种营养物质配成的培养基中，都能生长繁殖。但有些细菌却不能生长，还必须加入一些生长因子。生长因子是细菌生长时不可缺少的微量有机物质，主要包括 B 族维生素、某些氨基酸、嘌呤、嘧啶等。生长因子既不是碳源，又不是氮源，也不是能源，在新陈代谢过程中是一种不被分解的有机物，主要起辅酶或辅基的作用。大多数病原菌，常需要一种甚至数种生长因子，才能正常发育。

（三）细菌的营养类型

根据细菌对营养物质需要的不同，可将细菌分成两大营养类型，即自养菌和异养菌。

1. 自养菌

自养菌具有完备的酶系统，合成能力较强，能以二氧化碳、碳酸盐等简单的无机碳化物作为碳源，以无机的氮、氨或硝酸盐作为氮源，合成菌体所需的复杂有机物质。细菌所需的能量来自无机物的氧化，也可以通过光合作用获得能量，因此自养菌又可分为光能自养菌和化能自养菌。

2. 异养菌

异养菌不具备完备的酶系统，合成能力较差，必须利用有机物（如糖类）作为碳源，利用蛋白质、蛋白胨、氨基酸作为氮源，仅有少数异养菌能利用无机氮化合物。其代谢所需能量大多从有机物的氧化中获得，少数从光线中获得能量，故异养菌也分为化能异养菌和光能异养菌。绝大多数病原菌都是化能异养菌。

异养菌由于生活环境不同，又可分为腐生菌和寄生菌。腐生菌以无生命的有机物作为营养物质来源，一般不致病，但可引起食品的变质和腐败。寄生菌则寄生于有生命的动、植物体内，靠宿主提供营养。在腐生菌与寄生菌之间尚有中间类型，称为兼性寄生菌，如大肠杆菌。

（四）细菌摄取营养的方式

细菌没有特殊的摄食和排泄器官，营养物质的摄取以及代谢产物的排出，都是靠具有相对通透性的细胞壁和半渗透性的细胞膜来完成的。细菌摄取营养物质的方式有以下 4 种。

1. 被动扩散

被动扩散又称简单扩散、单纯扩散，是一种简单的细胞内外物质交换形式，不消耗能量。当细菌细胞外某物质的浓度高于细胞内时，靠浓度差作用，物质便自动扩散进入菌体内，直至细胞内外物质浓度达到平衡为止。以这种方式进入的物质主要有水、溶于水的气体和小分子物质，如尿素、甘油、乙醇等。这种方式速度慢，因此不是细菌摄取营养的主要方式。

2. 促进扩散

促进扩散又称协助扩散、强化扩散。在被动扩散的基础上，需要有载体参加，载体在转运中的作用是加快扩散的速度。

载体是一种蛋白质，它位于细胞膜外侧，并具有严格的特异性，起着“渡船”的作用，能可逆性地与营养物质结合（并不使物质发生任何变化，也不需要能量），把物质从细胞外运至细胞内，然后又回到原来的位置，这种作用反复循环，连续不断地把营养物质运入细菌内。这一过程是可逆的，也可通过反向的促进扩散将物质送到细胞外。

简单扩散和促进扩散均不会使细菌对营养物质进行逆浓度梯度的积累。

3. 主动运输

主动运输和促进扩散一样，也需要载体蛋白，但这种吸收方式需在代谢能的推动下，通过细胞膜上特殊载体蛋白，并不受菌体内外物质浓度差的制约。主动运输使营养物质以很高的速度透过细菌细胞膜而进入细胞内，并能使有些物质在细胞内积累，使菌体细胞内的浓度大大超过细胞外浓度。例如，大肠杆菌在生长旺盛时，细胞内钾离子浓度可以比细胞外高达 3 000 倍。

主动运输是细菌吸收营养物质的主要方式，也是细菌在自然界营养稀薄的环境中得以正常生存的重要原因之一。

4. 基团转位

在上述各种物质交换的过程中，输送到细胞内的物质都未发生任何化学变化，而基团转位是在主动运输营养物质的同时使营养物质发生变化（如磷酸化）的输送过程，仅适用于糖的转运。

二、细菌的新陈代谢

（一）细菌的酶

细菌新陈代谢过程中的生化反应都是在酶的催化下进行的，酶的作用具有高度的特异性。细菌的种类不同，菌体内的酶系统也不同，因此细菌对营养物质的摄取、分解能力及代谢产物也各不相同。

根据细菌体内酶发挥作用部位的不同，可将其分为胞内酶和胞外酶。胞内酶存在于菌体细胞内，大都是氧化还原酶，参与一系列生物氧化过程；胞外酶由细菌产生，分泌到细菌细胞外，大都是水解酶，可将大分子的营养物质水解成可溶性的小分子物质，被菌体所吸收。

根据酶作用底物的不同，可分为蛋白酶、糖酶、脂酶等。

根据酶生成条件的不同，可分为固有酶和诱导酶。固有酶是细菌必需的，如某些脱氢酶等；诱导酶是当环境中有诱导物存在时产生的酶，如大肠杆菌的半乳糖酶，只有在乳糖存在时才产生，当诱导物质消失之后，酶也就不再产生。

有些细菌产生的酶类，如链球菌、葡萄球菌产生的透明质酸酶，炭疽杆菌、水肿梭状芽孢杆菌产生的卵磷脂酶等，它们可水解或破坏机体的组织或细胞，与细菌的毒力有关。

细菌种类不同所合成的酶类也不同，细菌表现的代谢方式和代谢产物也有所不同，这在细菌的分类、鉴定和疾病的诊断上具有重要意义。

（二）细菌的呼吸类型

细菌借助于菌体的酶类从物质的氧化过程中获得能量的过程，称为细菌的呼吸。氧化过程中接受氢或电子的物质称为受氢体或受电子体，以游离的分子氧作为受氢体或受电子体的呼吸称为需氧呼吸；以无机化合物作为受氢体的则称为厌氧呼吸；以各种有机化合物作为受氢体的称为发酵，如乳糖发酵等。根据细菌在呼吸过程中对氧气的需要程度不同，将细菌分为以下三种呼吸类型。

1. 专性需氧菌

专性需氧菌只有在氧气充分存在的条件下，才能生长繁殖。此类细菌具有较完备的呼吸酶系统，能利用空气中游离的氧进行呼吸。如结核分枝杆菌。

2. 专性厌氧菌

专性厌氧菌只能在无氧的条件下生长繁殖。此类细菌缺乏完备的呼吸酶系统，游离氧的存在对细菌有毒性作用。如坏死杆菌、破伤风梭状芽孢杆菌等。

3. 兼性厌氧菌

兼性厌氧菌在有氧或无氧的环境中都能生长，但以有氧的环境中生长为佳，大多数病原菌属于此类。如大肠杆菌、葡萄球菌等。

（三）细菌的新陈代谢产物

细菌在新陈代谢过程中，除摄取营养、进行生物氧化、获得能量和合成菌体成分外，还产生一些分解和合成代谢产物，有些产物能被人类利用，有些则与细菌的致病性有关，有些可作为鉴定细菌的依据。

1. 分解代谢产物

（1）糖的分解代谢产物　不同种类的细菌以不同的途径分解糖类，在其代谢过程中均可产生丙酮酸，需氧菌进一步将丙酮酸彻底分解为二氧化碳和水；厌氧菌则发酵丙酮酸，产生多种酸类、醛类、醇类和酮类等。

各种细菌的酶不同，对糖的分解能力也不一样。有些细菌能分解某些糖类并产酸、产气，有的只产酸、不产气，有的则不能利用某种糖，因此通过糖发酵试验可以鉴别细菌的种类。

（2）蛋白质的分解代谢产物　细菌的种类不同，分解蛋白质、氨基酸的能力不同，因而产生不同的中间产物。如吲哚（靛基质）是某些细菌分解色氨酸的产物，硫化氢是细菌分解含硫氨基酸的产物，而有的细菌在分解蛋白质的过程中能形成尿素酶，分解尿素形成氨。因此，利用蛋白质的分解代谢产物设计的靛基质试验、硫化氢试验、尿素分解试验等，可用于细菌的鉴定。

2. 合成代谢产物

（1）热原质　许多革兰阴性菌与少数革兰阳性菌在代谢过程中能合成一种多糖物质，注入人体或动物体能引起发热反应，称为热原质。革兰阴性菌的热原质就是细胞壁中的脂多糖，革兰阳性菌的热原质是多糖。热原质能通过细菌滤器，耐高温，湿热121℃ 20min或干热180℃ 2h不能使其破坏。制备注射制剂和生物制品时用吸附剂吸附或特制的石棉滤板滤过，可除去液体中的大部分热原质。玻璃器皿经干烤250℃ 2h才能破坏热原质。

（2）毒素　某些细菌在代谢过程中合成的对人和动物有毒害作用的物质，称为毒素。它与细菌的致病性有关，分为内毒素和外毒素两种。

（3）细菌素　是某些细菌产生的一类具有抗菌作用的蛋白质，其作用与抗生素类似，但作用范围较窄，仅对与该种细菌有近缘关系的细菌有作用。例如，大肠杆菌某一菌株产生的大肠菌素，一般只能作用于大肠杆菌的其它相近的菌株。

（4）维生素　是细菌生长繁殖所必需的因子，一些细菌能自行合成，除满足自身所需外，也能分泌到菌体外。人与动物肠道内的正常菌群能合成B族维生素和维生素K，对机体有益。

（5）色素　某些细菌在一定条件下，如氧气充足、温度适宜时能产生各种颜色的色素。有的色素是水溶性的，能弥散在培养基中，使整个培养基呈现颜色，如绿脓杆菌的黄绿色素；有的色素是脂溶性色素，仅分布于细菌细胞内，只能溶于有机溶剂，不溶于水，仅使菌落显色，不能使培养基着色，如金黄色葡萄球菌的金黄色色素。检查细菌的色素有助于细菌种类的鉴别。

（6）酶类　细菌代谢过程中产生的酶类，除满足自身代谢的需要外，还有具有侵袭力的酶，这些酶与细菌的毒力有关，如透明质酸酶、卵磷脂酶、链激酶等。

(7) 抗生素　是一种重要的合成代谢产物，它能抑制和杀死某些微生物，生产中应用的抗生素大多数由放线菌和真菌产生。细菌产生的抗生素很少，如多黏菌素、杆菌肽等。

三、细菌的生长繁殖

(一) 细菌生长繁殖的条件

1. 营养物质

细菌生长繁殖需要丰富的营养物质，包括水、含碳化合物、含氮化合物、无机盐类和生长因子等。

2. 温度

细菌只能在一定温度范围内进行生命活动，温度过高或过低，细菌生命活动受阻乃至停止。根据细菌对温度的需求不同，可将细菌分为嗜冷菌、嗜温菌、嗜热菌三大类（表2-1）。有些病原菌在长期进化过程中，已适应动物体，属于嗜温菌，在10~45℃范围内可生长，最适生长温度是37℃左右；有些病原菌如金黄色葡萄球菌在4~5℃的冰箱中仍可缓慢生长，释放肠毒素，引起食物中毒。

表2-1　细菌的生长温度

细菌类型	生长温度/℃			分布
	最低	最适	最高	
嗜冷菌	-5~0	10~20	25~30	水和冷藏环境中的细菌
嗜温菌				
嗜室温菌	10~20	18~28	40~45	腐生菌
嗜体温菌	10~20	37	40~45	病原菌
嗜热菌	25~45	50~60	70~85	温泉及堆积肥中的细菌

3. pH

培养基的pH对细菌生长影响很大，大多数病原菌生长的最适pH为7.2~7.6，个别细菌如霍乱弧菌在pH 8.5~9.0的培养基中生长良好。鼻疽杆菌可在pH 6.4~6.6的环境中生长。许多细菌在生长过程中能使培养基变酸或变碱而影响自身生长，所以往往需要在培养基内加入一定的缓冲剂。

4. 渗透压

细菌细胞需要在适宜的渗透压下，才能生长与繁殖。盐腌、糖渍之所以具有防腐作用，就是因为一般细菌和霉菌在高渗条件下不能生长繁殖的缘故。不过细菌细胞较其它生物细胞对渗透压有更强的适应能力，特别是一些细菌能在较高的食盐浓度下生长。

5. 气体

与细菌生长有关的气体主要有氧和二氧化碳。大多数病原菌为兼性厌氧菌，在有氧或无氧环境中均能生长，但在有氧时生长较好。少数细菌如牛布鲁菌在初次分离时还需添加5% ~10%的二氧化碳才能生长。

（二）细菌的繁殖方式和速度

细菌以简单的二分裂方式繁殖。分裂开始时，菌体变大，核酸倍增，随后菌体中部的细胞膜和细胞壁向内凹陷形成隔膜，最后闭合，形成两个基本相同的细菌，有的细菌分裂后仍有原浆带相连。一个菌体分裂为两个菌体所需的时间称为世代时间，简称代时。

在适宜条件下，大多数细菌的代时为20 ~30min（个别细菌如结核杆菌需15 ~18h），若保持此速度繁殖10h后，一个细菌可以繁殖10亿个以上，但实际上细菌不可能以此速度繁殖下去，因为营养物质的不断消耗、毒性代谢产物的积累等，可使其繁殖速度逐渐减慢，死亡数逐渐增多，活菌增长率随之趋于停滞以至衰退。

（三）细菌的生长曲线

将一定数量的细菌接种到适宜的液体培养基中，定时取样计算细菌数，以培养时间为横坐标，菌数的对数为纵坐标，可形成一条曲线，称为细菌的生长曲线（图2 -10）。细菌的生长曲线反映的是细菌的群体生长繁殖情况。整个曲线可分为4个时期。

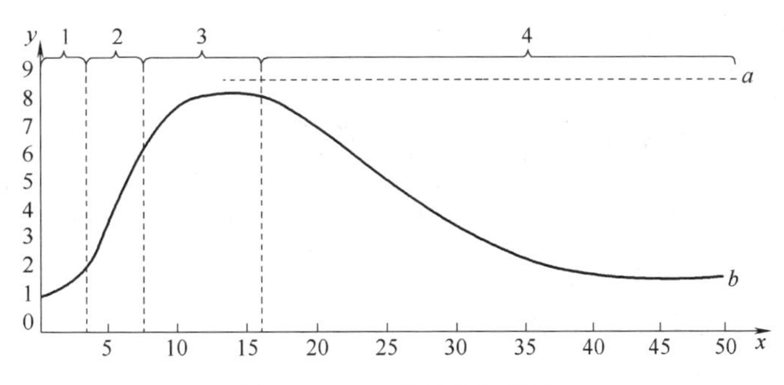

图2 -10 细菌的生长曲线

1—迟缓期 2—对数期 3—稳定期 4—衰退期

a—总菌数 *b*—活菌数 *x*—培养时间（h） *y*—细菌数的对数

1. 迟缓期

迟缓期又称适应期，是细菌接种到新的培养基中的一段适应过程。此期细菌数目几乎不增加，但体积增大，代谢活跃，产生足够量的酶、辅酶以及一些生长必需的中间产物。当这些物质达到一定程度时，少数细菌开始分裂。以大肠杆菌为例，这一时期为2 ~6h。

2. 对数期

经过适应期后，细菌代谢相当活跃，并以最快的速度繁殖，菌数以2^n（n

为繁殖的代数）增加，生长曲线近似斜直线。此期细菌的形态、大小、染色特性及生理特征等都很典型，称为生理少年期。病原菌在此期的致病力最强。研究细菌的性状最好选用此期的细菌，有些抗菌药物在这一时期作用于细菌效果较好。以大肠杆菌为例，这一时期为6～10h。

3. 稳定期

随着培养基中营养物质的消耗、有毒代谢产物的积累和pH的下降，细菌繁殖速度减慢，同时出现死亡的细菌，细菌的繁殖数与死亡数几乎相等。处于这个时期的细菌生活力逐渐减弱，开始大量贮存代谢产物，如肝糖、异染颗粒、脂肪粒等；同时，也积累许多不利于微生物活动的代谢产物。细菌的形态、染色和生理特性可出现变化，大多数芽孢菌在这个生长阶段形成芽孢。以大肠杆菌为例，这一时期约8h。

4. 衰退期

细菌的死亡率逐渐增加，总的活菌数明显下降。此期细菌常出现畸形、衰退型、死亡及自溶现象。

衰退期细菌的形态、染色特征都可能不典型，所以细菌的形态和革兰染色反应应以对数期到稳定期中期的细菌为标准。

细菌的生长曲线，反映了一种细菌在某种生活环境中的生长、繁殖和死亡的规律。掌握细菌的生长规律，不仅可以有目的地研究和控制病原菌的生长，而且还可以发现和培养对人类有用的细菌。

任务三 | 细菌的人工培养

用人工培养条件使细菌生长繁殖的方法，称为细菌的人工培养。通过对细菌进行人工培养，可对细菌进行鉴定和进一步的利用，也是微生物学研究和应用中十分重要的手段。

一、培养基的概念

把细菌生长繁殖所需要的各种营养物质合理地配合在一起，制成的营养基质称为培养基。培养基可根据需要自行配制，也可用商品化的培养基。培养基的主要用途是促进细菌的生长繁殖，可用于细菌的分离、纯化、鉴定、保存以及细菌制品的制造等。

二、培养基的类型

细菌的种类不同对营养的需求也不同，所以培养基的种类繁多，根据培养基的物理状态、用途等可将培养基分为多种类型。

（一）根据培养基的物理状态分类

1. 液体培养基

液体培养基是含有各种营养成分的水溶液。由于营养物质以溶质状态溶解于其中，细菌能更充分地接触和利用，从而使细菌在其中生长更快，积累代谢产物量也多，因此多用于生产和实验室中细菌的扩增培养。实际操作中，在使用液体培养基培养细菌时进行振荡或搅拌，可增加培养基中的通气量，并使营养物质更加均匀，可大大提高培养效率。最常用的是肉汤培养基。

2. 固体培养基

在液体培养基中加入2% ~3%的琼脂，使培养基凝固呈固体状态。常用的有斜面培养基、高层培养基和平板培养基。斜面培养基常用于菌种保存；高层培养基常用于细菌的某些生化试验和保存培养基；平板培养基常用于细菌的分离和纯化、菌落特征的观察、药敏试验以及活菌数计数等。

3. 半固体培养基

半固体培养基是在液体培养基中加入0.3% ~0.5%的琼脂而制成的。多用于细菌运动性的检查，即细菌的动力试验，也用于菌种的保存。

（二）根据培养基的用途分类

1. 基础培养基

基础培养基含有细菌生长繁殖所需要的最基本的营养成分，可供大多数细菌人工培养用。常用的有肉汤培养基、普通琼脂培养基及蛋白胨水。

2. 营养培养基

在基础培养基中加入一些额外的营养物质，如葡萄糖、血液、血清、腹水、酵母膏及生长因子等，适于对营养要求较高的细菌生长。最常用的是血液琼脂培养基、血清琼脂培养基等。如链球菌、肺炎球菌需要在含血液或血清的培养基中才能较好地生长。

3. 鉴别培养基

利用各种细菌分解糖、蛋白质的能力及其代谢产物不同，在培养基中加入某种特殊营养成分和指示剂，以便观察细菌生长后发生的变化，从而鉴别细菌。如糖发酵培养基，可观察不同细菌分解糖产酸产气的情况；伊红－美蓝培养基可用于区别大肠杆菌和产气肠杆菌等。

4. 选择培养基

在培养基中加入某些化学物质，有利于需要分离的细菌的生长，并抑制不需要的细菌生长。如培养沙门菌的培养基中加入四硫磺酸钠、亮绿，可以抑制大肠杆菌的生长。

5. 厌氧培养基

专性厌氧菌不能在有氧环境中生长，将培养基与空气隔绝并加入还原物降低培养基中的氧化还原电位，可供厌氧菌生长。如疱肉培养基、肝片肉汤培养基，应用时在液体表面加盖液体石蜡以隔绝空气。

三、制备培养基的基本要求和程序

（一）制备培养基的基本要求

细菌的种类繁多，营养需要各异，培养基类型也很多，但制备培养基的基本要求是一致的，具体如下：

（1）培养基应含有细菌生长繁殖所需的各种营养物质。

（2）培养基的 pH 应在细菌生长繁殖所需的范围内。

（3）培养基应均质透明，便于观察其生长性状及生命活动所产生的变化。

（4）制备培养基所用的容器不应含有任何抑菌和杀菌物质，最好不用铁锅或铜锅。

（5）培养基及盛培养基的玻璃器皿必须彻底灭菌，避免杂菌污染，以获得纯的目标菌。

（二）制备培养基的基本程序

配料 → 溶化 → 测定及矫正 pH → 过滤 → 分装 → 灭菌 → 无菌检验 → 备用（详细内容见实训五）。

四、细菌在培养基中的生长情况

1. 细菌在液体培养基中的生长情况

细菌在液体培养基中培养一定时间后，有的可使透明的培养基变得均匀混浊；有的形成菌膜；有的形成菌环；有的在管底形成絮状或颗粒状沉淀物（图 2－11）。

2. 细菌在半固体培养基中的生长情况

用接种针将细菌穿刺接种于半固体培养基中，有鞭毛的细菌，在半固体培养基中，不断沿穿刺线向周围扩散生长，使培养基呈放射状、羽毛样或云雾状混浊，如大肠杆菌、绿脓杆菌等；无鞭毛细菌，仅沿穿刺线生长，周围的培养基仍保持透明，如葡萄球菌、链球菌等（图 2－12）。

3. 细菌在固体培养基上的生长情况

细菌接种在固体培养基上，经过一定时间培养后，由单个菌细胞固定一点大量繁殖，形成肉眼可见的堆集物，称为菌落。许多菌落融合成片，称为菌苔。在平板培养基上孤立生长的一个菌落，往往是一个细菌生长繁殖的结果，因而平板培养基可以用来分离纯种细菌，挑出一个菌落，移种至另一个培养基中，长出的细菌为纯种，又称纯培养。由于细菌种类不同，菌落的大小、形态、透明度、隆起度、硬度、湿润度、表面光滑或粗糙、有无光泽等也不同，这些特征在细菌鉴定上具有重要意义。如炭疽杆菌的菌落为灰白色、表面粗糙、边缘不整的火焰状大菌落；大肠杆菌的菌落为圆形隆起、边缘整齐、光滑湿润的中等大菌落（图 2－13）。

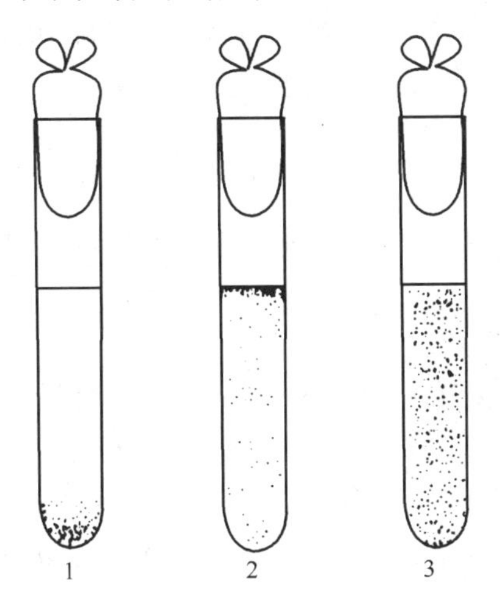

图 2－11 细菌在液体培养基中的生长特性

1—形成沉淀 2—形成菌膜 3—混浊

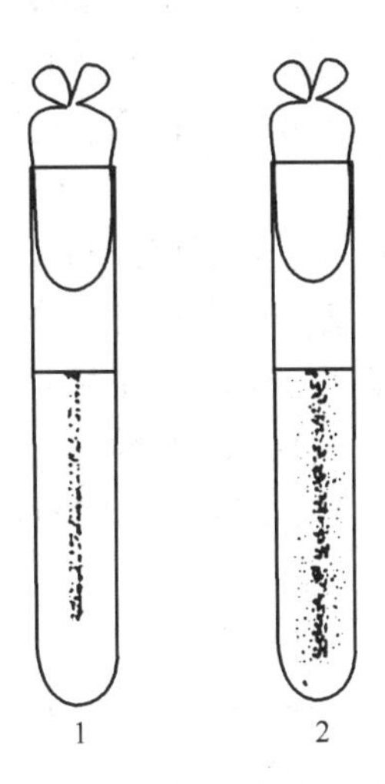

图 2－12 细菌在半固体培养基中的生长特性

1—只沿穿刺线生长

2—沿穿刺线扩散生长

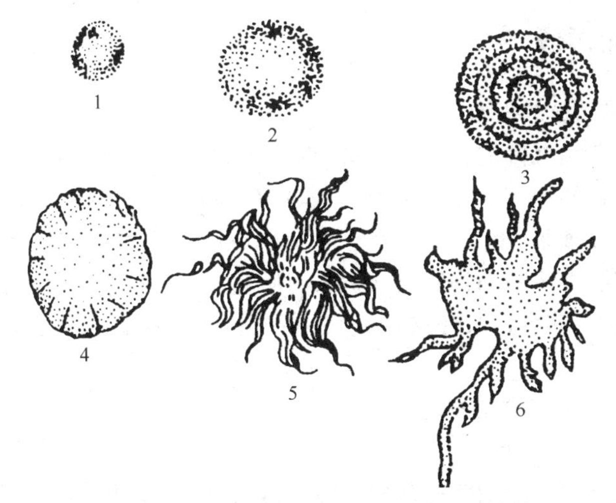

图 2－13 细菌在固体培养基上的生长特性

1—表面光滑 2—边缘隆起 3—同心圆状 4—放射状 5—卷发状 6—不规则状

五、人工培养细菌的意义

1. 细菌的鉴定

研究细菌的形态、生理、抗原性、致病性、遗传与变异等生物学性状，均需人工培养细菌才能实现，而且分离培养细菌也是人们发现未知新病原体的先决条件。

2. 传染性疾病的诊断

从患畜（禽）标本中分离培养出病原菌是诊断传染性疾病最可靠的依据，并可对分离的病原菌进行药物敏感性试验，帮助临床诊断上选择有效药物进行治疗。

3. 分子流行病学调查

对细菌特异基因的分子检测、序列测定、基因组 DNA 指纹分析等分子流行病学研究也需要细菌的纯培养。

4. 生物制品的制备

经人工培养获得的细菌可用于制备菌苗、类毒素、诊断用菌液等生物制品。

5. 饲料或畜产品卫生学指标的检测

可通过定性或定量方法对饲料、畜产品等中的微生物污染状况进行检测。

任务四 | 细菌的感染

一、正常菌群

（一）正常菌群的概念

幼畜出生前是无菌的，出生后由于和外界环境的接触，在动物的体表、黏膜及与外界相通的腔道，如消化道、呼吸道、泌尿生殖道等都有微生物存在。这些微生物群以细菌数量最多，在正常情况下，对宿主无害，称为正常菌群。这些细菌之间、细菌与动物体及环境之间形成了一个相互依赖、相互制约并呈现动态平衡的生态系。保持这种动态平衡是维持宿主健康状态不可缺少的条件。

（二）动物体内正常菌群的分布

1. 体表

动物皮毛上常见的细菌有葡萄球菌、链球菌、绿脓杆菌等。这些细菌主要来源于空气、土壤及粪便的污染，当皮肤受损伤时，它们是造成感染和化脓的主要原因。

2. 呼吸道

健康动物的细支气管末梢和肺泡内是无菌的，而上呼吸道中经常存在一定数量的葡萄球菌、链球菌、肺炎球菌、巴氏杆菌等。这些细菌在正常情况下对动物无害，但当动物抵抗力降低时，即可成为相应原发或继发传染的病原。

3. 消化道

消化道中细菌的分布和种类是很复杂的，并且因部位不同而有明显差异。

（1）口腔 口腔温度适宜，并且含有食物残渣，有利于微生物的繁殖，因此微生物种类和数量较多，常见的有葡萄球菌、链球菌、乳酸杆菌、棒状杆菌及螺旋体等。

（2）胃 单胃动物胃内由于胃酸的杀菌作用，微生物较少，仅有乳酸杆菌、胃八叠球菌等。反刍动物的瘤胃内微生物种类和数量都很多，对瘤胃一系列复杂的消化过程起着重要作用。其中分解纤维素的细菌有产琥珀酸拟杆菌、小生纤维梭状芽孢杆菌、黄色瘤胃球菌、丁酸梭状芽孢杆菌等；合成蛋白质的有淀粉球菌、淀粉八叠球菌、淀粉螺旋菌等；还有合成维生素的丁酸梭状芽孢杆菌等。1g 瘤胃内容物中，含细菌 150 亿～250 亿个。瘤胃微生物能将饲料中 70%～80% 的可消化物质和 50% 的粗纤维进行消化或转化，供动物利用。

（3）肠道 十二指肠因胆汁的杀菌作用，微生物最少，肠道后段微生物逐渐增多。常见的有大肠杆菌、肠球菌及芽孢杆菌等。

消化道的正常菌群，对维持动物的消化功能具有十分重要的意义，对致病菌也有竞争性的抑制作用。例如，口服大量广谱抗菌药物，能使草食动物肠道中大肠杆菌被抑制而导致菌群失调，主要表现为维生素缺乏症和其它病菌引起的肠炎；反刍动物在采食含碳水化合物或蛋白质过多的饲料，或突然改变饲料后，常使瘤胃微生物区系改变，引起严重的消化紊乱，导致前胃疾病。消化道正常菌群平衡受到破坏引起的病理过程称为菌群失调症。为避免菌群失调症，应注意科学喂养及抗生素的合理使用。

4. 泌尿生殖道

在正常情况下子宫和膀胱是无菌的，只有在尿道口可发现有葡萄球菌、链球菌、非病原性的螺旋体、大肠杆菌，母畜阴道内有乳酸杆菌。来源除常居菌外，还与被粪便、土壤、皮垢污染有关。

（三）正常菌群的生理作用

正常菌群与动物彼此制约，以维持相互间的平衡。正常菌群对动物机体的有益作用主要表现在以下几个方面。

1. 拮抗作用

正常菌群与黏膜上皮细胞紧密结合，在定植处起着占位性生物屏障作用，其机制是：寄居的正常菌群通过空间和营养以及产生有害代谢产物，抵制病原菌定植，抑制其生长或将其杀灭。抗生素使用不当将会破坏这一保护作用，使病原菌在数量上占优势，并引发疾病。

2. 营养作用

正常菌群在其生命活动中能影响和参与动物体物质代谢、营养转化与合成。肠道正常菌群能参与营养物质的消化，如纤维素在微生物纤维素酶的作用下被分解为挥发性脂肪酸；肠道细菌能利用非蛋白氮化合物合成蛋白质、B 族维生素及维生素 K 并被宿主吸收。消化道中的正常菌群有助于破坏饲料中的有害物质并阻止其吸收。

3. 免疫作用

正常菌群对刺激机体免疫器官使其功能更加完善方面具有重要的作用。研究表明，无菌动物的体液免疫或细胞免疫均显著低于正常动物；当普通动物的正常菌群失去平衡，其细胞免疫和体液免疫功能降低。一般认为，没有正常菌群的刺激，机体免疫器官不可能正常发育和维持功能。

某些细菌或真菌有利于宿主胃肠道微生物区系的平衡，抑制有害微生物的生长，将这些微生物制剂称为益生菌或益生素。饲料中添加不易被宿主消化吸收的寡糖，能选择性地刺激消化道有益微生物（如双歧杆菌）的生长，而对宿主产生有益作用，此类成分称为益生元。益生素与益生元联合饲喂动物具有一定的保健作用。

二、细菌的致病作用

细菌的致病作用取决于其致病性和毒力。

（一）致病性与毒力的概念

1. 致病性

细菌的致病性又称病原性，是指一定种类的细菌，在一定条件下，引起动物机体发生疾病的能力。这种能力具有“种”的特征，也有一定的特异性。一种病原细菌只能引起一定的传染过程，如炭疽杆菌只能引起炭疽，而不引起其它疾病。细菌的致病性是对宿主而言的，有的仅对人有致病性，有的仅对某些动物有致病性，有的能引起人畜共患病。

2. 毒力

细菌致病能力的强弱程度称为细菌的毒力。毒力是病原菌的个性特征，表示病原菌致病性的程度，可以通过测定加以量化。不同种类的病原菌的毒力强弱常不一致，并可因宿主及环境条件不同而发生改变。同种细菌的不同型或株，其毒力也不一致。一种病原菌根据毒力不同，可分为强毒株、弱毒株和无毒株。

（二）细菌致病性的确定

著名的柯赫法则是确定某种细菌是否具有致病性的主要依据，其要点是：

（1）特定的病原菌应在同一疾病中可见，在健康动物中不存在。

（2）此病原菌能被分离培养而得到纯种。

（3）此纯培养物接种易感动物能导致同样病症。

（4）自试验感染的动物体内能重新获得该病原菌的纯培养物。

柯赫法则在确定细菌致病性方面具有重要意义，特别是鉴定一种新的病原菌时非常重要。但它也具有一定局限性，有些情况并不符合该法则。如健康带菌或隐性感染，有些病原菌迄今仍无法在体外进行人工培养，有的则没有可用的易感动物。

（三）细菌毒力的测定

在病原生物学研究、疫苗研制等工作中都需要知道细菌的毒力。致病性是“质”的概念，而细菌的毒力具有“量”的概念。在毒力测定中，常用于表示毒力大小的方法有以下 4 种。

1. 最小致死量（*MLD*）

最小致死量是能使特定试验动物于感染后一定时间内发生死亡的最小活微生物量或毒素量。此法简单，但因动物的个体差异，常产生不确切的结果。

2. 半数致死量（LD_{50}）

半数致死量是能使半数试验动物在感染后一定时间内发病死亡的活微生物量或毒素量。此法比较复杂，但可避免因动物个体差异所造成的误差。

3. 最小感染量（*MID*）

最小感染量是能使试验对象（动物、鸡胚、组织细胞等）发生感染的病原微生物最小剂量。

4. 半数感染量（ID_{50}）

半数感染量是能使半数试验对象发生感染的病原微生物剂量。

以上 4 个表示病原微生物毒力的量，值越小，其毒力越大。

（四）改变毒力的方法

1. 毒力增强的方法

连续通过易感动物，可使病原微生物的毒力增强。易感动物可以是本动物，也可以是试验动物。回归易感试验动物增强微生物毒力的方法已被广泛应用。如多杀性巴氏杆菌通过小鼠，猪丹毒杆菌通过鸽子等都可以增强毒力。有的细菌与其它微生物共生或被温和噬菌体感染也可增强毒力，例如魏氏梭状芽孢杆菌与八叠球菌共生时毒力增强，白喉杆菌只有被温和噬菌体感染时才能产生毒素而成为有毒细菌。

2. 毒力减弱的方法

病原微生物的毒力可自发地或人为地减弱。人工减弱病原微生物的毒力，在疫苗制造上有重要意义。常用方法有将病原微生物连续通过非易感动物，在较高温度下培养，在含有特殊化学物质的培养基中培养。此外，在含有特殊抗血清、特异噬菌体或抗生素的培养基中培养，甚至长期进行一般的人工继代培养，也都能使病原微生物的毒力减弱。通过基因工程的方法，如去除毒力基因或用点突变的方法使毒力基因失活，可获得无毒力菌株或弱毒菌株。

（五）细菌毒力的构成

构成细菌毒力的物质称为毒力因子，主要有侵袭力和毒素两个方面。

1. 侵袭力

侵袭力是指病原菌突破机体的防御功能，并在体内生长繁殖、蔓延扩散的能力。细菌的侵袭力与以下两方面因素有关。

（1）细菌的表面结构

①荚膜：细菌的荚膜具有抵抗吞噬细胞的吞噬和溶菌酶及补体等杀菌物质的作用，能使侵入机体的病原菌免遭破坏，在机体内迅速繁殖和扩散。因此，对同种病原菌而言，有荚膜的毒力较强，没有荚膜的则为弱毒或无毒株。病原菌在人工培养时失去荚膜，其毒力减弱，如炭疽杆菌。

有些细菌表面还具有其它表面物质或类似荚膜物质，如大肠杆菌的 K 抗原和沙门菌的 Vi 抗原等，也具有抵抗吞噬细胞的吞噬及抗体和补体等杀菌物质的作用。

②菌毛：菌毛具有吸附作用，能使病原菌吸附在宿主细胞的表面，是病原菌感染的前提。大多数病原菌对机体的致病作用，开始于对呼吸道、消化道或泌尿生殖道黏膜的黏附作用，如引起仔猪黄痢的大肠杆菌，就是借助菌毛附着于肠黏膜上皮细胞而致病。

（2）细菌胞外酶的作用　病原菌在宿主体内生长繁殖时，能够产生一些酶类并分泌到菌体外，这些酶类能够溶解和破坏宿主机体的屏障机构，利于病原菌在机体内的扩散。

①透明质酸酶：能够水解机体结缔组织中的透明质酸，使组织间隙扩大，通透性增强，有利于病原菌扩散蔓延，故又称扩散因子。链球菌、葡萄球菌能产生此酶。

②凝血浆酶：能使血浆凝固，产生纤维性的网状结构，从而保护细菌免受吞噬。这种酶主要出现于感染的开始。金黄色葡萄球菌能产生此酶。

③溶纤维蛋白酶：又称链激酶，能将凝固的纤维蛋白迅速溶解，从而解除纤维蛋白对病原菌的局限作用，有利于细菌及毒素在宿主组织和血管中迅速扩散蔓延。链球菌能产生此酶。

④卵磷脂酶：能水解组织细胞和红细胞膜上的卵磷脂，从而导致组织细胞崩解和红细胞溶解，为病原菌的蔓延和扩散创造条件。魏氏梭状芽孢杆菌可产生此酶。

⑤DNA 酶：动物组织细胞裂解后析出的 DNA，使细菌生长的局部环境的液体变黏稠，不利于病原菌的进一步蔓延扩散。而 DNA 酶能使 DNA 溶解，使液体变稀，从而有利于病原菌的进一步蔓延扩散。链球菌可产生此酶。

⑥胶原酶：能水解宿主肌肉或皮下结缔组织中的胶原纤维，使肌肉软化、崩解和坏死，有利于病原菌的侵袭和蔓延。魏氏梭状芽孢杆菌可产生此酶。

⑦神经氨酸酶：主要分解肠黏膜上皮细胞的细胞间质。霍乱弧菌及志贺菌可产生此类酶。

2. 毒素

细菌在生长繁殖过程中产生的损害宿主组织、器官并引起生理功能紊乱的毒性成分，称为毒素。细菌的毒素主要有外毒素和内毒素两种。

（1）外毒素　外毒素是由多数革兰阳性菌和少数革兰阴性菌合成并释放到细胞外的毒性蛋白质。能产生外毒素的革兰阳性菌有炭疽杆菌、肉毒梭状芽孢杆菌、产气荚膜梭状芽孢杆菌、破伤风梭状芽孢杆菌、金黄色葡萄球菌、A群溶血性链球菌等；革兰阴性菌有产毒性大肠杆菌、铜绿假单胞菌、霍乱弧菌等。大多数外毒素是在菌体细胞内合成并分泌至胞外；也有少数外毒素不分泌到菌体外，菌体裂解后才释放出来，产毒性大肠杆菌的外毒素属于此类。

外毒素的化学成分是蛋白质，性质不稳定，不耐热，易被热、酸、蛋白酶分解破坏，如破伤风毒素在62℃、20min即被破坏，但葡萄球菌肠毒素例外，能耐100℃、30min。

外毒素的毒性很强，是已知生物和化学毒中最强的一类，1mgA型肉毒毒素的晶体可杀死2000万只小鼠，其毒力比氰化钾强10 000倍，对人的最小致死量为0.1μg左右；1 mg破伤风毒素可杀死100万只小鼠。

不同细菌产生的外毒素对宿主的组织器官具有高度选择性，根据外毒素对宿主细胞的亲和性及作用方式不同可分为神经毒素、细胞毒素和肠毒素3类。如破伤风外毒素只选择性地作用于脊髓腹角运动神经细胞，不能阻止兴奋的传导，使机体失去控制伸肌和屈肌的协调功能，引起肌肉的强直痉挛；肉毒梭状芽孢杆菌毒素能阻断胆碱能神经末梢传递介质——乙酰胆碱的释放，使运动神经末梢麻痹，出现眼、膈及咽肌等麻痹。但也有一些毒素具有相似的作用，如霍乱弧菌、大肠杆菌、金黄色葡萄球菌等细菌均可产生肠毒素。

外毒素具有良好的抗原性，可刺激机体产生特异性抗体，而使机体具有免疫保护作用，这种抗体称为抗毒素。抗毒素常用于治疗和紧急预防接种。外毒素经过0.3%～0.5%甲醛溶液于37℃处理一定时间后，可使其毒性完全丧失，但保留良好的抗原性，称为类毒素。类毒素注入机体后仍可刺激机体产生抗毒素，可作为疫苗进行免疫接种，如精制破伤风类毒素用于预防破伤风。

（2）内毒素　内毒素是革兰阴性菌细胞壁中的一种脂多糖，只有当细菌死亡、自溶或人为破坏时，致细菌细胞崩解才能释放出来。大多数革兰阴性菌都能产生内毒素，如沙门菌、痢疾杆菌、大肠杆菌等。螺旋体、衣原体、立克次体等的胞壁中也含有脂多糖，也具有内毒素活性。

内毒素毒性作用较弱且无特异性，各种病原菌内毒素的作用大致相同，主要引起发热、血液循环中白细胞骤减、组织损伤、弥散性血管内凝血、休克等，严重时也可导致死亡。

内毒素的化学成分是脂多糖，位于细胞壁的最外层，由O特异性多糖侧链、非特异性核心多糖、脂质A三部分组成，其中脂质A是内毒素的主要毒性成分。内毒素耐热，加热100℃、1h不被破坏，必须经160℃、2～4h，或用强碱、强酸或强氧化剂加热煮沸30min才能被灭活。不能用甲醛溶液处理脱毒成为类毒素。内毒素刺激机体可产生特异性抗体，但抗体中和作用较弱，不能中和内毒素的毒性作用。

外毒素和内毒素主要性质的区别见表2-2。

表 2－2　细菌外毒素与内毒素的基本特性比较

特性	外毒素	内毒素
产生细菌	主要由革兰阳性菌产生	主要由革兰阴性菌产生
存在部位	由活的细菌产生并分泌到菌体外	是细菌细胞壁的成分，菌体裂解后才释放出来
化学成分	蛋白质	脂多糖
耐热性	通常不耐热，60～80℃、30min 被破坏	极为耐热，160℃、2～4h 才能被破坏
毒性作用	特异性；为细胞毒素、肠毒素或神经毒素，对特定细胞或组织发挥特定作用	全身性；致发热、腹泻、呕吐
毒性程度	高，往往致死	弱，很少致死
抗原性	强，刺激机体产生中和抗体（抗毒素）	较弱，免疫应答不足以中和毒性
能否产生类毒素	能，用甲醛溶液处理	不能

三、细菌的耐药性

（一）细菌耐药性的概念

耐药性是指微生物多次与药物接触而发生敏感性降低的现象，其程度以该药物对某种微生物最小抑菌浓度来衡量。在抗菌药应用的早期，几乎所有细菌感染性疾病都很容易治愈。随着抗菌药的大量和长期使用，耐药细菌越来越多，耐药范围越来越广，对 3 种或 3 种以上药物耐药的多重耐药菌不断出现。养殖业为防止感染性疾病发生、促进动物生长，抗菌药物被作为饲料添加剂长期使用，对耐药菌株的出现及耐药性的传播也起到了重要作用，并且耐药性可通过食物链转移到人群，从而危害人类自身的安全。因此，监测细菌耐药性的变化趋势，了解细菌的耐药机制，对有效控制细菌耐药性的产生及传播具有重要意义。

（二）细菌耐药性的检测方法

耐药菌监测既是鉴定细菌和临诊上合理选用抗菌药物的需要，也可以为有效控制耐药菌引起感染性疾病和耐药性进一步扩散提供重要依据。目前，主要采用以下两种方法。

1. 表型检测法

采用药物敏感试验，即在体外测定抗菌药物对细菌有无抑制或杀灭作用。

（1）稀释法　将抗菌药物做一系列稀释后分别加入适宜的液体培养基中，再接种一定量的待测细菌，经适宜温度和一定培养时间后观察其最小抑菌浓度（*MIC*）。此法既定性、又定量，包括试管稀释法和微孔板稀释法两种。

（2）纸片扩散法　将含有一定量抗菌药物的纸片贴在涂有被测菌株的琼脂培养基上，经适宜温度和一定培养时间后观察有无抑菌圈及其大小。结果判定分为敏感、中介和耐药 3 级。敏感是指被测菌株所致感染，用常用剂量该抗菌药物治疗有效；中介是指被测菌株的 *MIC* 与该抗菌药物常用剂量所能达到的血清和组织浓度相近；耐药是指被测菌株不能被该抗菌药物常用剂量达到的血液浓度所抑制，临诊治疗无效。纸片法虽不能定量但方便，是临诊常用方法。

2. 耐药基因检测法

细菌耐药性由耐药基因编码，耐药基因表达受其调节基因及细菌生存的外界因素等影响。因此，检测耐药基因较表型检测准确，而且特异又敏感，也较快速。测定方法包括探针杂交法、PCR 法等。

任务五 | 细菌感染的实验室诊断

细菌是自然界中广泛存在的微生物之一，大多数是有益的，只有少部分可引起疾病，由细菌引起的传染病占动物传染病的 50% 左右，这些疾病的发生给畜牧业带来了极大的经济损失。因此，在动物生产过程中，必须做好细菌所致疾病的防制工作。对于发病的群体，及时而准确地作出诊断是十分重要的。

细菌性疾病的诊断，除个别有典型临诊症状不需细菌学诊断外，一般均需采集相应部位的病料进行细菌学诊断以明确病因。从样本中分离到细菌并不一定意味该菌为疾病的病原，还需要根据病畜的临诊表现特征、采集标本的部位、获得的细菌种类等进行综合分析。分离到的细菌常需做药物敏感试验，以便选用适当的药物进行治疗。由于细菌及其代谢产物具有抗原性，因此，细菌性感染还可通过检测抗体进行诊断。此外，对细菌特异性 DNA 片段进行检测也可作为细菌感染诊断的新方法，即基因诊断方法。

一、病料的采集、保存及运送

（一）病料的采集

1. 采集病料的注意事项

进行实验室检查时，正确地采集病料并及时送检是检查结果科学准确的前提条件。因此，在病料的采集与送检过程中要求做到以下几点：

（1）采集检验材料时，要严格按照无菌操作的要求进行，并严防散布病原。采取病料所用器械，如消毒刀、剪、镊子及针头等，可事先灭菌。

（2）要有秩序地进行工作，注意消毒，严防本人感染及造成他人感染。

（3）采取病料的时间最好在动物死亡后立即采取，一般不应超过 6h，否则时间过长，由肠内侵入其它细菌，易使尸体腐败，影响病原体的检出。

（4）病料必须采自含病原菌最多的病变组织或脏器。

（5）采集的病料不宜过少，以免在送检过程中细菌因干燥而死亡，病料的量至少是检测量的 4 倍。

（6）通过对流行病学、临床症状、剖检材料的综合分析，慎重提出送检目的。

2. 病料的采集方法

（1）淋巴结及内脏　将淋巴结、肺、肝、脾及肾等发生病变的部位各采取1～2cm的小方块，分别置于灭菌试管或平皿中。

（2）血液　心血通常在右心房采取，先用烧红的铁片或刀片烙烫心肌表面。然后用灭菌的注射器自烙烫处扎入吸出血液，盛于灭菌试管。血清的采取，以无菌操作采取血液10mL，置于灭菌的试管中，待血液凝固析出血清后，以灭菌滴管吸出血清，置于另一灭菌试管内。如供血清学反应时，可于每毫升血清中加入3%～5%石炭酸溶液1～2滴。全血的采取，以无菌操作采取全血10mL，立即放入盛有5%柠檬酸钠1mL的灭菌试管中，搓转混合片刻即可。

（3）脓汁及渗出液　用灭菌注射器或吸管抽取，置于灭菌试管中。若为开口化脓病灶或鼻腔等，可用无菌棉签浸蘸后放在试管中。

（4）乳汁　乳房和挤乳者的手用新洁尔灭等消毒，同时把乳房附近的毛刷湿，最初所挤的3～4股乳汁应弃去，然后再采集10mL左右的乳汁于灭菌试管中。若仅供镜检，则可于其中加入0.5%的甲醛溶液。

（5）胆汁　采取方法同心血烧烙采取法。

（6）肠　用线扎紧一段肠道（5～10cm）两端，然后将两端切断，置于灭菌器皿中。也可用烧烙采取法采集肠管黏膜或其内容物。

（7）皮肤　取大小约10cm×10cm的皮肤一块，保存于30%甘油缓冲溶液，或10%饱和盐水溶液，或10%甲醛溶液中。

（8）胎儿、禽和小动物　将整个尸体包入不透水的塑料薄膜、油布或数层油纸中，装入箱内送检。

（9）脑、脊髓　可将脑、脊髓浸入50%的甘油盐水中，装入木箱送检。

（二）病料的保存与运送

1. 病料的保存

病料采取后，如不能立即检验，或需送往有关单位检验，应当加入适量的保存剂，使病料尽量保持在新鲜状态，以免病料送达实验室时已失去原来状态，影响正确诊断。细菌检验材料一般用灭菌的液体石蜡或30%甘油盐水缓冲液（甘油300mL，氯化钠4.2g，磷酸氢二钾3.1g，磷酸二氢钾1.0g，0.02%酚红1.5mL，蒸馏水加至1 000mL，pH 7.6）中保存，并放在有冰的保温瓶或4～10℃的冰箱内保存。

2. 病料的运送

供细菌学检查的病料，最好及时由专人送检，并附病料送检单。内容包括：送检单位、地址、动物品种、性别、日龄、送检病料种类和数量、检验目的、保存方法、死亡日期、送检日期、送检者姓名，并附临床病历摘要（发病时间、死亡情况、临床表现、免疫和用药情况）。

病料包装容器要牢固，做到安全稳妥，对于危险材料、怕热或怕冻的材料要分别采取措施。一般应放入有冰块的保温瓶或冷藏箱内送检，包装好的病料要尽快运送，长途以空运为好。

二、细菌的分离鉴定

（一）常规细菌学检测

1. 细菌形态与结构检查

凡在形态和染色特性上具有特征的致病菌，样本直接涂片染色（如革兰染色法、抗酸染色法等）后显微镜观察可以进行初步诊断。如患畜痰中查见抗酸染色阳性的有分枝状的细长杆菌可初步诊断为结核杆菌。直接涂片法还可结合免疫荧光技术，将特异性荧光抗体与相应的细菌结合，在荧光显微镜下见有发荧光的菌体也可作出快速诊断。此外，制作悬滴标本并借助于暗视野显微镜可观察不染色活菌、螺旋体及其动力。很多细菌仅凭形态学不能做出确切诊断，需经细菌的分离培养，并进行生化反应和血清学等进一步鉴定才能明确感染的病菌。

2. 分离培养

细菌的分离培养是细菌病实验室诊断的重要环节之一，原则上应对所有送检样本做分离培养，以便获得单个菌落后进行纯培养，从而对细菌做进一步鉴定。细菌培养时应选择适宜的培养基、培养时间和温度等，以提供特定细菌生长所需的必要条件。由无菌部位采集的样本，如血液、脑脊液等可直接接种至营养丰富的液体或固体培养基。取自正常菌群部位的样本，应接种至选择性培养基或鉴别培养基。分离培养后，根据菌落的大小、形态、颜色、表面性状、透明度和溶血性等对细菌作出初步识别，同时取单个菌落再次进行革兰染色镜检观察，再进行生化试验。此外，细菌在液体培养基中的生长状态及在半固体培养基是否表现出动力等，也是鉴别某些细菌的重要依据。

3. 生化试验

细菌的生化试验，就是用生物化学的方法检查细菌的代谢产物。细菌都有各自的酶系统，因此都有各自的分解与合成代谢产物，而这些产物就是鉴别细菌的依据之一。利用各种细菌的生化反应，可对分离到的细菌进行鉴定，对于鉴别一些在形态和培养特性上不能区别而代谢产物不同的细菌尤为重要。例如，肠道杆菌种类很多，一般为革兰阴性菌，它们的染色特性、镜下形态和菌落特征基本相同。因此，利用生化反应对肠道杆菌进行鉴定是必不可少的步骤。

4. 动物接种试验

试验动物有“活试剂”或“活天平”之称，是生物学研究的重要基础和条件之一。动物试验也是微生物学检验中常用的基本技术，有时为了证实所分离的细菌是否为致病菌，可进行动物接种试验，最常用的动物是本动物和试验动物。通常选择对该种细菌最敏感的动物进行人工感染试验，将病料用适当的途径进行人工接种，然后根据对不同动物的致病力、症状和病变特点来帮助诊断。当试验动物死亡或经过一定时间后剖检，观察病理变化，并进一步采取病料进行涂片检查和分离鉴定。

（二）血清学检测

有些细菌即使用生化反应也难以鉴别，但其细菌抗原成分（包括菌体抗原、鞭毛抗原）却不同。利用已知的特异抗体检测有无相应的细菌抗原，可以确定菌种或菌型，也可利用已知菌检测感染动物血清中的抗体，从而对细菌感染做出诊断。

1. 检测抗原

多种免疫检测技术可用于细菌抗原的检测，如采用含已知特异性抗体的沙门菌、猪链球菌等细菌的特异性多价和单价诊断血清，可对分离的细菌进行属、种和血清型鉴定。常用的免疫检测技术有玻片凝集试验、协同凝集试验、乳胶凝集试验、间接血凝试验、免疫标记抗体技术等。有的方法既可直接检测标本中的微量抗原，又可检测细菌分离培养物。

2. 检测抗体

用已知细菌或其特异性抗原来检测患畜（禽）血清或其它体液中的相应特异性抗体，可对某些细菌性传染病作出诊断。血清学诊断主要适用于抗原性较强的致病菌和病程较长的感染性疾病。抗体检测最好取患畜（禽）急性期和恢复期双份血清样本，后者的抗体效价比前者升高 4 倍或 4 倍以上时才具有诊断价值。从某种意义上说，血清学诊断主要为病后的回顾性诊断。但检测某些细菌特异性 IgM 抗体，可进行早期诊断。常用于细菌性感染的血清学诊断技术有直接凝集试验、乳胶凝集试验、沉淀试验和免疫标记抗体技术等。

（三）基因检测

不同种类细菌的基因序列不同，可通过检测细菌的特异性基因而对细菌感染进行诊断，称为基因诊断。常用的方法主要有聚合酶链式反应（PCR）和核酸杂交技术等。

1. 聚合酶链式反应

聚合酶链式反应是一种特异的 DNA 体外扩增技术。基本原理是在 DNA 模板（含被检测细菌的基因序列）、引物、耐热 DNA 聚合酶、脱氧核苷酸这 4 种主要材料存在的情况下，经加温变性（DNA 模板解链）、降温复性、延伸等基本步骤的重复多次循环，使目的基因片段在引物的“引导”下得到指数扩增，经数十个循环后，目的基因的扩增倍数可达 $10^6 \sim 10^7$，经琼脂糖电泳，可显示出一条特定的 DNA 条带，与阳性对照比较可作出鉴定。若需进一步鉴定和分析，可回收扩增产物，再用特异性探针杂交确定。

PCR 可用于形态和生化反应不典型的病原微生物鉴定；从待检样本中检

测相应的细菌；生长缓慢或难以培养的病原菌（如分枝杆菌、支原体）鉴定。

2. 核酸杂交技术

核酸杂交是根据DNA双螺旋分子的碱基互补原理而设计的。将病原菌特异的基因序列标记后作为探针，与待检样本中的细菌核酸进行杂交，若待检标本中有与探针序列完全互补的核酸片段，探针和相应的核酸片段互相结合，标记有化学发光物质、辣根过氧化物酶、地高辛的探针可以经一定方法处理后检测到相应的信号，从而可实现对细菌的鉴定和检测。

实训一 微生物实训室常用仪器的使用及保养

一、目标

了解微生物实训室重要仪器的构造，熟练掌握仪器的使用及保养方法。

二、仪器

电热恒温培养箱、电热干燥箱、高压蒸汽灭菌器、电冰箱、电动离心机、恒温水浴箱。

三、内容与方法

（一）电热恒温培养箱

电热恒温培养箱又称温箱，是微生物实训室的重要设备之一，主要由箱体、电热丝、温度调节器等构成（图2－14）。

1. 使用方法

（1）先检查电源电压，与培养箱所需电压一致时可直接插上电源，如不一致，可使用变压器变压。

（2）接上电源插头，开启电源开关，绿色指示灯亮，表明电源接通。然后调节温度旋钮，选择需要的温度，红色指示灯亮，表明电热丝已在发热，箱内升温。

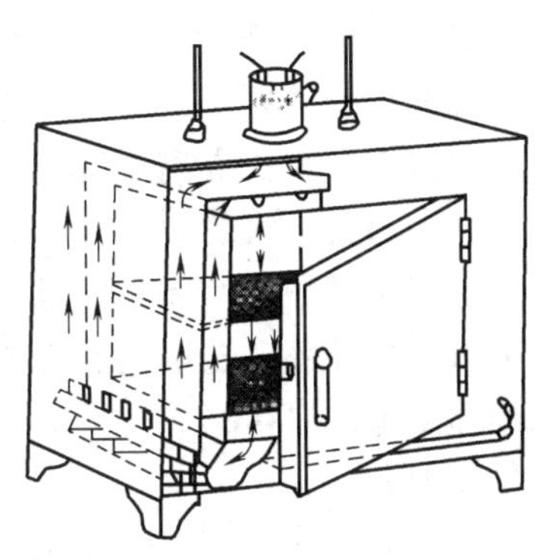

图2－14 温箱

（3）当温度升至所需温度时，红、绿灯

交替明亮即为所需恒温。将培养物放入箱内，关好箱门。

（4）设定培养时间，到时间后，取出培养物观察。

2. 注意事项

（1）温箱必须放置在干燥平稳处。

（2）使用时，随时注意显示温度是否与所需温度相同。

（3）除了取放培养物开启箱门外，尽量减少开启次数，以免影响恒温。

（4）工作室内隔板放置试验材料不宜过重，底板为散热板，切勿放置其它物品。

（5）培养箱内禁止放入易挥发性物品，以免发生爆炸事故。

（二）电热干燥箱

电热干燥箱又称干热灭菌箱，其构造和使用方法与温箱相似，只是所用温度较高，主要用于玻璃器皿和金属制品等的干热灭菌。箱内放置物品要留空隙，保持热空气流动，以利彻底灭菌。常用灭菌温度为160℃，维持1~2h。灭菌时，关门加热应开启箱顶上的活塞通气孔，使冷空气排出，待升至60℃时，将活塞关闭，为了避免玻璃器皿炸裂，灭菌后温度降至60℃时，才能开启箱门取物品。若仅需达到干燥目的，可一直开启活塞通气孔，温度只需60℃左右即可。

灭菌过程中如遇温度突然升高，箱内冒烟，应立即切断电源，关闭排气小孔，箱门四周用湿毛巾堵塞杜绝氧气进入，火则自熄。

（三）高压蒸汽灭菌器

高压蒸汽灭菌器是应用最广、效率最高的灭菌器，有手提式、立式、横卧式3种，其构造和工作原理基本相同。

高压蒸汽灭菌器为一锅炉状的双层金属圆桶，外桶盛水，内桶有一活动金属隔板，隔板有许多小孔，使蒸汽流通。灭菌器上方或前方有金属厚盖，盖上有压力表、安全阀和放气阀。盖的边缘附有螺旋，借以紧闭灭菌器，使蒸汽不能外溢（图2-15）。

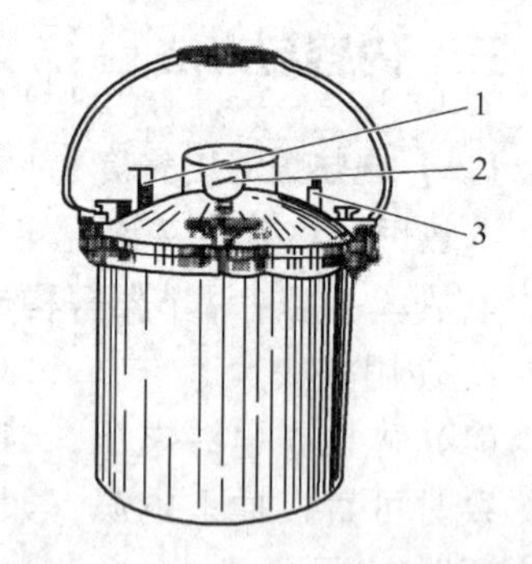

图2-15　手提式高压蒸汽灭菌器
1—安全阀　2—压力表　3—放气阀

在标准大气压下，水的沸点是100℃，这个温度只能杀死一般细菌的繁殖体，不能杀死芽孢体。为了提高温度，就需要增大压力，压力增大，水的沸点就会升高。因高压蒸汽灭菌器是一个密闭的容器，因此，加热时蒸汽不能外溢，随锅内压力不断增大，使水的沸点超过100℃。

1. 使用方法

（1）加适量水于灭菌器外桶内，使水面略低于支架，放入内桶，将灭菌物品包扎好放入其内。

（2）将盖盖好，对称拧紧螺旋栓后通电，关好安全阀。打开放气阀，待水蒸气均匀冒出时，表示锅内冷空气已排完。然后关闭放气阀继续加热，待灭菌器内压力升至约0.105MPa（121.3℃），经20～30min，即可达到灭菌的目的。

（3）灭菌时间到达后，停止加热，待压力降至零时才能开盖取物。

（4）高压灭菌器灭菌完毕，需放出器内的水，并擦干净。

2. 注意事项

（1）螺旋栓必须均匀上紧，使盖紧闭，以免漏气。

（2）内桶中的灭菌物品不可堆压过紧，以免妨碍蒸汽流通，影响灭菌效果。

（3）凡能耐热和潮湿的物品，如培养基、生理盐水、敷料、病原微生物等都可用此法灭菌。

（4）为了达到彻底灭菌的目的，灭菌时间和压力必须准确可靠，操作人员不能擅自离开。

（四）电冰箱

电冰箱主要由箱体、制冷系统、自动控制系统和附件四大部分构成。实训室中常用以保存培养基、菌种、疫苗、诊断液、药敏片及病料等。其使用方法及注意事项如下：

（1）电冰箱应放置在干燥通风处，避免日光照射，远离热源，离墙10cm以上，以保证空气对流，利于散热。

（2）电冰箱电源的电压一般为220V，如不符合，需另装稳压器稳压。

（3）通电检查箱内照明灯是否明亮，机器是否运转。

（4）使用时，将温度调节器调至一定刻度（冷冻室温度0℃以下、冷藏室温度4～10℃）。

（5）调节温度时不可一次调得过低，以免冻坏箱内物品。应做第二次、第三次调整。

（6）冷冻室冰霜较厚，按化霜按钮或切断电路进行化霜，融化后清洁整理。

（7）箱内存放物品不宜过挤，以利冷空气对流，使箱内温度均匀。

（8）箱内保持清洁干燥，如有霉菌生长，断电后取出物品，经甲醛溶液熏蒸消毒后，方可使用。

（五）电动离心机

实训室常用电动离心机沉淀细菌、血细胞、虫卵和分离血清等，用得较多的是低速离心机，其转速可达4 000r/min。常用的为倾角电动离心机，其管孔有一定倾斜角度，可使沉淀物迅速下沉。上口有盖，确保安全，前下方装有电源开关和速度调节器，可以调节转速。其使用方法及注意事项如下。

1. 使用方法

（1）先将盛有材料的两个离心管及套管放于天平上平衡，然后对称放入离心机中，若分离材料为一管，则对侧离心管放入等量的其它液体。

（2）将盖盖好，接通电路，慢慢旋转速度调节器到所需刻度，保持一定的速度，达到所需的时间（一般转速 2 000r/min，维持 15 ~ 20min），将调节器慢慢旋回“0”处，停止转动方可揭盖取出离心管。

（3）离心时如有杂音或离心机震动，立即停止使用，进行检查。

2. 注意事项

（1）离心机和套管必须严格称量平衡后才能放入离心机内，且必须对称放置。

（2）使用调速器调速时，必须逐挡升降，待每挡速度达到稳定时才能调挡，不能连续调挡或直接调至所需转速，以免损伤机器或降低其使用寿命。

（3）离心机没有完全停下时不能打开盖子，以免机内物品被甩出。

（六）恒温水浴箱

恒温水浴箱主要用于蒸馏、干燥、浓缩及恒温加热化学药品或血清学试验。由镀镍的铜或不锈钢制成的水浴箱，加热快耗电少，箱前有“电源”和“加热”指示灯（一绿一红），并装有温度调节器，自 37 ~ 100℃ 可以调节定温，箱测有一水龙头，供放水用。

使用时必须先加水于箱内，通电后电源指示灯（绿灯）即亮，再顺时针方向旋转温度调节器，绿灯灭，加热指示灯（红灯）亮，即连通内部电热丝，使之加温。如水温达到所需温度，再逆时针方向微微调节温度调节器，使红绿指示灯忽亮忽灭，水温恒定不变即达到定温。使用时不可加水过多，以浸过加热容器为宜。加水少于最低水位，则箱旁焊锡熔化引起漏水。使用完毕，待水冷却后，必须放水擦干。

在教学和生产中，每购买一种新的仪器，一定要认真阅读仪器说明书，以便正确使用。

实训二　微生物实训室常用玻璃器皿的准备

一、目标

熟悉常用玻璃器皿的名称及规格，了解各种玻璃器皿的准备程序，掌握玻璃器皿的洗涤及灭菌方法。

二、仪器与材料

试管、吸管、三角烧瓶、烧杯、培养皿、量筒、量杯、漏斗、乳钵、普通棉花、脱脂棉、纱布、牛皮纸、报纸、来苏儿、新洁尔灭、石炭酸、洗衣粉、洗洁精、重铬酸钾、粗硫酸、盐酸、橡胶手套及橡胶围裙等。

三、内容与方法

（一）玻璃器皿的洗涤

（1）新购入的玻璃器皿，因附着游离碱，不可直接使用。须用1%～2%盐酸溶液浸泡数小时或过夜，以中和其碱性，然后用清水反复冲刷，去除遗留盐酸，倒立使之干燥或烘干备用。

（2）一般使用过的器皿，如配制溶液、试剂及制作培养基等，可于用后立即用清水冲净。沾有油污者，可用洗洁精液煮30min后趁热刷洗，再用清水反复冲洗干净，最后用蒸馏水冲洗2～3次，晾干。

（3）载玻片和盖玻片，用毕立即浸泡于2%～3%来苏儿或0.1%新洁尔灭中，经1～2d取出，用洗衣粉液煮沸5min，再用毛刷刷去油脂及污垢，然后用清水冲洗干净，晾干或将洗净的玻片用蒸馏水煮沸，趁热把玻片摊放在毛巾或干纱布上，稍等片刻，玻片即干，保存备用或浸泡于95%乙醇中备用。

（4）培养细菌用过的试管、平皿等，须高压蒸汽灭菌后趁热倒去内容物，立即用洗衣粉液刷去污物，清水冲洗后，用蒸馏水冲洗2～3次，晾干或烘干。

（5）对污染有病原微生物的吸管，用后投入盛有2%～3%来苏儿或5%石炭酸的玻璃筒内，筒底必须垫有棉花，消毒液要淹没吸管，经1～2d后取出，浸入洗衣粉液中1～2h或煮沸后取出，再用一根橡皮管，使其一端接自来水龙头，另一端与吸管口相接，用自来水反复冲洗，最后用蒸馏水冲洗。

（6）各种玻璃器材如用上述方法处理仍未洗净时，可用清洗液（工业用重铬酸钾80g、粗硫酸100mL、水1 000mL）浸泡过夜，取出后再用清水冲净。清洗液经反复使用后变黑，应重换新液。此液含有硫酸，腐蚀性强，用时勿触及皮肤或衣服等，可戴上橡胶手套和穿上橡胶围裙操作。

（二）玻璃器皿的包装

（1）培养皿　将合适的底盖配对，装入金属盒内或用报纸5～6个一摞包成一包。

（2）试管、三角烧瓶等　于开口处塞上大小适合的胶塞、棉塞或纱布塞，并在棉塞、瓶口之外包以牛皮纸，用细绳扎紧即可。

（3）吸管　在吸口的一端加塞棉花少许，松紧要适宜，然后用3～5cm宽的旧报纸条，由尖端缠卷包裹，直至包没吸管，将纸条合拢。

（4）乳钵、漏斗、烧杯等　可用纸张直接包扎或用厚纸包严开口处，再以牛皮纸包扎。

（三）玻璃器皿的灭菌

利用干热灭菌法对玻璃器皿进行灭菌处理。将包装的玻璃器皿放入干燥箱内，为使空气流通，堆放不宜太挤，也不能紧贴箱壁，以免烧焦。一般采用160℃ 2h灭菌即可。灭菌完毕，关闭电源待箱中温度下降至60℃以下，开箱取出玻璃器皿。此外，也可用高压蒸汽灭菌，在121.3℃ 0.105 MPa条件下灭菌30min，然后烘干。

实训三　显微镜油镜的使用及细菌形态结构的观察

一、目标

掌握显微镜油镜的使用及保养方法，能够正确观察显微镜下各种细菌的形态、排列和结构。

二、仪器与材料

普通光学显微镜、香柏油、乙醇－乙醚（乙醇、乙醚的比例为3∶7）、擦镜纸和细菌染色标本片。

三、内容与方法

（一）显微镜油镜的使用

1. 油镜的识别

油镜是显微镜物镜的一种，使用时需在物镜和载玻片之间添加香柏油，因此称为油镜。可根据以下几点识别。

（1）油镜一般是所有物镜中最长的。一般来讲，接物镜的放大倍数越大，长度就越长，作为光学显微镜，油镜的放大倍数最大，故长度最长。

（2）油镜头上标有其放大倍数“100×”或“90×”，使用时应查看油镜上标明的倍数。

（3）不同厂家生产的显微镜，各物镜头上标有不同颜色的线圈以示区别，油镜一般标有白色线圈，或直接在油镜头上标有“油”或“oil”字样。使用时应先根据放大倍数熟悉线圈的颜色，以防用错物镜。

（4）油镜头的镜片是所有物镜中最小的。

2. 油镜的使用原理

主要避免部分光线的损失。因空气的折射率（$n=1.0$）与玻璃中折射率（$n=1.52$）不同，故有一部分光线被折射，不能射入镜头，加之油镜的镜片较小，进入镜中的光线比低倍镜、高倍镜少得多，致使视野不明亮。为了增强视野的亮度，在镜头和载玻片之间滴加一些香柏油，这样绝大部分的光线射入镜头，使视野明亮，物像清晰。香柏油的折射率（$n=1.515$）和玻璃的相近（图2－16）。

3. 使用方法

（1）放置　显微镜使用时应放置在便于采光（电光源显微镜除外）而平

稳的实训桌或实训台上。

（2）调节视野亮度 接通电源，打开开关。尽量升高聚光器，放大光圈，调节反光镜，使射入镜头的光线适中。

（3）标本片的放置 于标本片的欲检部位滴加香柏油一滴，将标本片固定于载物台中，将油镜头调到正中，用油镜检查。

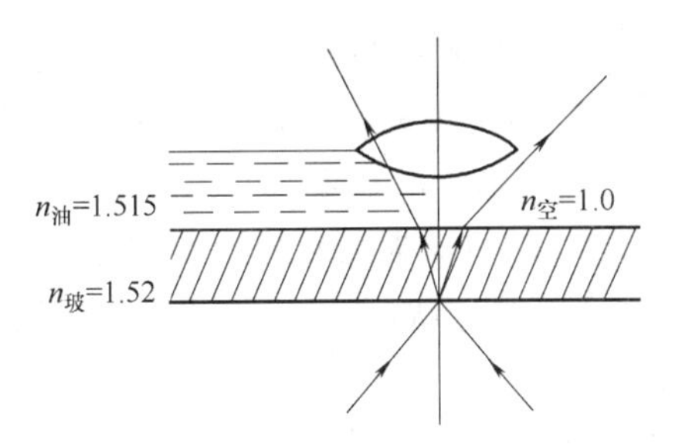

图 2－16 油镜的使用原理

（4）镜检 首先，眼睛从镜筒右侧注视油镜头，小心转动粗调节器，使镜筒下降，直至油镜浸没油中，几乎与玻片相接触，但不要碰到玻片。然后，一面从目镜观察，一面徐徐转动粗调节器使镜筒上升，待见到模糊物像时，再换用细调节器，直至物像完全清晰为止。此时，切勿用粗调节器下降油镜，以免压碎玻片，损坏油镜头。

（5）油镜的保养 油镜用毕，应以擦镜纸拭去镜头上的香柏油，如油已干或透镜模糊不清，可滴加少量乙醇乙醚于擦镜纸上，拭净油镜头，并随即用干擦镜纸拭去乙醇乙醚（以免乙醇乙醚溶解粘固镜片的胶质使其脱胶，致使镜片移位或脱落）。然后，把低倍镜转至中央，高倍镜和油镜转成“八”字形，使镜筒和聚光器下降，反光镜垂直，用绸布包好放入镜箱，存放于阴凉干燥处，避免受潮生锈。

应该指出，目前所用的显微镜种类很多，尽管油镜的识别原理是一致的，但在使用上与以上所述有所不同，应注意灵活掌握。

（二）细菌基本形态的观察

1. 球菌标本片的观察

（1）链球菌 注意其链状排列，链的长短，个体的形态。

（2）葡萄球菌 注意其无一定次序，无一定数目，不规则地堆在一起的形态。

2. 杆菌标本片的观察

（1）单杆菌 注意其单个散在的状态，菌体外形、大小及菌端的形态。

（2）双杆菌 注意其成双排列以及菌体外形、大小及菌端的形态。

（3）链杆菌 注意其成链状排列，链的长短，菌体的外形、大小及菌端的形态。

3. 螺旋菌标本片的观察

（1）弧菌 注意其弯曲成弧形以及菌体大小，菌端的形态。

（2）螺菌 注意其具有两个以上的螺旋状及菌体的长度、大小，菌端的形态。

（三）细菌特殊结构的观察

1. 细菌荚膜标本片的观察

注意荚膜的位置、形状、大小、染色及相互间的连接。

2. 细菌鞭毛标本片的观察

注意鞭毛的形态、长度、大小、数目及在菌体上的排列。

3. 细菌芽孢标本片的观察

注意芽孢的形状，与菌体相比的大小及在菌体中的位置。

四、注意事项

（1）当油镜镜头与标本片几乎接触时，不可再用粗调节螺旋向上移动载物台或下降油镜头，以免损坏玻片甚至压碎镜头。

（2）油镜头只能用擦镜纸擦拭，不能用手、棉布或其它纸张擦拭。

（3）香柏油的用量为 1 ~2 滴，能淹到油镜头的中间部分为宜，用量太多则浸染镜头，太少则视野变暗不便观察。

（4）为了增强视野的亮度，应做到 3 点：聚光器调至最高，光圈调至最大，反光镜用凹面镜。

实训四　细菌标本片的制备与染色法

一、目标

能利用不同的材料进行细菌标本片的制备，能正确进行细菌的常规染色，明确细菌不同的染色特性。

二、仪器与材料

酒精灯、火柴、接种环、载玻片、吸水纸、擦镜纸、生理盐水、美蓝染色液、革兰染色液、瑞氏染色液、姬姆萨染色液、甲醇、染色缸、染色架、洗瓶、普通光学显微镜、香柏油、乙醇－乙醚、细菌液体及固体培养物、细菌病料、无菌镊子、剪刀及特种铅笔等。

三、内容与方法

（一）细菌标本片的制备

细菌标本片制备的基本步骤为：抹片→干燥→固定→染色→镜检。

1. 抹片

根据所用材料不同，抹片的方法也有差异。

（1）固体培养物　取洁净无油渍的玻片一张，把接种环在酒精灯上烧灼灭菌后，取1～2环的无菌生理盐水放于载玻片的中央，再将接种环灭菌，冷却后，从固体培养基上挑取菌落或菌苔少许，与水混匀，做成直径1cm的涂面。接种环用后需灭菌才能放下。

（2）液体培养物 可直接用灭菌接种环钩取细菌培养液1～2环，在玻片上做直径1cm的涂面。

（3）液体病料（血液、渗出液、腹水等） 取一张边缘整齐的载玻片，用其一端蘸取血液等液体材料少许，在另一张洁净的玻片上，以45°角均匀摊成一薄层的涂面。

（4）组织病料 无菌操作取被检组织一小块，用无菌刀片或无菌剪子切一新鲜的切面，以其新鲜切面在玻片上做数个压印或涂抹成适当大小的一薄层。

如有多个样品同时需要制成抹片，只要染色方法相同，也可在同一张玻片上有秩序地排好，做多点涂抹，或者先用铅笔在玻片上划分成若干小方格，每方格涂抹一种样品，做好记录。

2. 干燥

涂片应在室温下自然干燥，必要时将涂面向上，置酒精灯火焰高处微烤加热干燥。

3. 固定

固定的目的是使菌体蛋白质凝固，形态固定，易于着色，并且经固定的菌体牢固黏附在玻片上，水洗时不易冲掉。固定的方法因材料不同而异。

（1）火焰固定 是最常用的方法，将干燥好的抹片涂面向上，在火焰上来回通过3～4次，以手背触及玻片微烫手为宜。

（2）化学固定 有的血片、组织触片用姬姆萨染色时，要用甲醇固定3～5min。丙酮和乙醇也可用作化学固定剂。做瑞氏染色的涂片不需固定，因染色液中含有甲醇，有固定作用。

固定好的玻片就可进行各种方法的染色。

必须注意，在抹片固定过程中，实际上并不能保证杀死全部细菌，也不能完全避免在染色水洗时不将部分抹片冲脱。因此，在制备烈性病原菌，特别是带芽孢的病原菌的抹片时，应严格慎重处理染色用过的残液和抹片本身，以免引起病原的散播。

（二）常用的细菌染色方法

1. 美蓝染色法

在已干燥固定好的抹片上，滴加适量美蓝染色液覆盖涂面，染色2～3min，水洗（用细小的水流将染料洗去，至洗下的水没有颜色为止，注意不要使水流直接冲至涂面处），晾干或吸水纸轻压吸干镜检，结果菌体呈蓝色。

2. 革兰染色法

革兰染色法是微生物学中最常用的一种鉴别染色方法。所有细菌都有其革兰染色特性，染成蓝色或蓝紫色的为革兰阳性菌；染成红色的为革兰阴性菌。染色步骤如下：

（1）在已干燥、固定好的抹片上，滴加草酸铵结晶紫染色液，染 1 ~ 2min，水洗。

（2）滴加革兰碘液媒染，作用 1 ~ 2min，水洗。

（3）在 95% 乙醇脱色缸内脱色 0.5 ~ 1min，或滴加 95% 乙醇 2 ~ 3 滴于涂片上，频频摇晃 3 ~ 5s 后，倾去乙醇，再滴加乙醇，如此反复 2 ~ 5 次，直至流下的乙醇无色或稍呈浅紫色为止。脱色时间可根据涂片的厚度灵活掌握。

（4）滴加稀释石炭酸 - 复红染色液，染色 1 ~ 2min 或滴加沙黄染色液染色 30s，水洗，吸干后镜检。

3. 瑞氏染色法

因瑞氏染色液中含有甲醇，细菌涂片自然干燥后不需另行固定，可直接染色。滴加瑞氏染色液于涂片上，经 1 ~ 3min 后，再滴加与染色液等量的磷酸缓冲液或中性蒸馏水于玻片上，轻轻摇晃或用口吹气使其与染色液混合均匀，经 3 ~ 5min，待表面显金属光泽，水洗，干燥后镜检。结果菌体呈蓝色，组织细胞的胞质呈红色，细胞核呈蓝色。

4. 姬姆萨染色法

血片或组织触片自然干燥后，用甲醇固定 3 ~ 5min 并自然干燥后，滴加足量的姬姆萨染色液或将涂片浸入盛有染色液的染色缸中，染色 30 min 或者数小时至 24h，水洗，吸干或烘干后镜检。结果细菌呈蓝青色，组织细胞的胞质呈红色，细胞核呈蓝色。

四、注意事项

（1）制作的细菌涂片应薄而匀，否则不利于染色和观察。

（2）干燥及火焰固定时切勿紧靠火焰及时间过长，以免温度过高造成菌体结构破坏甚至烤焦。

（3）标本片固定必须要结实，以免水洗过程中菌膜被冲掉。

（4）瑞氏染色水洗时，不要先倾去染色液，应直接用水冲洗，让染色液与水一并冲洗掉，然后进行下一步骤。以此避免沉渣黏附，影响染色效果。

（5）欲长期保留标本时，可在涂抹面上滴加一滴加拿大树胶，以清洁盖玻片覆盖其上。

附：常用染色液的配制

1. 碱性美蓝染色液

美蓝 0.3g，95% 乙醇 30mL，0.01% 氢氧化钾溶液 100mL。将美蓝放入研钵中，徐徐加入乙醇，研磨均匀后再与氢氧化钾溶液混合，滤过后贮于褐色瓶中，放置时间越长效果越好。

2. 草酸铵结晶紫染色液

甲液：结晶紫 20g，95% 乙醇 20mL。

乙液：草酸铵 0.8g，蒸馏水 80mL。

将结晶紫放入研钵中，加入乙醇研磨均匀为甲液，然后再与完全溶解的乙液混合后滤过，贮于褐色瓶中备用。

3. 革兰碘液

碘片 1.0g，碘化钾 2.0g，蒸馏水 300mL。将碘化钾放入研钵内，加少量蒸馏水使其完全溶解，再放入已磨碎的碘片并加入蒸馏水，同时充分研磨，待碘片溶解后，把余下的蒸馏水倒入，装入瓶中。

4. 稀释石炭酸 - 复红液

取碱性复红乙醇饱和溶液（碱性复红 10g 溶于 95% 乙醇 100mL 中）1mL 和 5% 石炭酸水溶液 9mL 混合，即为石炭酸 - 复红原液。再取石炭酸 - 复红原液 10mL 与 90mL 蒸馏水混合，即成稀释石炭酸 - 复红液。

5. 沙黄染色液

3.41% 沙黄乙醇溶液 10mL，蒸馏水 90mL，混合后，贮于褐色瓶中备用。

6. 瑞氏染色液

取瑞氏染色粉末 0.1g 加于乳钵内，纯中性甘油 1.0mL 研磨均匀，再加入中性甲醇 60mL，使其溶解，置于棕色瓶中过夜，次日过滤，装于棕色的中性瓶中，保存于暗处。该染色液保存时间越长，染色效果越佳。

7. 姬姆萨染色液

取姬姆萨染色剂粉末 0.6g，加入 50mL 甘油中，置 55 ~ 60℃ 水浴 2h 后，加入甲醇 50mL，静置 24h 以上，滤过后即可应用。

实训五 常用培养基的制备

一、目标

熟悉培养基制备的基本程序，学会制备常用的培养基，掌握测定及矫正培养基 pH 的方法。

二、仪器与材料

高压蒸汽灭菌器、微波炉或电炉、电热干燥箱、恒温箱、冰箱、天平、量筒、漏斗、试管、培养皿、烧杯、三角烧瓶、玻璃棒、精密 pH 试纸、过滤装置、滤纸、纱布、牛肉膏、蛋白胨、氯化钠、琼脂粉、0.1mol/L 和 1mol/L 的氢氧化钠和盐酸溶液、脱纤维绵羊血等。

三、内容与方法

培养基制作的基本程序：配料→溶化→测定及矫正 pH→过滤→分装→灭菌→无菌检验→备用。

（一）普通肉汤培养基（液体培养基）

1. 成分

牛肉膏 3 ~ 5g，蛋白胨 10g，氯化钠 5g，蒸馏水 1 000mL。

2. 制法

将牛肉膏、蛋白胨、氯化钠加水后，加热溶解。测定并矫正 pH 7.4 ~ 7.6（取精密 pH 试纸一条浸入欲测的培养基中，取出停留 1min 与标准比色卡比较，如为酸性，滴加 1mol/L 氢氧化钠调至所需 pH 范围，在滴加 1mol/L 氢氧化钠后，应充分摇匀，再用试纸测定；如为碱性可用 1mol/L 盐酸调制），过滤分装。置高压灭菌器内，121.3℃灭菌 20min 即成。

3. 用途

供一般细菌生长，同时也是制作一般培养基的基础原料。

（二）营养琼脂培养基（固体培养基）

1. 成分

普通肉汤 1 000mL，琼脂粉 20 ~ 30g。

2. 制法

将琼脂粉加入普通肉汤内，煮沸使其完全溶解，矫正 pH 7.4 ~ 7.6（方法同上），分装于试管或三角烧瓶中，以 121.3℃灭菌 20min。可制成试管斜面、高层培养基或琼脂平板。

3. 用途

此培养基可供一般细菌的分离培养、纯培养，观察菌落特征及保存菌种等，也可作为特殊培养基的基础。

（三）血液琼脂培养基

将灭菌的营养琼脂冷却至 45 ~ 50℃，无菌操作条件下，加入 5% ~ 10% 的无菌血液（或脱纤维血），然后分装制成斜面或血液琼脂平板。供营养要求较高的细菌分离培养，也可供溶血现象的观察和保存菌种。

（四）半固体培养基

肉汤培养基中加入 0.3% ~ 0.5% 琼脂粉制成，用于菌种的保存或观察细菌的运动性。

（五）肉渣汤（疱肉）培养基

于每支试管加入 2 ~ 3g 牛肉渣及肉膏汤 5 ~ 6mL，液面盖一薄层石蜡油，经 121.3℃灭菌 20 ~ 30min 后保存于冰箱中备用。此培养基用于厌氧菌的培养，必须注意，在使用时应将肉渣培养基置水浴锅煮沸 10min，以驱除管内存留的氧气。

（六）半成品培养基的制备

半成品培养基成分无需自己配制，有现成的商品出售。只要按标签上的说明及所需量和要求直接溶解、分装、灭菌，制成平板或斜面即可。半成品培养基，根据培养基所含成分的特性不同，有的可高压灭菌，有的则不宜高压灭菌，如SS琼脂、沙门菌及志贺菌选择培养基，不可高压或过久加热，麦康凯琼脂、三糖铁琼脂均可进行高压灭菌。要求调节pH所用的酸或碱，要一滴一滴加入，防止滴加过量；分装时必须严格无菌操作。

四、注意事项

（1）矫正全部培养基pH时，不可应用低浓度的氢氧化钠溶液，否则由于加入的量较大，培养基的营养含量会明显降低，影响细菌的生长。

（2）灭菌后的培养基进行分装时，必须使用近期内严格灭菌的试管（包括棉塞）或平皿，并在无菌室或超净工作台内完成。

（3）制备好的培养基，使用前在37℃温箱中放1～2d，无杂菌污染时，方可使用。

实训六 细菌的分离培养、 移植及培养性状的观察

一、目标

能利用不同被检材料进行细菌的分离培养，并能熟练地对细菌进一步移植培养。学会观察细菌的培养特性。

二、仪器与材料

恒温箱、接种环、酒精灯、灭菌吸管、烙刀、镊子、剪子、灭菌平皿、生理盐水、普通肉汤、普通琼脂平板、普通琼脂斜面、半固体培养基、肝片肉汤培养基、病料及细菌培养物等。

三、内容与方法

（一）细菌的分离培养

1. 平板划线分离法

平板划线是通过将被检材料连续划线而获得独立的单个菌落，因而划线越长，获得单个菌落的机会也越多。本法适用于含菌较多的样品，如粪便、脓汁等。具体操作步骤如下：

（1）右手持接种环于酒精灯上烧灼灭菌，待冷。

（2）无菌操作取病料。若为液体病料，可直接用灭菌的接种环取病料一环；若为固体病料，首先将烙刀在酒精灯上灭菌，并立即用其对病料表面烧烙灭菌，然后用灭菌接种环从烧烙部位伸到组织中取内部病料。

（3）左手持平皿，用拇指、食指及中指将平皿盖打开一侧，角度大小以能顺利划线为宜，但以角度小为佳，以免空气中的细菌污染培养基。

（4）将已取被检材料的接种环伸入平皿，并涂于培养基的一侧，然后自涂抹处以30°～40°角用腕力在平板表面轻轻地分区划线。

（5）划线完毕，烧灼接种环，将培养皿盖好，用特种铅笔在培养皿底部注明被检材料及日期，倒置37℃温箱中，培养18～24h观察结果（图2－17）。

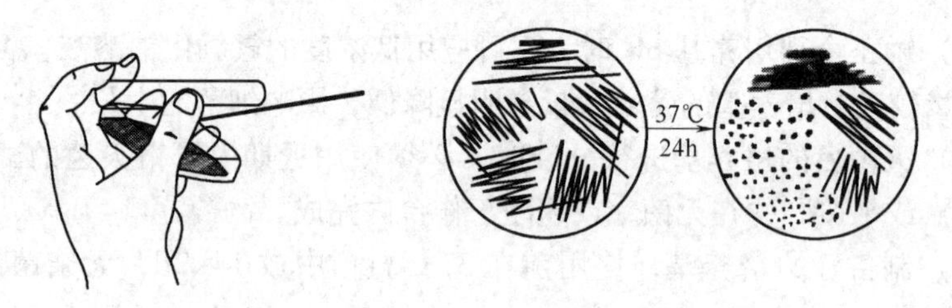

图2－17　平板划线分离法的操作及结果

2. 倾注分离法

取3支融化后冷却至50℃左右的琼脂管，用灭菌的接种环取一环培养物（或被检材料）移至第1管中，随即用掌心搓转均匀，再由第1管取一环至第2管，搓转均匀后，再由第2管取一环至第3管，经同样处理后，分别倒入3个灭菌培养皿中，待凝固后，倒置于37℃恒温箱中培养24h观察结果（图2－18）。

3. 厌氧菌的分离培养

厌氧菌的分离培养常用肉渣汤（疱肉培养基）培养法。先将试管倾斜，使培养基表面露出一点，然后接种被检材料或菌种，接种后将试管直立，即封闭液面。最后置于37℃恒温箱中培养24～48h。

（二）细菌的移植

1. 斜面移植

（1）左手持菌种管及琼脂斜面管，一般菌种管放在外侧，斜面管放在内侧，两管口并齐，管身略倾斜，斜面向上，管口靠近火焰。

（2）右手拇指、食指及中指持接种环在酒精灯上烧灼灭菌。

（3）将斜面管的棉塞夹于右手掌心与小指之间，菌种管棉塞夹于小指与无名指之间，将两棉塞一起拔出。

（4）把灭菌接种环伸入菌种管内，挑取少量菌苔并将其立即伸入斜面培养基底部，由下而上在斜面上弯曲划线，然后将管口和棉塞通过火焰后塞好，接种环烧灼灭菌（图2－19）。

（5）在斜面管口写明菌种名称、日期，置37℃恒温箱中，培养18～24h

观察生长情况。

2. 肉汤移植

方法同上，取少许菌落，迅速伸入肉汤管内在接近液面的管壁轻轻研磨，并蘸取少许肉汤调和，使菌混于肉汤中。

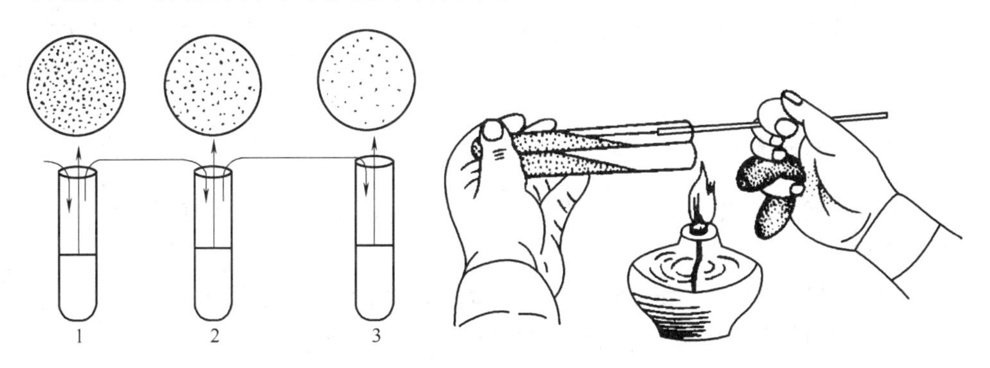

图 2 – 18 倾注分离法

图 2 – 19 细菌的斜面移植法

3. 从平面移植到斜面

无菌操作打开平皿盖，挑取少量菌落移于斜面管，方法同上。

4. 半固体培养基穿刺接种法

方法基本同斜面移植，用接种针挑取菌落，由培养基表面中心垂直刺入管底，然后由原线退出接种针。

（三）细菌在培养基中生长特性的观察

1. 琼脂平板培养基

主要观察细菌在培养基上形成的菌落特征。

（1）大小 以直径（nm）表示，小菌落如针尖大，大菌落为 5 ~6nm，甚至更大。

（2）形状 有圆形、不整形、针尖状、露滴状、同心圆形、根足形等。

（3）边缘 有整齐、波浪状、锯齿状、卷发状等。

（4）表面形状 光滑、粗糙、同心圆、放射状、皱状、颗粒状结构等。

（5）湿润度 湿润、干燥。

（6）隆起度 表面隆起、轻度隆起、中央隆起、脐状、扣状、扁平状。

（7）色泽和透明度 色泽有无色、白色、黄色、橙色、红色等；透明度有透明、半透明、不透明等。

（8）质地 分坚硬、柔软或黏稠。

（9）溶血性 菌落周围有无溶血环。若有透明的溶血环称 β 型溶血；若呈很小的半透明绿色的溶血环称 α 溶血；不溶血的为 γ 型溶血。

2. 肉汤培养基

（1）混浊度 有高度混浊、轻度混浊或仍保持透明者。

（2）沉淀　管底有无沉淀，沉淀物是颗粒状或棉絮状等。

（3）表面　液面有无菌膜，管壁有无菌环。

（4）色泽　液体是否变色，如绿色、红色等。

3. 半固体培养基

具有鞭毛的细菌，沿穿刺线向周围扩散生长，无鞭毛的细菌沿穿刺线呈线状生长。

四、注意事项

（1）划线接种时，应防止划破培养基，分离培养时不要重复旧线，以免形成菌苔。

（2）分区划线时，每区开始的第一条线应通过上一区的划线。

（3）操作过程中应注意全程无菌操作。

实训七　细菌的生物化学试验

一、目标

理解常用细菌生化试验的原理，掌握其操作方法，能正确地判定试验结果。

二、仪器与材料

恒温箱、微波炉或电炉、冰箱、三角烧瓶、烧杯、平皿、试管、酒精灯、接种环、精密 pH 试纸、蛋白胨、氯化钠、糖、磷酸氢二钾、95% 乙醇、硫酸铜、浓氨水、10% 氢氧化钾、无菌 3% 淀粉溶液、对二甲氨基苯甲醛、浓盐酸、硫代硫酸钠、10% 醋酸铅水溶液、磷酸二氢铵、硫酸镁、柠檬酸钠、甲基红、0.5% 溴麝香草酚蓝乙醇溶液、1.6% 溴甲酚紫乙醇溶液、0.2% 酚红溶液、蒸馏水、琼脂、1mol/L 氢氧化钠溶液、大肠杆菌及沙门菌和产气杆菌的纯培养物等。

三、内容与方法

（一）糖发酵试验

1. 原理

绝大多数细菌具有分解糖、醇和糖苷的能力，但因各种细菌所含发酵糖、醇和糖苷的酶不同，因而分解作用物的种类及分解能力也不同，有的细菌分解某些糖类、醇类或糖苷产酸产气，记为“⊕”；有的仅产酸，记为“+”；有的不分解，记为“-”。细菌的发酵类型通常是某些特定菌群或菌种的特征，据此可鉴别细菌。

细菌在发酵糖类时会产生酸性代谢产物，可使培养基由紫色变为黄色[培养基内酸碱指示剂溴甲酚紫由 pH 7.6（紫色）至 pH 5.4（黄色）]，如同时还产气，则在发酵管的上部有气泡存在。

2. 培养基

糖培养基。

（1）成分　蛋白胨 1.0g，氯化钠 0.5g，蒸馏水 100mL，1.6% BCP（溴甲酚紫）乙醇溶液 0.1mL，糖 0.5～1.0g。

（2）制法　将蛋白胨和氯化钠充分溶解于蒸馏水中，测定并矫正 pH 7.6，滤纸过滤后加入 1.6% 溴甲酚紫乙醇溶液和糖，然后分装于带有倒置小发酵管的小试管（13mm×100mm）中，113℃高压蒸汽灭菌 20min 即可。

常用的单糖主要有葡萄糖、甘露糖、果糖、半乳糖等；双糖主要有乳糖、麦芽糖、蔗糖等；多糖主要有菊糖、糊精、淀粉等；醇类主要有甘露醇、山梨醇等；糖苷主要有杨苷等。

3. 方法

将待鉴别细菌的纯培养物接种到糖发酵培养基内，置 37℃温箱内培养。培养时间随实训的要求及细菌的分解能力而定，可按各类细菌鉴定方法所规定的时间进行。

4. 结果

产酸不产气记为“+”，培养液变为黄色；产酸产气记为“⊕”，培养液变为黄色，并有气泡；不发酵者记为“-”，培养液仍为紫色。

注：可购买商品用糖发酵管进行实训。购买的糖发酵管常标有不同的颜色以区别各种糖类：葡萄糖（红色）、乳糖（黄色）、麦芽糖（蓝色）、蔗糖（黑色）、甘露醇（白色）等。

（二）甲基红（M. R）试验

1. 原理

一些细菌，在分解葡萄糖后产生的丙酮酸又进一步转化为乙酰甲基甲醇，因此培养基中酸度较低，加甲基红指示剂时，溶液呈橘黄色，为阴性。大肠杆菌分解葡萄糖时，丙酮酸不能转变为乙酰甲基甲醇，故培养液酸性较强，甲基红指示剂呈红色，为阳性。

甲基红指示剂的变色范围为低于 pH 4.4 呈红色，高于 pH 6.2 呈黄色。如细菌分解葡萄糖产生较大量的酸，使培养基的酸碱度降低到 pH 4.5 以下，当加入 M. R 试剂时呈红色，即阳性反应；若细菌产酸量较少，或因产酸后不断转化为其它物质如醇、醛、酮、气体和水，加入试剂后则呈黄色反应，为阴性。

2. 培养基

葡萄糖蛋白胨水。

(1) 成分　蛋白胨1.0g，葡萄糖1.0g，磷酸氢二钾1.0g，蒸馏水200mL。

(2) 制法　将上述成分依次加入蒸馏水中，充分溶解后测定并矫正pH 7.4，滤纸过滤后分装于试管中，113℃高压蒸汽灭菌20min即可。

3. 甲基红试剂

甲基红0.02g，加入到60mL 95%乙醇中，待溶解后加蒸馏水至40mL。

4. 方法

将大肠杆菌、变形杆菌分别接种于培养基中，37℃培养48~72h后，取出加入甲基红试剂3~5滴，观察反应结果。

5. 结果

凡培养液变红色者为阳性，记为"+"，如大肠杆菌；黄色者为阴性，记为"-"，如变形杆菌；橙色为可疑。

（三）维培（V-P）试验

1. 原理

本试验又称乙酰甲基醇试验。某些细菌（如产气杆菌）将分解葡萄糖所产生的丙酮酸脱羧，生成中性的乙酰甲基甲醇。乙酰甲基甲醇在碱性溶液中被空气中分子氧所氧化，生成二乙酰并与培养基中含胍基的化合物发生反应，生成红色化合物，为阳性。

2. 培养基

同M.R试验培养基。

3. V-P试剂

硫酸铜1.0g，蒸馏水10mL，浓氨水40mL，10%氢氧化钾950mL。将硫酸铜溶于蒸馏水中，微加热可加速溶解，然后加入浓氨水，最后加入10%氢氧化钾，混匀后即可。

4. 方法

将待鉴别细菌的纯培养物接种于葡萄糖蛋白胨水中，37℃温箱中培养3~4d，向培养液中加入等量的V-P试剂，混匀，置37℃温箱中30min左右观察结果。

5. 结果

阳性者呈红色反应；阴性者仍保持黄色。

（四）靛基质试验（吲哚试验）

1. 原理

某些细菌如大肠杆菌、变形杆菌、霍乱弧菌等具有色氨酸酶，能分解蛋白胨中的色氨酸产生靛基质，后者与试剂中的对二甲氨基苯甲醛作用，形成玫瑰靛基质而呈红色。

2. 培养基

童汉蛋白胨水（1%蛋白胨水培养基）。

(1) 成分　蛋白胨1.0g，氯化钠0.5g，蒸馏水100mL。

(2) 制法　将蛋白胨及氯化钠加入蒸馏水中，充分溶解后，测定并矫正

pH 7.6，滤纸过滤后分装于试管中，以121.3℃高压蒸汽灭菌20min即可。

3. 靛基质试剂（欧立希吲哚试剂）

对二甲氨基苯甲醛1.0g，95%乙醇95mL，浓盐酸50mL。将对二甲氨基苯甲醛溶于乙醇中，再加入浓盐酸，避光保存。

4. 方法

将细菌接种于童汉蛋白胨水中，37℃温箱培养2～3d（必要时培养4～5d），在培养基中加入戊醇或二甲苯2～3mL，摇匀后静置片刻，沿试管壁滴入靛基质试剂约2mL于培养物液面上，马上观察结果。

5. 结果

阳性者在培养物与试剂的接触面处产生一红色的环状物，如大肠杆菌；阴性者培养物仍为淡黄色，如产气杆菌。

（五）硫化氢试验

1. 原理

某些细菌（如变形杆菌）能分解培养基中胱氨酸、甲硫氨酸等含硫氨基酸，生成硫化氢。若遇醋酸铅或硫酸亚铁，则生成黑色的硫化铅或硫化亚铁。

2. 培养基

醋酸铅琼脂培养基。

（1）成分 pH 7.4普通琼脂100mL，硫代硫酸钠0.25g，10%醋酸铅水溶液3.0mL。

（2）制法 普通琼脂加热融化后，加入硫代硫酸钠，混合，113℃高压蒸汽灭菌20min，保存备用。应用前加热溶解，加入灭菌的醋酸铅水溶液，混合均匀，无菌操作分装试管，做成醋酸铅琼脂高层，凝固后即可使用。

3. 方法

取细菌的纯培养物，以穿刺法接种于醋酸铅琼脂培养基中，37℃温箱中培养1～2d，观察结果。也可将细菌穿刺接种于含有硫酸亚铁的琼脂培养基中。

4. 结果

沿穿刺线或穿刺线周围呈黑色者为阳性；不变者为阴性。

本试验也可用浸渍醋酸铅的滤纸条进行。将滤纸条浸渍于10%醋酸铅水溶液中，取出夹在已接种细菌的琼脂斜面培养基试管壁与棉塞间，如细菌产生硫化氢，则滤纸条呈棕黑色，为阳性反应。

（六）尿素酶试验（尿素发酵试验）

1. 原理

能产生尿素酶的细菌能够分解尿素生成氨，使培养基呈碱性，酚红指示剂变为红色。

2. 培养基

尿素培养基。

（1）成分 蛋白胨1.0g，氯化钠5.0g，磷酸二氢钾2.0g，琼脂20g，蒸馏水 900mL，0.4% 酚红溶液 6mL，葡萄糖 1g，20% 尿素溶液 100mL。

（2）制法　将蛋白胨、氯化钠、磷酸二氢钾和琼脂加入蒸馏水中加热溶化，测定并矫正 pH 至 7.0，加入酚红、葡萄糖和尿素水溶液，混匀，分装于试管中，55.16 kPa 20min 高压灭菌后摆成短斜面即可。

3. 方法

将待鉴别细菌的纯培养物同时用穿刺和划线法接种于上述培养基中（不要穿刺到底，下部留作对照），37℃ 温箱中培养 2 ~ 6h（有些菌分解尿素很快），有时需要培养 1 ~ 6d（有些菌则缓慢作用于尿素），观察结果。

4. 结果

阳性者培养基从黄色变为红色；阴性者不变色，应继续观察 4d。

可购买尿素发酵管（形状同发酵管，但没有标颜色），操作方法同糖发酵试验，培养液由黄变红者为阳性，记为“+”；不变色者为阴性，记为“-”。

（七）柠檬酸盐利用试验

1. 原理

柠檬酸盐利用试验是测定细菌能否单纯利用柠檬酸钠为碳源和利用无机铵盐为氮源而生长的一种试验。如利用柠檬酸钠则生成碳酸盐使培养基变成碱性，指示剂溴麝香草酚蓝由淡绿色变成深蓝色；若不能利用，则细菌不生长，培养基仍呈原来的淡绿色。

2. 培养基

柠檬酸钠培养基。

（1）成分　磷酸二氢铵 0.1g，硫酸镁 0.01g，磷酸氢二钾 0.1g，柠檬酸钠 0.2g，氯化钠 0.5g，琼脂 2.0g，蒸馏水 100mL，0.5% BTB（溴麝香草酚蓝）乙醇溶液 0.5mL。

（2）制法　将各成分溶解于蒸馏水中，测定并矫正 pH 为 6.8，加入 BTB 溶液后呈淡绿色，分装于试管中，灭菌后摆放斜面即可。

3. 方法

将待鉴别细菌的纯培养物接种于柠檬酸钠培养基上，置 37℃ 温箱培养 18 ~ 24h，观察结果。

4. 结果

细菌在培养基上生长并使培养基转变为深蓝色者为阳性；没有细菌生长，培养基仍为原来颜色者为阴性。

实训八　细菌的药物敏感试验

一、目标

掌握细菌药物敏感性试验的操作方法，能够利用本试验方法选择敏感药物治疗兽医临床常见的细菌性传染病。

二、仪器与材料

恒温箱、天平、打孔机、滤纸、无菌试管及吸管、试管架、镊子、接种环、酒精灯、蒸馏水、普通琼脂平板、金黄色葡萄球菌及大肠杆菌的固体培养物、肉汤培养基，链霉素、金霉素、新霉素、红霉素、磺胺类、多黏菌素等抗菌药物，硫酸钡标准管（取 1% ~1.5% 氯化钡 0.5mL，加 1% 硫酸溶液 99.5mL，充分混匀即成，用前充分振荡）等。

三、内容与方法

将抗菌药物置于接种待检菌的固体培养基上，抗菌药物通过向培养基内的扩散，抑制敏感细菌的生长，从而出现抑菌环。由于药物扩散的距离越远达到该距离的药物浓度越低，由此可根据抑菌环的大小，判定细菌对药物的敏感度。

（一）含药纸片的制备

1. 直径 6mm 滤纸片的制备

最好选用新华 1 号定性滤纸，用打孔机打成直径 6mm 的滤纸片，放在小瓶中或平皿中，121.3℃灭菌 15min，再置 100℃干燥箱内烘干备用。

2. 药液的配制

用无菌蒸馏水将各药稀释成以下浓度：磺胺类 100mg/mL、青霉素 100IU/mL（1IU =0.6μg，其它抗生素 1IU = 1μg），链霉素、金霉素、新霉素、红霉素、多黏菌素 2mg/mL。

对于目前生产实践中常用的复方药物，多含两种或两种以上的抗菌成分，稀释时可根据其治疗浓度或按一定的比例缩小后用蒸馏水或适当稀释液进行稀释。

3. 含药纸片的制备

将灭菌的滤纸片用无菌镊子摊布于灭菌平皿中，按每张滤纸片饱和吸水量为 0.01mL 计算，50 张滤纸片加入药液 0.5mL。要不时翻动，使纸片充分吸收药液，浸泡 1 ~2h 后于 37℃温箱中烘干备用。对青霉素、金霉素纸片的干燥宜采用低温真空干燥法，干燥后立即放入瓶中加塞，放干燥器内或置 -20℃冰箱中保存。纸片的有效期一般为 4 ~6 个月。

（二）测验方法

（1）钩取金黄色葡萄球菌和大肠杆菌菌落各 4 ~5 个，分别接种于肉汤培养基中，37℃培养 4 ~6h。

（2）用灭菌生理盐水稀释培养菌液，使其浊度相当于硫酸钡标准管。装有以上两种成分的试管须相同，硫酸钡用前须充分振动。

（3）用无菌棉拭子蘸取上述肉汤培养液，在试管壁上挤压除去多余的液体，在琼脂培养基表面均匀涂抹，盖好平皿，在室温下干燥 5min。每种细菌分别接种 1 ~ 2 个琼脂平板。

（4）用玻璃铅笔在平皿底部标记药物名称。一个直径 90mm 的平皿最多只能贴 7 张纸片，6 张均匀地贴在距平皿边缘 15mm 处，一张位于中心。

（5）用灭菌镊子夹取干燥含药纸片，按标记位置轻贴在已接种细菌的琼脂培养基表面，一次放好，不得移动。

（6）将平皿置 37℃ 温箱中培养 18 ~ 24h，观察、记录并分析结果。根据抑菌环直径的大小按表 2 – 3 的标准判定各种药物的敏感度。

表 2 – 3　细菌对不同抗菌药物敏感度标准

药物名称	抑菌圈直径/mm	敏感度
青霉素	<10	不敏感
	11 ~ 20	中度敏感
	>20	高度敏感
土霉素、链霉素、四环素、新霉素、磺胺	<10	不敏感
	11 ~ 14	中度敏感
	>14	高度敏感
庆大霉素、卡那霉素	<12	不敏感
	13 ~ 14	中度敏感
	>14	高度敏感
氯霉素、红霉素	<10	不敏感
	11 ~ 17	中度敏感
	>17	高度敏感
其它	<10	不敏感
	11 ~ 15	中度敏感
	>15	高度敏感

四、注意事项

（1）接种菌液的浓度必须标准化，一般以细菌在琼脂平板上生长一定时间后呈融合状态为标准。如菌液浓度过大，会使抑菌环减小；浓度过小，会使抑菌环增大。

（2）接种后应及时贴上含药纸片并放入 37℃ 温箱中培养。

（3）培养时间一般为 18 ~ 24h，结果判定不宜过早，但培养过久，细菌可能恢复生长，使抑菌环缩小。

（4）实训过程中要防止污染抗生素，否则可发生抑菌环缩小或无抑菌环现象。

（5）因蛋白胨可使磺胺失去作用，故磺胺类药物应采用无胨琼脂。

附：无胨琼脂的配制方法

牛肉膏或酵母浸膏5.0g，氯化钠5.0g，琼脂25g，水1 000mL。

将牛肉膏或酵母浸膏、氯化钠和水混合后加热溶解，测定并矫正pH为7.2~7.4，过滤后加入琼脂，煮沸使琼脂充分溶化，121.3℃高压蒸汽灭菌15min，分装平皿，静置冷却即成琼脂平板。

1. 名词解释

细菌、荚膜、鞭毛、芽孢、生长因子、自养菌、异养菌、细菌的呼吸、热原质、生长曲线、培养基、菌落、纯培养、正常菌群、毒力、侵袭力、毒素、类毒素。

2. 试述细菌的结构及其功能。
3. 比较革兰阳性菌与革兰阴性菌细胞壁结构及化学组成的区别。
4. 细菌生长所需要的营养物质及其主要作用有哪些？
5. 细菌合成代谢产物及其临床意义有哪些？
6. 细菌生长繁殖的条件是什么？
7. 细菌群体生长繁殖可分为几期？简述各期特点。
8. 配制培养基的基本原则有哪些？常用培养基的类型包括哪些？
9. 细菌在培养基上生长状况有哪些？
10. 正常菌群有何生理作用？
11. 构成细菌毒力的因素有哪些？
12. 简述细菌内、外毒素的主要区别。
13. 常用的细菌生化试验有哪些？在细菌分类和鉴别中的作用是什么？
14. 革兰染色的方法、结果及实际意义是什么？

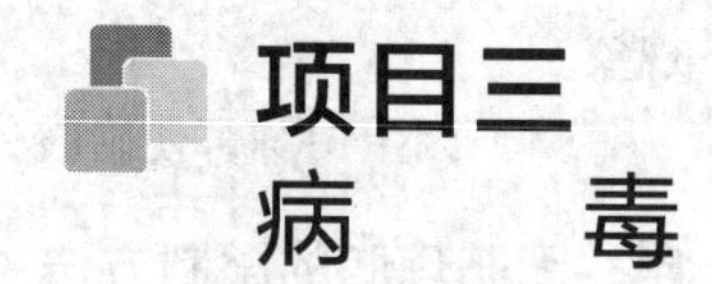

项目三 病 毒

【知识目标】

熟悉病毒的大小、形态结构和分类方法；理解病毒的增殖过程，掌握培养病毒的方法；掌握病毒的干扰现象、血凝现象及其它特性；熟悉病毒的实验室诊断程序。

【技能目标】

能根据病毒的培养方法，选择合适的对象培养病毒；能利用病毒的血凝试验和血凝抑制试验诊断病毒及测定抗体。具备根据临床病例设计病毒感染实验室诊断方案的能力。

任务一 | 病毒概述

一、 病毒的概念

病毒是一类只能在适宜活细胞内寄生的非细胞型微生物。在自然界中分布广泛，对人类、畜禽造成严重危害，迄今还缺乏确切有效的防制药物，给畜牧业带来巨大的经济损失。因此，学习研究病毒有关的基本知识和检验技术，对于诊断和防治病毒性传染病有着十分重要的意义。

二、 病毒的基本特征

病毒是一类体积非常微小、结构极其简单、性质十分特殊的生命形式。与其它生物相比，具有下列基本特征：

（1）没有细胞结构。

(2) 只含有一种核酸（RNA 或 DNA）。
(3) 只能生活在适宜的活细胞内。
(4) 增殖的方式为复制。
(5) 对一般抗生素不敏感，而对干扰素敏感。

三、 病毒的分类

自然界中病毒的种类繁多，对病毒的分类有多种方法。根据核酸类型分为 DNA 病毒和 RNA 病毒。根据病毒寄生的对象不同，又可分为动物病毒、植物病毒、昆虫病毒和噬菌体等。

从第六次病毒分类报告开始，病毒被分为三大类：即 DNA 病毒类、DNA 反转录与 RNA 反转录病毒类、RNA 病毒类。第七次分类报告之后，病毒分类形成了类（目）、科（亚科）、属（种）的分类系统。有的病毒分类地位不确定，而类病毒和朊病毒在目前分类中也属病毒之列。

四、 亚病毒

亚病毒因子是迄今发现的最小生命单位，它是类病毒、朊病毒和卫星因子的总称，因为没有常规病毒的结构模式，故命名为亚病毒。

1967—1971 年，Diener 等在研究马铃薯的纺锤形块茎病时发现一种比病毒还小的侵染性致病因子，命名为类病毒。类病毒没有蛋白质外壳，只是一个裸露的 RNA 分子，主要引起植物疾病。

朊病毒则是一类完全或主要由蛋白质组成的大分子，未发现有与其感染性直接相关的核酸存在，主要引起人和动物的亚急性海绵状脑病，如疯牛病、绵羊的痒病等。

卫星因子是必须依赖宿主细胞内共同感染的辅助病毒才能复制的核酸分子，有的卫星因子也有外壳蛋白包裹，又称卫星病毒。多数卫星因子是植物病毒的卫星因子，也有些是动物病毒的卫星因子，如腺联病毒是一种单股 DNA 卫星因子，腺病毒和疱疹病毒是其辅助病毒，辅助病毒使腺联病毒在允许条件下于宿主细胞内复制。

亚病毒的发现使人们对病原的认识进入了一个新阶段，对病毒的特征和起源有了崭新的思考。

任务二 | 病毒的形态和结构

一、病毒的大小

成熟的具有侵染能力的病毒个体称为病毒粒子。病毒粒子的大小以纳米

（nm）来计量，需借助电子显微镜进行观察。各种病毒的大小相差悬殊，一般分为大、中、小 3 种。较大的病毒如痘病毒，其体积为 300nm × 200nm × 100nm，相当于霉形体的大小，在光学显微镜下可以看到；中等大的病毒，其直径为 80 ~ 120nm，如流感病毒；小型的病毒直径仅 20nm，如口蹄疫病毒。

二、病毒的形态

病毒粒子的形态大致可分为 5 类（图 3 – 1）。

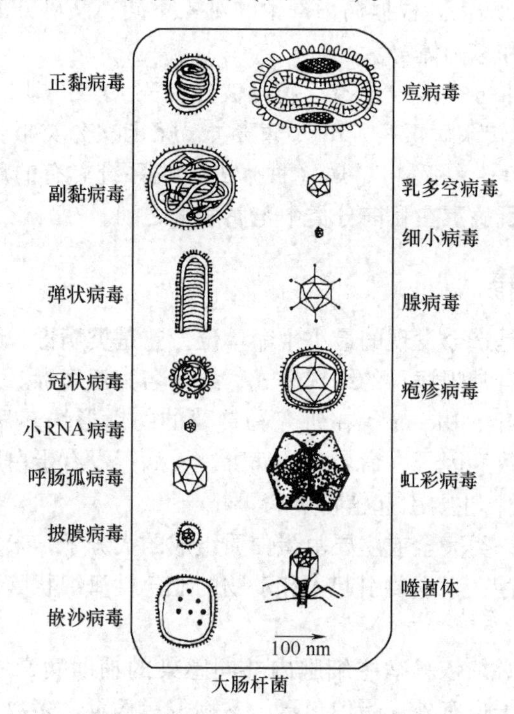

图 3 – 1　主要动物病毒的形态与大肠杆菌的相对大小

1. 球形

人、动物、真菌的病毒多为球形，其直径 20 ~ 30nm 不等，如腺病毒、疱疹病毒、脊髓灰质炎病毒、花椰菜花叶病毒、噬菌体 MS2 等。

2. 杆状或丝状

杆状或丝状是某些植物病毒的固有特征，如烟草花叶病毒、苜蓿花叶病毒、甜菜黄化病毒等。人和动物的某些病毒也有呈丝状的，如流感病毒、麻疹病毒、家蚕核型多角体病毒等，其丝长短不一，直径 15 ~ 22nm，长度可达 70nm。

3. 蝌蚪状

蝌蚪状是大部分噬菌体的典型特征。有一个六角形多面体的“头部”和一条细长的“尾部”，但也有一些噬菌体无尾。

4. 砖形

砖形是各类痘病毒的特性。病毒粒子呈长方形，很像砖块。其体积约300nm×200nm×100nm，是病毒中较大的一类。

5. 弹状

弹状见于狂犬病病毒、动物水疱性口炎病毒和植物弹状病毒等。这类病毒粒子呈圆筒形，一端钝圆，另一端平齐，直径约70nm，长约180nm，略似棍棒。

三、病毒的结构及化学组成

病毒粒子的基本结构主要包括两部分，即核心与衣壳。核酸和衣壳合称为核衣壳。最简单的病毒就是裸露的核衣壳。此外，某些病毒的核衣壳外还有囊膜（包膜）、刺突等结构（图3－2）。

病毒粒子的基本化学成分是核酸和蛋白质，有的病毒还有脂类、糖类等其它成分。

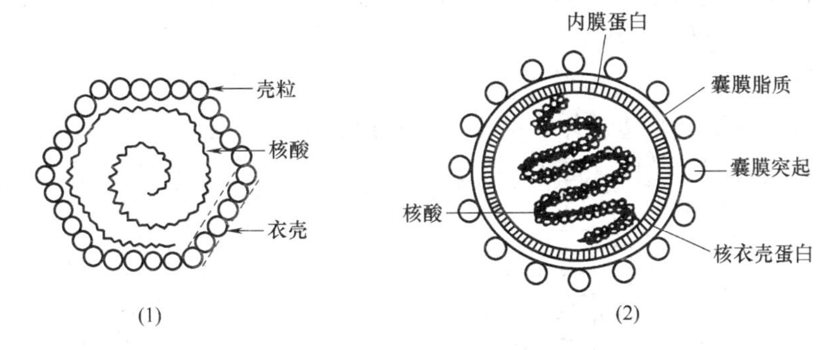

图3－2 病毒粒子结构模式图

（1）无囊膜正二十面体对称的核衣壳病毒粒子

（2）带囊膜螺旋对称的核衣壳病毒粒子

（一）核心

病毒核心主要由核酸和少量的功能性蛋白质组成。一种病毒只含有一种类型的核酸，即DNA或RNA。核酸可以是单股的，也可能是双股的；可以是线状的，也可以是环状的。病毒核酸与其它生物的核酸构型相似，DNA大多数为双股，少数为单股；RNA多数为单股，少数为双股。DNA或RNA构成病毒的基因组，包含着该病毒编码的全部遗传信息，控制着病毒的遗传、变异、增殖和对宿主的感染性等。

病毒核酸可用化学方法从病毒颗粒中提取出来。从某些病毒提取的核酸，如果进入易感细胞，可表现出与完整病毒一样的传染性，这种失去衣壳保护仍具有感染性的核酸称为传染性核酸。传染性核酸的感染范围比完整病毒颗粒更广，但感染力较低。

（二）衣壳

病毒的衣壳是包围在病毒核酸外面的一层外壳。衣壳的化学成分为蛋白质，由许多蛋白质亚单位，即多肽链构成的壳粒组成。壳粒是衣壳的基本单位，即电镜下可见的形态单位。壳粒由单个或多个多肽分子组成，这些分子对称排列，围绕着核酸形成一层保护性外壳。由于核酸的形态和结构不同，壳粒的排列也不同，因而形成了几种对称形式，它在病毒分类上可作为一种指标。在动物病毒中，衣壳结构的对称形式主要有以下 3 种。

1. 立体对称

立体对称又称二十面体对称。壳粒以二十面体对称形式排列，是具有 20 个等边三角形、30 条边和 12 个顶的多面体。大多数球状病毒呈这种对称型，包括大多数 DNA 病毒、反转录病毒及微 RNA 病毒。

2. 螺旋对称

壳粒以螺旋状对称排列的病毒呈杆状或丝状外观（图 3－3）。壳粒有规律地沿着中心轴呈螺旋排列，进而形成高度有序、对称的稳定结构。核酸位于衣壳内侧的螺旋状沟中，多数为单链 RNA。此类衣壳的病毒甚多，包括正黏病毒科、副黏病毒科、弹状病毒科、冠状病毒科等。

3. 复合对称

有少数病毒（如噬菌体）的衣壳既有螺旋对称结构，又有二十面体对称，具有复合对称衣壳结构（图 3－4）。

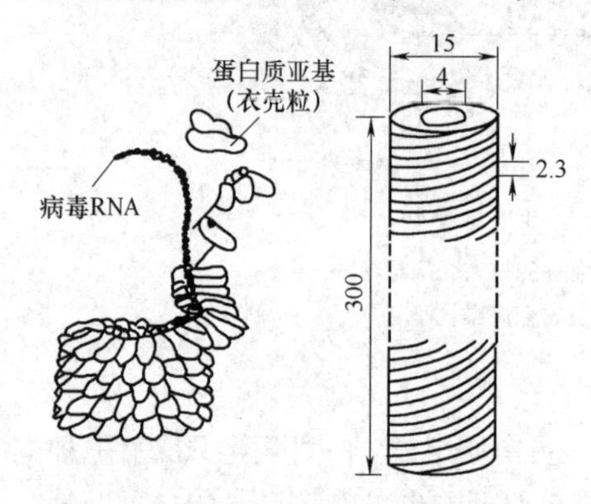

图 3－3　烟草花叶病毒的结构示意图

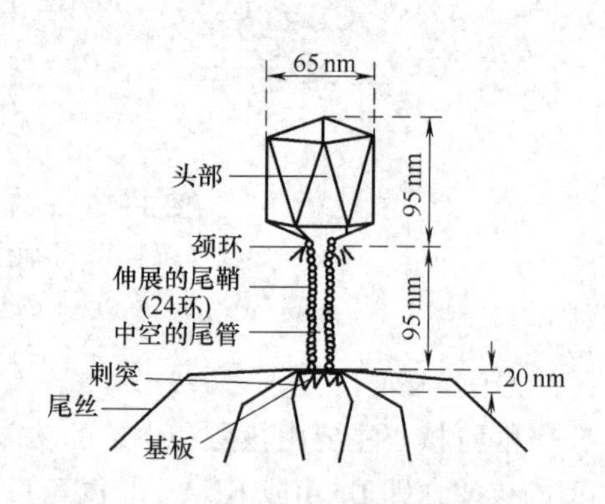

图 3－4　大肠杆菌 T4 噬菌体结构模式图

衣壳的主要功能一是包裹核酸，形成保护性外壳，保护病毒免受核酸酶破坏；二是参与病毒粒子对易感细胞的吸附作用。此外，病毒的衣壳蛋白还具有抗原性。

（三）囊膜

有些病毒在衣壳外面还附有一层或两层膜，称为囊膜或包膜。它的主要成分是蛋白质、多糖和脂类。囊膜是病毒复制成熟后，通过宿主细胞膜或核膜时获得的，所以具有宿主细胞的类脂成分，易被脂溶剂如乙醚、氯仿等溶解破坏。囊膜上的蛋白质由很多亚单位（多肽）与多糖、脂类呈共价结合，常组成糖蛋白亚微结构，嵌附在脂质层中向外突出，称为囊膜粒或纤突，例如流感病毒囊膜上有两种囊膜粒，即血凝素和神经氨酸酶（图3－5）。但有些病毒囊膜虽有糖蛋白及脂质，但无囊膜粒。囊膜粒不仅具有抗原性，而且与病毒的致病力及病毒对细胞的亲和力有关。因此，一旦病毒失去囊膜上的纤突，也就失去了对易感细胞的感染能力。囊膜对衣壳有保护作用，且与病毒的抗原性和病毒对宿主细胞的亲和力有关。病毒粒子囊膜中的蛋白质对于易感细胞表面受体的特殊亲和力，是某些病毒感染必不可少的前提。

另外，某些病毒，例如腺病毒（图3－6），在病毒体外壳二十面体的各个顶角上有触须样纤维突起，顶端膨大，它能凝集某些动物的红细胞和毒害宿主细胞。

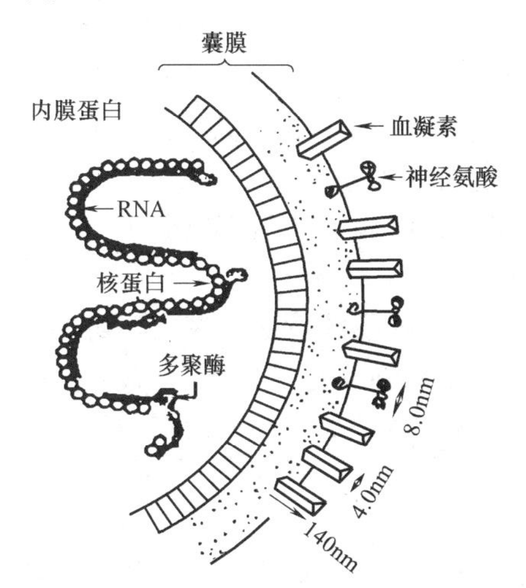

图3－5 病毒的囊膜结构（流感病毒）

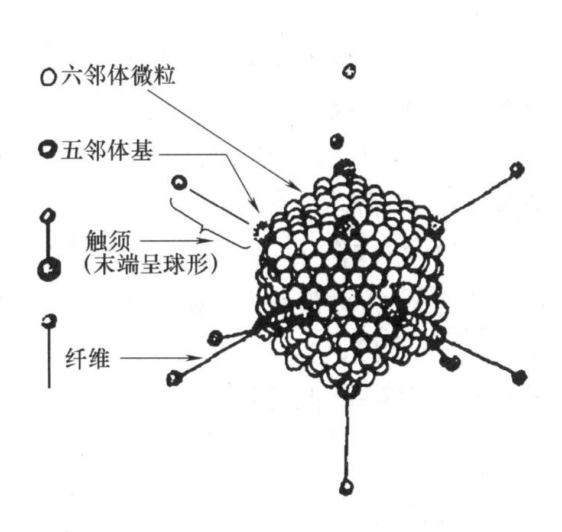

图3－6 腺病毒体的表面结构模式图

任务三 | 病毒的增殖和培养

一、病毒增殖的方式及过程

（一）病毒增殖的方式

由于病毒缺乏完整的酶系统，自身不能独立进行物质代谢和能量代谢，因此病毒必须在敏感的活细胞中寄生和增殖。

病毒增殖的方式是复制，即病毒在宿主细胞内利用宿主细胞为其提供的原料、能量、生物合成的酶系统和场所，在病毒核酸的控制下合成子代病毒的核酸和蛋白质，再组装成完整的子代病毒颗粒。

（二）病毒增殖的过程

病毒从吸附到进入宿主细胞完成增殖，并释放出完整的病毒粒子，整个增殖的周期大体可划分为吸附、侵入、脱壳、生物合成、装配与释放6个时期。不同病毒的增殖过程在细节上有所差异。

1. 吸附

吸附是指病毒以其表面的特殊结构与宿主细胞的病毒受体发生特异性结合的过程，这是发生感染的第一步。分两阶段完成，即可逆吸附和不可逆吸附阶段。首先，病毒靠静电引力吸附于细胞表面，这种结合是可逆的、非特异性的。然后，病毒吸附蛋白与细胞表面病毒受体特异性结合，这种结合是不可逆的。

吸附作用受许多内外因素的影响，如细胞代谢抑制剂、酶类、脂溶剂、抗体，以及温度、pH、离子浓度等。

2. 侵入

侵入是指病毒或其一部分进入宿主细胞的过程。侵入的方式因病毒或宿主细胞种类的不同而异。动物病毒侵入宿主细胞有3种方式：

（1）膜融合　病毒囊膜与宿主细胞膜融合，将病毒的内部组分释放到细胞质中，如流感病毒。

（2）吞饮作用　当病毒与受体结合后，在细胞膜的特殊区域与病毒一起内陷，整个病毒被吞入胞内，形成吞饮泡。多数病毒按此方式侵入。

（3）直接进入　某些病毒以完整的病毒颗粒直接通过宿主细胞膜进入细胞质中，如呼肠孤病毒。

3. 脱壳

病毒侵入后，病毒的囊膜和（或）衣壳被除去而释放出病毒核酸的过程即为脱壳。病毒脱壳包括脱囊膜和脱衣壳两个过程。有囊膜病毒多数是在侵入过程中完成，也可在吞饮泡内脱去囊膜；没有囊膜的病毒，则只有脱衣壳的过程。有的病毒在细胞膜上脱掉衣壳，病毒核酸直接进入细胞内，如口蹄疫病毒。而病毒衣壳的脱落，主要发生在细胞质或细胞核。由吞饮方式进入细胞质的病毒，在吞饮泡与溶酶体融合后，经溶酶体酶的作用脱壳。痘病毒需在吞饮泡中溶酶体酶的作用下部分脱壳，然后启动病毒基因部分表达出脱壳酶，在脱壳酶作用下完全脱壳。某些在细胞核内增殖的DNA病毒如腺病毒，在未被完全脱壳的情况下就进入细胞核内。也有个别病毒的衣壳不完全脱去就能进行复制，如呼肠孤病毒。

4. 生物合成

生物合成指病毒在宿主细胞内复制核酸并合成病毒蛋白质的过程。病毒脱壳后，释放核酸，这时在细胞内查不到病毒颗粒，故称为隐蔽期。此时，宿主细胞在病毒基因的控制下合成病毒的核酸、蛋白质及所需的酶类，包括病毒核酸转录或复制时的聚合酶，最后由新合成的病毒成分装配成完整的病毒粒子。

5. 装配

装配就是在病毒感染的细胞内，将分别合成的病毒核酸和蛋白质组装为成熟病毒粒子的过程。由于病毒的种类不同，在细胞内复制出子代病毒的核酸与蛋白质，在宿主细胞内装配的部位也不同。大多数 DNA 病毒，在核内复制DNA，在胞质内合成蛋白质，转入核内装配成熟（痘病毒其全部成分及装配均在胞质内完成）；而 RNA 病毒多在细胞质内复制核酸、合成蛋白质并装配成熟。装配后，结构和功能完整的病毒称为病毒子。有囊膜的病毒还需在核衣壳外面形成一层囊膜才算是成熟的病毒子。

6. 释放

释放是指病毒粒子从被感染的细胞内转移到外界的过程。主要有两种方式：破胞释放和芽生释放。

（1）破胞释放　无囊膜病毒在细胞内装配完成后，借助自身的降解宿主细胞壁或细胞膜的酶裂解宿主细胞，子代病毒便一起释放到胞外，宿主细胞死亡。

（2）芽生释放　有囊膜的病毒在宿主细胞内合成衣壳蛋白时，还合成囊膜蛋白，经添加糖残基修饰成糖蛋白，转移到核膜、细胞膜上，取代宿主细胞的膜蛋白。宿主核膜或细胞膜上有该病毒特异糖蛋白的部位，便是出芽的位置。在细胞质内装配的病毒，出芽时外包上一层质膜成分。在核内装配的病毒，出芽时包上一层核膜成分。有的先包上一层核膜成分，后又包上一层质膜成分，其囊膜由两层膜构成，两层囊膜上均带有病毒编码的特异蛋白、血凝素、神经氨酸酶等，宿主细胞并不死亡。

有些病毒如巨细胞病毒、疱疹病毒，往往通过胞间连丝或细胞融合的方式，从感染细胞直接进入另一正常细胞，很少释放于细胞外。

二、病毒的培养方法及其特点

病毒缺乏完整的酶系统和细胞器，所以不能在无生命的培养基上生长，必须在活细胞中增殖。因此，培养病毒必须选用适合病毒生长的活细胞。人工培养病毒的方法有动物接种、鸡胚培养法和组织细胞培养法 3 种。

（一）动物接种

动物接种是将病毒以注射、口服等途径接种到实验动物体内，观察动物表现及剖检病理变化，必要时做病理组织学检查或必要的血清学试验，以判断病毒增殖情况。动物接种主要用于病毒分离鉴定、制造疫苗和诊断液、病毒毒力及疫苗免疫效果测定等。

动物接种分本动物接种和试验动物接种两种方法。常用的试验动物有小白鼠、家兔、豚鼠、鸡等。为了避免培养病毒的污染，动物接种常用无特定病原体动物（SPF）或无菌动物（GF）。

（二）鸡胚培养法

鸡胚是正在发育的鸡的胚胎，组织分化程度低，病毒易于在其中增殖，来自禽类的许多病毒均可在鸡胚中增殖，其它动物病毒有的也可在鸡胚内增殖。鸡胚接种的优点在于感染的胚胎组织中病毒含量高，培养后易于采集和处理；鸡胚来源充足，操作简单。缺点是鸡胚中可能带有垂直传播的病原体，也有卵黄抗体干扰的问题，因此最好选择SPF鸡胚。

病毒在鸡胚中增殖后，除部分病毒引起鸡胚死亡和充血、出血或坏死灶、畸形、绒毛尿囊膜上出现痘斑等变化外，许多病毒缺乏特异性的病毒感染指征，必须应用血清学反应检查病毒抗原以确定病毒的存在。

鸡胚接种时，应根据不同的病毒采用不同的接种途径，选择相应日龄的鸡胚。如绒毛尿囊膜接种，用10~12日龄鸡胚，主要用于痘病毒和疱疹病毒的分离和增殖；尿囊腔接种，用9~11日龄鸡胚，主要用于正黏病毒和副黏病毒的分离和增殖；卵黄囊接种，用6~8日龄鸡胚，主要用于虫媒披膜病毒及鹦鹉热衣原体和立克次体等的增殖；羊膜腔接种，选用11~12日龄鸡胚，主要用于正黏病毒和副黏病毒的分离和增殖，此途径比尿囊腔接种更敏感，但操作较困难，且鸡胚易受伤致死。常见鸡胚接种的病毒见表3-1。

表3-1　常见鸡胚接种的病毒

病毒名称	增殖部位	病毒名称	增殖部位
禽痘及其它动物痘病毒	绒毛尿囊膜	禽脑脊髓炎病毒	卵黄囊内
禽马立克病病毒	卵黄囊内、绒毛膜	鸭肝炎病毒	绒毛尿囊腔
鸡传染性喉气管炎病毒	绒毛尿囊膜	鸡传染性支气管炎病毒	绒毛尿囊腔
鸭瘟病毒	绒毛尿囊膜	小鹅瘟病毒	鹅胚绒毛尿囊腔
人、畜、禽流感病毒	绒毛尿囊腔	马鼻肺炎病毒	卵黄囊内
鸡新城疫病毒	绒毛尿囊腔	绵羊蓝舌病病毒	卵黄囊内

接种后的鸡胚一般孵育温度37℃，相对湿度40%~50%。根据接种途径收获相应的材料，绒毛尿囊膜接种收获接种部位的绒毛尿囊膜；尿囊腔接种收获尿囊液；卵黄囊接种收获卵黄囊及胚体；羊膜腔接种收获羊水。

（三）组织细胞培养法

组织细胞培养法是用体外培养的组织块或细胞分离增殖病毒的方法。泛指用动物的体外组织、器官及细胞进行的病毒培养方法。包括组织块培养法和细胞培养法。

1. 组织块培养法

组织块培养即将器官或组织小块于体外细胞培养液中培养存活后，接种病毒，观察组织功能的变化，如气管黏膜纤毛上皮的摆动等。

2. 细胞培养法

（1）细胞培养法的优点及用途　组织细胞培养病毒有许多优点，一是离体活组织细胞不受机体免疫力影响，很多病毒易于生长；二是便于人工选择多种敏感细胞供病毒生长；三是易于观察病毒的生长特征；四是便于收集病毒做进一步检查。因此，细胞培养是病毒病诊断、病毒研究、病毒纯化、疫苗生产和中和抗体效价测定的良好方法。

（2）培养病毒所用的细胞

①原代细胞：将动物组织用胰蛋白酶等消化、分散、处理成单层细胞，再培养于培养器皿中。大多数组织均可制备原代细胞，肾和睾丸细胞最为常用，甲状腺细胞生长较慢，只用于某些特定的病毒，如猪传染性胃肠炎病毒的培养。原代细胞对病毒较易感，尤其是来源于胚胎和幼畜的组织细胞。最好用SPF动物的组织，以免携带潜伏的病毒。

②继代细胞：将长成的原代细胞从瓶壁上消化下来分散成单个细胞再做培养，就是继代细胞，其细胞染色体数与原代细胞相同，且对病毒的易感性与原代细胞相同，从样品中分离病毒时，常采用此类细胞。

③传代细胞系：传代细胞多数来自人和动物的肿瘤组织，部分来自发生突变的正常细胞，它们可以在体外无限地传代。传代培养方便，因此使用广泛。兽医实验室常用的传代细胞很多，如Vero（非洲绿猴肾细胞）、CEF（鸡胚成纤维细胞）、PK－15（猪肾上皮细胞）、K－L（中国仓鼠肺细胞）、D－K（中国仓鼠肾细胞）、MDCK（犬肾细胞）、BHK-21（乳仓鼠肾细胞）等，并由专门机构负责鉴定和保管。

（3）细胞培养的方法　用细胞培养病毒的常用方法有静置培养法和旋转培养法，特殊情况下也可采用悬浮培养或微载体培养技术。

①静置培养：将消化分散的细胞悬液分装于培养瓶（管）或培养板内，封闭，静置于恒温箱中，培养数天后细胞生长形成贴壁的单层细胞。使用细胞培养板，通常需培养在含有5% CO_2 的环境中。哺乳动物和禽类的细胞培养温度一般为37℃，其它动物因其生长环境的温度不同而有较大差异。

②旋转培养：旋转培养与静置培养基本相同，其差别是使培养的细胞不断地缓慢旋转（5～10r/min），经过一定时间培养，细胞贴壁生长形成单层细胞。此方法适合于规模化培养，适用于疫苗生产。轮状病毒、冠状病毒等用此方法分离的成功率较高。

③悬浮培养：通过搅拌使细胞处于悬浮状态，并补充营养和调整pH，维持细胞生长。此法适用于不需要贴壁生长的细胞系。

④微载体培养：是在悬浮培养的基础上，利用细胞微载体技术而建立的一种细胞培养技术。该技术采用对细胞无毒，直径35～100μm的微粒，使细胞附着其上生长成单层。此方法适合于细胞的规模化培养及不能悬浮培养细胞的培养。

任务四 | 病毒的其它特性

一、干扰现象与干扰素

（一）干扰现象

当两种或两种以上的病毒感染同一宿主细胞时，一种病毒的感染或复制能抑制另一种病毒，使其不能正常增殖的现象，称为干扰现象。

1. 病毒干扰的类型

（1）自身干扰　一株病毒在高度增殖时的自身干扰。

（2）同种干扰　同种病毒不同型或株之间的干扰。

（3）异种干扰　异种病毒之间的干扰，这种干扰现象最为常见。

2. 病毒产生干扰现象的机制

（1）占据或破坏细胞受体　两种病毒感染同一细胞，需要细胞膜上相同的受体，先进入的病毒首先占据细胞受体或将受体破坏，使另一种病毒无法吸附和穿入易感细胞，增殖过程被阻断。这种情况常见于同种病毒或病毒的自身干扰。

（2）争夺酶系统、生物合成原料及场所　两种病毒可能利用不同的受体进入同一细胞，但它们在细胞中增殖所需细胞的主要原料、关键性酶及合成场所是一致的，而且是有限的。因此，先入者为主，强者优先，一种病毒占据有利增殖条件而正常增殖，另一种病毒则受限，增殖受到抑制。

（3）干扰素的产生　病毒之间存在干扰现象的最主要原因是先进入的病毒可诱导细胞产生干扰素，抑制病毒的复制。

（二）干扰素

干扰素是正常动物细胞在病毒或干扰素诱生剂的作用下产生的一种低分子糖蛋白，能抑制多种病毒的增殖。干扰素在细胞中产生，可释放到细胞外，并随血液循环至全身，被机体中具有干扰素受体的细胞吸收，在细胞内合成抗病毒蛋白质。该抗病毒蛋白能抑制病毒蛋白质的合成，从而抑制入侵病毒的增殖，起到保护细胞和机体的作用。细胞合成干扰素不是持续的，而是细胞对强烈刺激（如病毒感染）时的一过性分泌物，于病毒感染后 4h 开始产生，病毒蛋白质合成速率达到最大时，干扰素的产量达高峰，然后逐渐下降。

干扰素是细胞受干扰素诱生剂刺激产生的。凡能诱导细胞产生干扰素的物质，均称为干扰素诱生剂。病毒是最好的干扰素诱生剂。此外，细菌内毒素、某些微生物如李斯特菌、布鲁菌、支原体、立克次体及某些合成的多聚物，如硫酸葡萄糖等也属于干扰素诱生剂。

1. 干扰素的类型

干扰素自1957年被发现以来，在人的体内已发现大约24种干扰素，动物的干扰素因研究的不够深入，目前发现的较少。干扰素属于正常细胞调节蛋白，即细胞因子。根据其蛋白质结构及化学性质不同，可分为α、β、γ 3个型。其中α干扰素主要由白细胞和其它多种细胞在受到病毒感染后产生，人类的α干扰素至少有22个亚型，动物的较少；β干扰素由成纤维细胞和上皮细胞受到病毒感染时产生，只有一个亚型；而γ干扰素由T淋巴细胞和NK细胞在受到抗原或有丝分裂原的刺激后产生，它是一种免疫调节因子，主要作用于T、B淋巴细胞和NK细胞，增强这些细胞的活性，促进抗原的清除。所有哺乳动物都能产生干扰素，但禽类体内无γ干扰素。

2. 干扰素的性质

干扰素不是细胞持续合成的，是细胞对干扰素诱导剂的刺激（病毒感染等）发生应答时的一过性分泌物。干扰素的抗病毒作用具有广谱性，无特异性。即对同种和异种病毒均有效。例如，副黏病毒感染产生的干扰素对披盖病毒完全有效。但是干扰素特别是β和γ型干扰素，具有高度的宿主细胞种属特异性。即由某一种属动物产生的干扰素，只能保护同种属或非常接近的种属动物细胞。例如，鼠和其它动物产生的干扰素对人无效，反之亦如此。

干扰素对热稳定，60℃ 1h一般不能灭活，在pH 2～10范围内稳定。对胰蛋白酶和木瓜蛋白酶敏感。

3. 干扰素的生物学活性

（1）抗病毒作用　干扰素具有广谱抗病毒作用，其作用是非特异性的，甚至对某些细菌、立克次体等也有干扰作用。但干扰素的作用具有明显的动物种属特异性，如牛干扰素不能抑制人体内病毒的增殖，鼠干扰素不能抑制鸡体内病毒的增殖。这是因为一种动物的细胞膜上只有本种动物干扰素的受体，此点在干扰素临床应用中应注意。

（2）免疫调节作用　主要是γ干扰素的作用。γ干扰素可作用于T淋巴细胞、B淋巴细胞和NK细胞，增强它们的活性。

（3）抗肿瘤作用　干扰素不仅可抑制肿瘤病毒的增殖，而且能抑制肿瘤细胞的生长；同时，又能调动机体的免疫功能，如有活化巨噬细胞的作用，可增强巨噬细胞的吞噬能力；加强NK细胞等细胞毒细胞的活性，从而加快对肿瘤细胞的清除；干扰素还可以通过调节癌基因的表达实现抗肿瘤的作用。

二、病毒的血凝现象

许多病毒表面有血凝素，能与鸡、豚鼠、人等红细胞表面受体结合，而出现红细胞凝集现象，称为病毒的血凝现象，简称病毒的血凝。正黏病毒、许多副黏病毒、呼肠孤病毒、大多数披膜病毒、某些痘病毒、弹状病毒以及几种腺病毒、肠病毒和细小病毒等具有血凝特性。各种病毒凝集红细胞的种类不同，有的凝集人和禽的红细胞，有的凝集豚鼠或大鼠的红细胞。

当病毒与相应的抗病毒抗体结合后，能使红细胞的凝集现象受到抑制，称为病毒血凝抑制现象，简称病毒的血凝抑制。能阻止病毒凝集红细胞的抗体称为红细胞凝集抑制抗体，具有很高的特异性。生产中病毒的红细胞凝集试验和血凝抑制试验常可用于鉴定病毒，诊断鸡新城疫、流行性乙型脑炎、流感等病毒性传染病，也用于测定抗体。

三、病毒的包涵体

包涵体是某些病毒在细胞内增殖后，于细胞内形成的一种用光学显微镜可以观察到的特殊“斑块”（图 3 -7）。病毒不同，所形成包涵体的形状、大小、数量、着色特性及其在细胞中的位置等均不相同，故可作为诊断某些病毒病的依据。如狂犬病病毒在神经细胞质内形成嗜酸性包涵体，伪狂犬病病毒在神经细胞核内形成嗜酸性包涵体。能形成包涵体的重要畜禽病毒见表 3 -2。

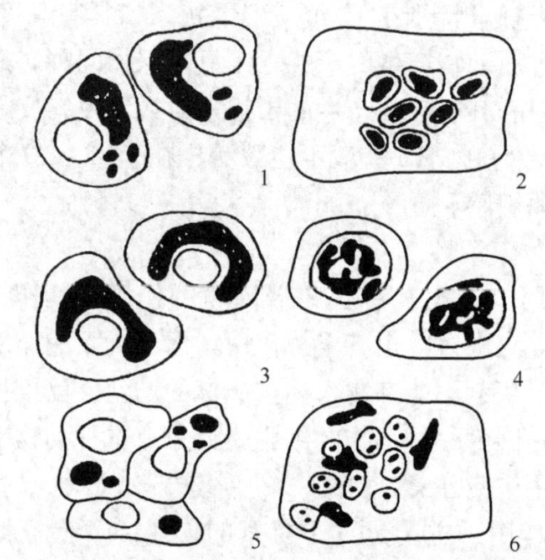

图 3 -7　病毒感染细胞后形成不同类型的包涵体

1—痘病毒　2—单纯疱疹病毒　3—呼肠孤病毒　4—腺病毒

5—狂犬病病毒　6—麻疹病毒

四、病毒的滤过特性

由于病毒形体微小，所以能通过孔径细小的细菌滤器，故人们曾称病毒为滤过性病毒。利用这一特性，可将材料中的病毒与细菌分开。但滤过性并非病毒独有的特性，有些支原体、衣原体、螺旋体也能够通过细菌滤器。随着科学技术的进步，现已可以生产出不同孔径的滤器，并已有了能够抑留病毒的滤膜。常用滤膜的孔径有 0. 45μm 和 0. 22μm 两种。

表 3-2 能产生包涵体的重要畜禽病毒

病毒名称	感染动物	包涵体类型及部位
痘病毒类	人、马、牛、羊、猪、鸡等	嗜酸性，胞质内，见于皮肤的棘层细胞中
狂犬病病毒	狼、马、牛、猪、人、猫、羊、禽等	嗜酸性，胞质内，见于神经元内及视网膜的神经节层的细胞中
伪狂犬病病毒	犬、猫、猪、牛、羊等	嗜酸性，核内，见于脑、脊椎旁神经节的神经元中
副流感病毒Ⅲ型	牛、马、人等	嗜酸性，胞质及胞核内均有，见于支气管、肺泡上皮细胞及肺的间隔细胞中
马鼻肺炎病毒	马属动物	嗜酸性，核内，见于支气管及肺泡上皮细胞、肺间隔细胞、肝细胞、淋巴结的网状细胞等
鸡新城疫病毒	鸡	嗜酸性，胞质内，见于支气管上皮细胞中
传染性喉气管炎病毒	鸡	嗜酸性，核内，见于上呼吸道的上皮细胞中

五、噬菌体

噬菌体是侵袭细菌、真菌或螺旋体等微生物体内的病毒。噬菌体分布广泛，凡是有细菌存在的场所，就可能有相应噬菌体的存在。噬菌体有严格的宿主特异性，只寄居于活的易感宿主菌体内。在电镜下噬菌体有 3 种外形，蝌蚪形、微球形和线形。

噬菌体与寄主细菌的相互关系可分为溶菌反应和溶原化两种类型。凡能使寄主细胞迅速裂解引起溶菌反应的噬菌体，称为毒性噬菌体或烈性噬菌体。有些噬菌体侵入寄主细胞后，将其基因整合于细菌的基因组中，与细菌 DNA 一起复制，并随细菌的分裂而传给后代，不形成病毒粒子，不裂解细菌，这种现象称为溶原化。引起溶原化的噬菌体称为温和噬菌体或溶原性噬菌体，整合到细菌 DNA 上的噬菌体基因称为前噬菌体，带有前噬菌体的细菌称为溶原性细菌。有的前噬菌体与细菌的毒力因子有关，例如带有前噬菌体的白喉杆菌获得了产生毒素的能力。当白喉杆菌不携带此种噬菌体基因时，就丧失产生白喉毒素的能力。

噬菌体的噬菌作用具有种和型的特异性，即一种噬菌体只能裂解一种和它相应的细菌，或仅能作用于该种细菌的某一型，故可用于细菌的鉴定与分型。噬菌体的结构简单，易操作，曾作为研究病毒增殖的模型。因其基因数较少，已成为研究核酸复制、转录、重组以及基因表达的调节、控制等的重要对象。另外，还可用作基因的载体，应用于遗传工程的研究。

六、病毒的抵抗力

病毒对外界理化因素的抵抗力与细菌的繁殖力相当。研究病毒的抵抗力，对于病毒病的鉴定和防制、病毒的保存和病毒性疫苗的制备有重要意义。

（一）物理因素

病毒耐冷不耐热。通常温度越低，病毒生存时间越长。在 -25℃下可保存病毒，-70℃以下更好，冻干法是保存病毒的良好方法，但不能反复冻融。对高温敏感，多数病毒在 55℃经 30min 即被灭活，但猪瘟病毒能耐受更高的温度。病毒对干燥的抵抗力与病毒的种类有关，如水疱液中的口蹄疫病毒在室温中缓慢干燥，可生存 3~6 个月；若在 37℃下快速干燥迅速被灭活。痂皮中的痘病毒在室温下可保持毒力 1 年左右。大量紫外线和长时间日光照射也能杀灭病毒。

（二）化学因素

1. 甘油

50%甘油可抑制或杀灭大多数非芽孢细菌，但多数病毒对其有较强的抵抗力，因此常用 50%甘油缓冲生理盐水保存或寄送被检病毒材料。

2. 脂溶剂

脂溶剂能破坏病毒囊膜而使其灭活。常用乙醚或氯仿等脂溶剂处理病毒，来检查其有无囊膜。

3. pH

病毒一般能耐 pH 5~9，通常将病毒保存于 pH 7.0~7.2 的环境中。但病毒对酸碱的抵抗力差异很大，例如肠道病毒对酸的抵抗力很强，而口蹄疫病毒则很弱。

4. 化学消毒药

病毒对氧化剂、重金属盐类、碱类和与蛋白质结合的消毒药等都很敏感。实践中常用氢氧化钠、石炭酸和来苏儿等进行环境消毒，实验室则常用高锰酸钾、双氧水等消毒，对不耐酸的病毒可选用稀盐酸消毒。甲醛溶液能有效地降低病毒的致病力，而对其免疫原性影响不大，在制备灭活疫苗时，常用作灭活剂。

任务五 | 病毒感染的实验室诊断

畜禽病毒性传染病是危害最严重的一类疫病，给畜牧业带来的经济损失最大。除少数如绵羊痘等可根据临床症状、流行病学、病理变化作出诊断外，大多数病毒性传染病的确诊必须在临床诊断的基础上进行实验室诊断，以确定病毒的存在或检出特异性抗体。病毒病的实验室诊断和细菌病的实验室诊断一样，都需要在正确采集病料的基础上进行，常用的诊断方法有：包涵体检查、病毒的分离培养、病毒的血清学试验、动物接种试验、分子生物学诊断等。

一、病料的采集与准备

用于分离病毒的标本应含有足够量的活病毒，因此必须根据病毒的生物学特性、病毒感染的特征、流行病学规律以及机体的免疫保护机制来选择所需要采集标本的种类，确定最适采集时间和标本处理的方法。

（一）采样的时机

最理想的时机是疾病的急性期；濒死动物的样品或死亡之后立即采集的样品也有利于病毒的分离。血清应在发病早期和恢复期各采集一份，以便了解血清中抗体滴度的消长程度。

（二）病料的选择

以感染病毒的动物病料采集为例，一般说来，应从病畜体内存在病毒最多的器官或组织采取病料。一般按下列原则选择病料，呼吸道疾病采集咽喉分泌物；中枢神经系统疾病采集脑脊液；消化道疾病采集粪便；发热性疾病或非水疱性疾病采集咽喉分泌物、粪便或全血；水疱性疾病采集水疱皮或水疱液。从剖检的尸体中一般采集有病变的器官或组织。另外，病料采集还必须无菌操作，如有细菌污染，可通过加抗生素、过滤和离心等方法处理。

（三）病料的保存

绝大多数病毒对热不稳定，所以病料经处理后一般应立即接种。若需要运送或保存，数小时内可置于50%甘油磷酸盐缓冲液（含复合抗生素）中4℃保存；若要较长时间冻存，一般要保存于-70℃以下，忌置于-20℃，因为该温度对有些病毒活性有影响。现场采集的样品要尽快用冷藏瓶（加干冰或水冰）送到实验室检验。

二、病毒包涵体的检查

被检材料直接制成涂片、组织切片或冰冻切片，染色后，用普通光学显微镜检查。这种方法对能形成包涵体的病毒性传染病，具有重要的诊断意义。但包涵体的形成有个过程，出现率也不是100%，所以，在进行包涵体检查时应注意。

三、病毒的分离与鉴定

从动物病料分离病毒时，应根据病料的种类做适当处理。将病毒与病料中其它成分分离的方法有细菌滤器过滤、高速离心和用抗生素处理3种。例如，用口蹄疫的水疱皮病料进行病毒分离培养时，先将送检的水疱皮置平皿内，以灭菌的pH 7.6磷酸盐缓冲液洗涤4~5次，并用灭菌滤纸吸干，称重后置于灭菌乳钵中剪碎、研磨，加Hank's液，制成1:5悬液，为防止细菌污染，每毫升加青霉素1 000IU，链霉素1 000μg，置2～4℃冰箱内，作用4～6h，然后以3 000r/min速度离心沉淀10～15min，吸取上清液作接种用。

将处理好的病毒液接种于动物、鸡胚或细胞，观察接种对象的变化；或通过病毒抗原的检测对病毒进行进一步鉴定。

四、病毒感染的血清学诊断

病毒的血清学诊断主要有两种方法，一是应用已知抗体鉴定病毒的种类乃至型别；二是由发病动物采集血清标本，应用全病毒或特异性病毒抗原，测定发病动物体内的特异性抗体，或进一步比较动物急性期和恢复期血清中的抗体效价，了解抗体是否有明显的增长，从而判定病毒感染的存在。血清学诊断在病毒性传染病的诊断中占有重要地位，常用的类型有凝集试验、血凝和血凝抑制试验、沉淀试验、中和试验、补体结合试验、免疫标记技术等。根据实际情况，可选择特异性强、灵敏度较高的血清学试验进行诊断。

五、病毒感染的分子生物学诊断

分子生物学诊断包括对病毒核酸（DNA 或 RNA）和蛋白质等的测定。主要是针对不同病原微生物所具有的特异性核酸序列和结构进行测定。其特点是反应的灵敏度高、特异性强、检出率高，是目前最先进的诊断技术。常用的分子生物学诊断技术主要有核酸探针、PCR 技术、DNA 芯片技术、DNA 酶切图谱分析、寡核苷酸指纹图谱和核苷酸序列分析等。其中 PCR 和核酸杂交技术又以其特异、快速、敏感，适于早期和大量样品检测等优点，成为当今病毒病诊断中最具应用价值的方法。

实训九　病毒的鸡胚接种技术

一、目标

学会病毒的鸡胚接种方法，能熟练收获病毒。

二、仪器与材料

孵化箱、冰箱、超净工作台、高压蒸汽灭菌器、煮沸消毒锅、照蛋器、蛋架、研钵、离心机、钻孔钢锥、镊子、酒精灯、1mL注射器、灭菌吸管、灭菌滴管、灭菌青霉素瓶、针头、试管、平皿、铅笔、石蜡、5%碘酊棉球、75%乙醇棉球、受精卵、疑似含新城疫病毒的病料、青霉素、链霉素、灭菌生理盐水等。

三、内容与方法

(一) 鸡胚的选择和孵育

将1日龄试验鸡胚置于温度为37.5℃(最低可用36℃,高可到38.5℃)的孵化箱或恒温箱中培养,相对湿度为45%~60%。孵育3d后,每天应翻蛋2~3次,以保证气体交换均匀、鸡胚发育正常。孵后第4天起,用照蛋器对鸡胚进行检视,发育良好的鸡胚血管明显可见,胚体可以活动。未受精鸡胚无血管,死亡鸡胚血管消散呈暗色且胚体固定一处不动。应及时弃去未受精和死亡的鸡胚。实验室接种用的鸡胚最少是6日龄,最大不超过12日龄,一般多用9~11日龄鸡胚。

(二) 接种前的准备

1. 病料的处理

取1.0~2.0g疑似含新城疫病毒的鸡内脏组织病料,匀浆研磨后用生理盐水制成1:10的悬液,每毫升加入青霉素和链霉素各1 000~2 000IU,置4℃冰箱中处理4~8h,以抑制可能污染的细菌,然后经2 000r/min离心10min,取上清液作为接种材料。

2. 照蛋

以照蛋器照蛋,用铅笔标出气室位置,并在气室底边胚胎附近无大血管处标出接种部位。若要做卵黄囊接种或血管注射,还要画出相应部位。

3. 消毒

先后用碘酊和75%乙醇棉球消毒准备接种部位的蛋壳表面。

(三) 鸡胚接种

常用的鸡胚接种部位有绒毛尿囊膜、尿囊腔、羊膜腔、卵黄囊。

1. 绒毛尿囊膜接种

取10~12日龄鸡胚横放。在鸡胚的中上部标记接种部位用钝头锥子或磨平了尖端的螺丝钉轻轻钻开一个小孔,以刚刚钻破蛋壳而不伤及壳膜为佳,再用消毒针头小心挑开壳膜,切勿伤及壳膜下的绒毛尿囊膜。壳膜白色、韧、无血管,而绒毛尿囊膜薄而透明,有丰富的血管,可以区别。另外,在气室处钻一小孔,以针尖刺破壳膜后用吸耳球紧靠小孔,轻轻一吸,使第一个小孔处的绒毛尿囊膜下陷成凹状,即形成人工气室。用注射器将接种物滴在人工气室中,然后用石蜡封住人工气室和天然气室小孔。孵化时人工气室向上(图3-8)。

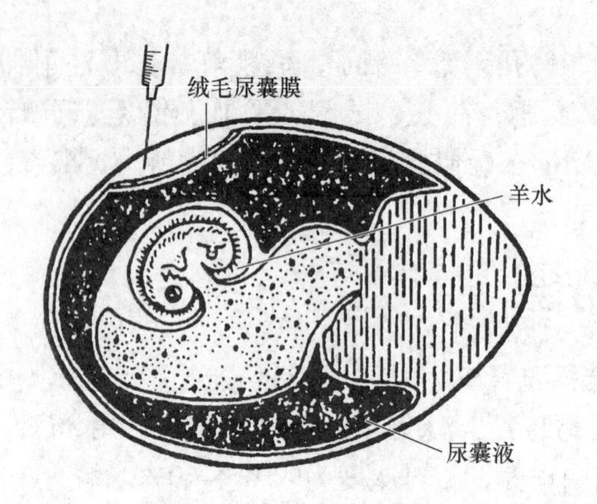

图3-8　绒毛尿囊膜接种

2. 尿囊腔接种

选用9~11日龄发育良好的鸡胚，气室向上置于蛋架上，在所标记接种部位用经火焰消毒的钢锥钻一个小孔，注意要恰好使蛋壳打通而又不伤及壳膜。用1mL注射器抽取接种物，与蛋壳成30°角，斜刺入小孔3~5mm达尿囊腔内［图3-9（1）］，注入接种物。一般接种量为0.1~0.2mL。注射后用融化的石蜡或消毒胶布封闭注射小孔。气室朝上置于37℃温箱中孵育。另一种接种方法是仅在距气室底边0.5cm处打一小孔，由此孔进针注射接种物。

3. 卵黄囊接种

取6~8日龄鸡胚，从气室顶部或鸡胚侧面钻一孔，将注射器针头插入卵黄囊接种［图3-9（2）］。侧面接种不易伤及鸡胚，但针头拔出后，接种液有时会外溢一点。接种时钻孔、接种量、接种后封闭均同尿囊腔接种。

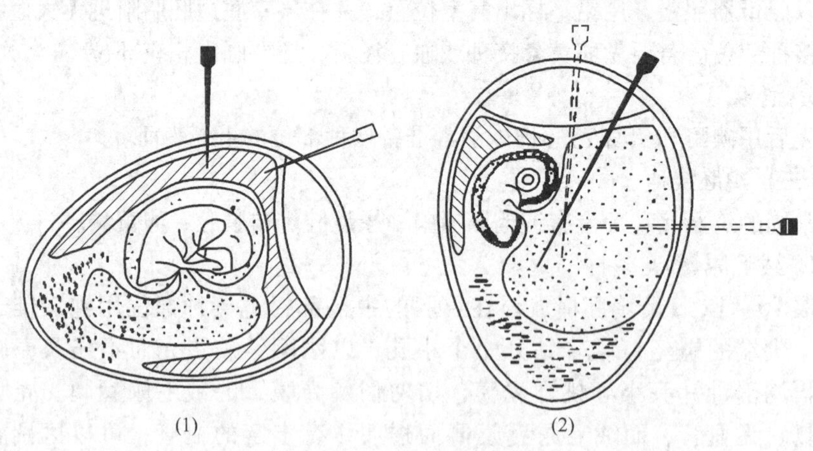

图3-9　尿囊腔接种（1）和卵黄囊接种（2）示意图

4. 羊膜腔接种

用11~12日龄鸡胚，仿照尿囊腔接种法开孔，然后在照蛋器照射下将注射器针头向鸡胚刺入，深度以接近但不刺到鸡胚为度，因为包围鸡胚外面的就是羊膜腔。用石蜡封闭接种口后，将鸡胚直立孵化，气室向上（图3-10）。

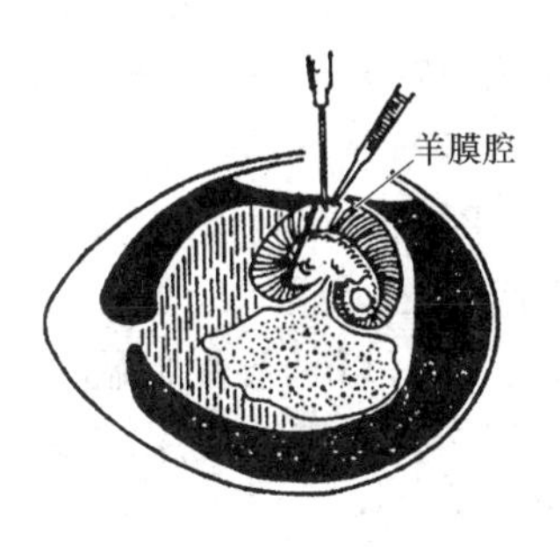

图3-10 羊膜腔接种

（四）接种后的检查

接种后每天检查3~4次。接种后24h内死亡的鸡胚多数是由于鸡胚受损或污染细菌所致，一般弃去。但有些病毒（如高致病性禽流感病毒）也可能会在短时间内引起鸡胚死亡，这时应对可疑尿囊液做进一步鉴定。

（五）鸡胚材料的收获

收获前应将鸡胚于4℃放置6h或过夜，使血液凝固以免收获时流出的红细胞与尿囊液或羊水中的病毒发生凝集，影响试验结果。

1. 绒毛尿囊膜接种

用碘酊消毒人工气室上卵壳，将灭菌小剪刀插入气室内，沿人工气室的界线剪去壳膜，露出绒毛尿囊膜，用无菌镊子轻轻夹起绒毛尿囊膜，用无菌剪刀沿人工气室周围将接种的绒毛尿囊膜全部剪下，置于灭菌的平皿内，观察病变。病变明显的膜，可放入50%甘油保存。

2. 尿囊腔接种

用碘酊和乙醇消毒气室部位蛋壳，用镊子去除蛋壳和壳膜，撕破绒毛尿囊膜而不破坏羊膜。再用无菌镊子轻轻按住鸡胚，用灭菌吸管吸取尿囊液，装入灭菌容器内，多时可收集到5~8mL/枚鸡胚。收集的液体应清亮，混浊则往往表示有细菌污染，需做无菌检验。如有少量血液混入，可以1 500r/min的速度离心10min，重新收获上清液。

3. 卵黄囊接种

在收集完绒毛尿囊液和羊水后，用吸管收集卵黄液。所有收集到的材料通过无菌检查后均在-70℃贮存备用。

4. 羊膜腔接种

先按照上述方法收集完绒毛尿囊液后，再用注射器插入羊膜腔内收集羊水，一般可获得1mL/枚鸡胚左右。

（六）消毒

将用过的镊子、剪刀等放入煮沸锅内消毒5min，取出后擦干包好，高压灭菌待用。卵壳、鸡胚等置于消毒液中浸泡过夜，然后弃掉。无菌室内用紫外线灯消毒30min。

四、注意事项

（1）鸡胚污染即可引起发育鸡胚死亡或影响病毒的培养，故整个操作应在无菌室或超净工作台内完成，做到无菌操作。

（2）鸡胚培养是在生的活鸡胚中进行操作，接种后的鸡胚必须带毒发育一定时间才有利于病毒的增殖，故必须谨慎操作，以免影响鸡胚的生理活动或引起死亡。

（3）培养条件如温度、湿度、翻动等必须适当，并全程保持稳定。

（4）病毒液使用前及收获后，必须先做无菌检验，确定无菌后方能使用或保藏。

实训十　病毒的微量血凝与血凝抑制试验（微量法）

一、目标

熟练掌握病毒的血凝及血凝抑制试验（微量法）的操作方法及结果判定，明确其应用价值。

二、仪器与材料

普通托盘天平、普通离心机、微型振荡器、微量移液器、微量移液器吸头、微量移液器吸头盒、定量移液管、试管、板式微量移液器架、96 孔 V 形血凝反应板、烧杯、禽用采血器、具盖塑料离心管、试管架、细记号笔、生理盐水、3.8% 柠檬酸钠溶液、新城疫标准抗原、被检血清、新城疫标准阳性血清、新城疫标准阴性血清、75% 乙醇棉球等。

三、内容与方法

（一）病毒的血凝（HA）试验

以鸡新城疫病毒为例。

1. 1% 鸡红细胞悬液的制备

采集 3 只健康无新城疫病原体公鸡的抗凝血液，放入离心管中，加入3 ~ 4 倍量生理盐水，以 2 000r/min 离心 5 ~ 10min，去掉血浆和白细胞层，再加生理盐水，混匀、离心，反复洗涤 3 次，最后吸取压积红细胞用生理盐水配成 1%（体积分数）悬液。

2. 操作方法

（1）在 96 孔 V 形微量血凝反应板上，自第 1 孔至第 12 孔每孔各加入 25μL 生理盐水或等渗 PBS。

（2）换吸头，然后在第一孔中加入受检病毒液（新城疫病毒液）25μL，吹打 3 ~ 5 次，充分混合后移出 25μL 至第二孔，依次类推做等量倍比稀释至第 11 孔，第 11 孔弃去 25μL。

（3）设12孔为生理盐水（PBS）对照，不加病毒液。

（4）换吸头，每孔再加25μL生理盐水。

（5）换吸头，上述每孔各加入25μL 1%鸡红细胞悬液，立即放在微型振荡器上摇匀，于20～25℃静置40min，如环境温度太高则置4℃ 60min，待生理盐水（PBS）对照红细胞显明显的纽扣状沉到孔底时，判定结果（表3－3）。

表3－3　病毒血凝试验操作（以新城疫病毒为例）　单位：μL

孔号	1	2	3	4	5	6	7	8	9	10	11	12
稀释倍数	2^1	2^2	2^3	2^4	2^5	2^6	2^7	2^8	2^9	2^{10}	2^{11}	生盐对照
生理盐水	25	25	25	25	25	25	25	25	25	25	25	25
病毒液	25	25	25	25	25	25	25	25	25	25	25 弃25	－
生理盐水	25	25	25	25	25	25	25	25	25	25	25	25
1%鸡红细胞	25	25	25	25	25	25	25	25	25	25	25	25
感　作	20～25℃40min或4℃60min											
结果举例	+	+	+	+	+	+	+	±	±	－	－	－

3. 结果判定及记录

“+”表示红细胞完全凝集。红细胞凝集后均匀平铺于反应孔底面一层，边缘不整呈锯齿状，且上层液体中无悬浮的红细胞。

“－”表示红细胞未凝集。红细胞全部沉淀于反应孔底部中央，呈小圆点状，边缘整齐。

“±”表示红细胞部分凝集。红细胞凝集情况介于“+”与“－”之间。

新城疫病毒液能凝集鸡的红细胞，但随着病毒液被稀释，其凝集红细胞的作用逐渐变弱。稀释到一定倍数时，就不能使红细胞出现明显的凝集，从而出现可疑或阴性结果。能使一定量红细胞完全凝集的病毒最大稀释倍数为该病毒的血凝滴度（血凝价），即一个血凝单位（HAU），常以2^n表示。

在生理盐水（PBS）对照孔出现正确结果的情况下，将血凝板倾斜，从背侧观察，看红细胞是否呈泪珠状流下。红细胞呈泪珠状流下，表明红细胞没完全凝集或没凝集，不呈泪珠状流下，表明红细胞胞完全凝集。表3－3所表示的病毒的血凝滴度为2^7。

（二）病毒的血凝抑制（HI）试验

1. 制备4个血凝单位的病毒液

根据HA试验测定的病毒的血凝滴度，用磷酸缓冲盐水稀释病毒液，配制成4个血凝单位的病毒液。稀释倍数按下式计算：

4个血凝单位病毒的稀释倍数＝病毒的血凝滴度/4

如表3－3的血凝滴度为2^7，其4个血凝单位病毒的稀释倍数为32倍2^5（32倍），即1mL病毒加31mL生理盐水（或PBS）。

2. 被检血清的制备

静脉或心脏采血，完全凝固后自然析出或离心获得被检血清。

3. 操作方法

（1）在96孔V形血凝反应板上，1~11孔各加入25μL生理盐水（或等渗PBS）。12孔加入50μL生理盐水（或等渗PBS）。

（2）换一吸头，在第一孔加入25μL被检血清，充分混匀后移出25μL至第2孔，依次类推，倍比稀释至第10孔，第10孔稀释混匀后弃去25μL，第11孔为阳性对照，第12孔为生理盐水（或等渗PBS）对照。

（3）换一吸头，在1~11孔每孔加入25μL 4个血凝单位的病毒，轻敲反应板，使反应物混合均匀，置20~25℃室温中静置不少于30min，或4℃不少于60min。

（4）换一吸头，每孔各加入25μL 1%鸡红细胞悬液，轻晃摇匀后放入20~25℃室温中放置约40min，如环境温度太高，则在4℃放置60min，当生理盐水孔的红细胞呈明显的纽扣状沉到孔底时判定结果，方法见表3-4。

表3-4　病毒血凝抑制试验操作　单位：μL

孔号	1	2	3	4	5	6	7	8	9	10	11	12
稀释倍数	2^1	2^2	2^3	2^4	2^5	2^6	2^7	2^8	2^9	2^{10}	阳性对照	生盐对照
等渗PBS	25	25	25	25	25	25	25	25	25	25	25	50
被检血清	25	25	25	25	25	25	25	25	25	25	– 弃25	–
4个血凝单位病毒	25	25	25	25	25	25	25	25	25	25	25	–
感作	20~25℃不少于30min或4℃不少于60min											
1%鸡红细胞	25	25	25	25	25	25	25	25	25	25	25	25
感作	20~25℃约40min或4℃60min											
结果举例	–	–	–	–	–	±	±	+	+	+	+	–

4. 结果判定及记录

在生理盐水（PBS）对照孔出现正确结果的情况下，将血凝板倾斜，从背侧观察，看红细胞是否呈泪珠状流下。滴度是指产生完全不凝集（红细胞完全流下）的血清的最高稀释度。

100%抑制红细胞凝集的血清最大稀释倍数为该血清的血凝抑制滴度（血凝抑制效价）。如表3-4所示的血清的血凝抑制滴度为2^5。

病毒的HA-HI试验，可用已知血清来鉴定未知病毒，也可用已知病毒来检测血清中的抗体效价，在某些病毒病的诊断及疫苗免疫效果的检测中应用广泛。

四、注意事项

（1）配置1%红细胞悬液时不能用力摇震，以免把红细胞膜震破，造成溶血，影响实验效果。

（2）在滴加材料时，注意每滴加一种材料更换一个吸头，以免病毒与红细胞混合，影响试验效果。

（3）稀释时将材料充分混匀后再吸出滴入下一孔中。

（4）适时观察结果，如果长时间放置，凝集的红细胞会沉降下来，造成观察结果不准确。

（5）每次测定应设已知滴度的标准阳性血清对照。

附：等渗磷酸缓冲盐水（PBS）配制

氯化钠 NaCl　8.0g

氯化钾 KCl　0.2g

磷酸氢二钠 Na_2HPO_4　1.44g

磷酸二氢钠 NaH_2PO_4　0.24g

溶于800mL纯水中，用HCl调pH至7.0～7.4，加纯水至1 000mL，分装，121℃ 15min高压灭菌。

思考与练习

1. 名词解释

病毒、囊膜、病毒的复制、干扰现象、干扰素、病毒的血凝现象、包涵体、噬菌体。

2. 病毒基本特征有哪些?

3. 简述病毒的结构及化学组成。

4. 简述病毒增殖的特点和过程。

5. 病毒干扰现象发生的原因是什么?

6. 干扰素有哪些生物学活性?

7. 病毒的培养方法有哪些?

8. 试述病毒的血凝现象在实际工作中的应用。

9. 简述病毒的实验室检查方法。

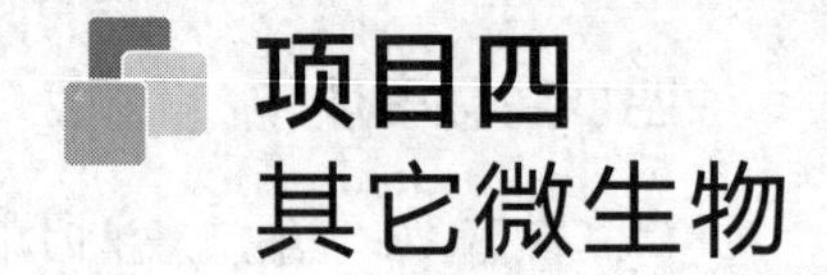

项目四 其它微生物

【知识目标】

熟悉真菌、放线菌、支原体、螺旋体、立克次体和衣原体的主要生物学特性，掌握其分离和培养方法。

【技能目标】

能进行不同类型微生物的鉴别诊断。

任务一 | 真菌

真菌是一类不含叶绿素，无根、茎和叶的真核细胞型微生物。具有典型的细胞核，以腐生或寄生方式摄取养料，能进行有性繁殖和无性繁殖。根据形态可分为酵母菌、霉菌和担子菌。真菌不仅种类繁多，在自然界中的分布也十分广泛，绝大多数真菌对人类无害而且有益。但有的真菌能引起动物发生疾病，或寄生于植物造成作物减产，称为病原真菌。其中酵母菌和霉菌与人、畜的疾病关系密切，将重点介绍。

一、真菌的形态结构及菌落特征

真菌细胞比细菌大几倍至几十倍，光学显微镜下放大 100～500 倍就可看清。单细胞真菌主要呈圆形或卵圆形，如酵母菌；多细胞真菌大多长出菌丝和孢子，菌丝伸长分枝，交织成团，形成菌丝体，这类真菌称为丝状菌，又称霉菌。也有部分真菌的形态因温度、营养或氧与二氧化碳浓度的改变而由霉菌型变为酵母型或由酵母型变为霉菌型，这种真菌称为双相型真菌，多为致病菌。

（一）酵母菌

酵母菌是人类应用最早的一类微生物，多数对人类是有益的，如用于酿酒、制馒头等。近年来，又用于发酵饲料、单细胞蛋白饲料、维生素、有机酸及酶制剂的生产等方面。但也有某些种类的酵母菌能引起饲料和食品腐败，还有少数属于病原菌。

酵母菌为单细胞真菌，大小为 1 ~ 5μm × 5 ~ 30μm，常呈球形、腊肠形、假丝状、卵圆形，具有典型的细胞结构（图 4 – 1）。

酵母菌的菌落与细菌相似，比细菌菌落更大更厚，表面光滑、湿润、黏稠，呈乳白色、黄色或红色。

（二）霉菌

霉菌由菌丝和孢子构成。菌丝宽 3 ~ 10μm，分无隔菌丝和有隔菌丝。无隔菌丝无横隔，整个菌丝就是一个单细胞，内含多个核；而有隔菌丝中有横隔，将菌丝隔成许多段，每段为一个细胞，内有一到多个核（图 4 – 2）。菌丝的细胞结构基本与酵母菌相似。

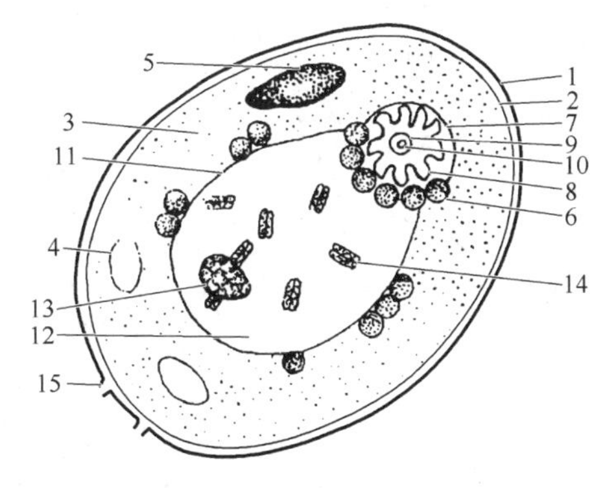

图 4 – 1 酵母菌细胞结构示意图

1—细胞壁 2—细胞膜 3—细胞质 4—脂肪体
5—肝糖 6—线粒体 7—纺锤体 8—中心染色质
9—中心体 10—中心粒 11—核膜 12—核质
13—核仁 14—染色体 15—芽痕

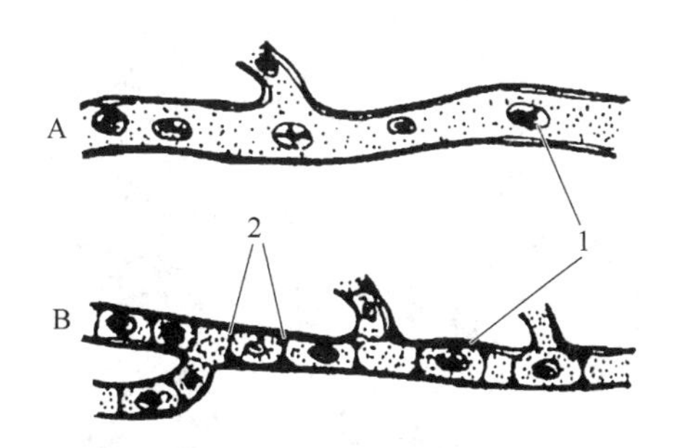

图 4 – 2 霉菌的菌丝

A—无隔菌丝 B—有隔菌丝
1—细胞核 2—横隔

霉菌菌丝在功能上有了一定程度的分化，伸入培养基内或匍匐在培养基表面而吸收营养的菌丝称为营养菌丝，伸向空中的菌丝称为气生菌丝，产生孢子的气生菌丝称为繁殖菌丝。

霉菌的菌落大而疏松，多呈绒毛状、絮状或蜘蛛网状。菌丝常为无色透明或灰白色，孢子形成后，菌落常带有颜色。常见的霉菌有根霉、青霉和曲霉。

二、真菌的繁殖与分离培养

（一）真菌的生长繁殖条件

多数真菌为异养菌，其营养需要与细菌相似，但对各种物质的利用能力更强，除能分解单糖和双糖外，真菌还能利用淀粉、纤维素、木质素及多种有机酸。真菌在氧气充足、湿度较高的环境中生长良好。最适温度为20～30℃，最适pH为5.5～6.5。

（二）真菌的繁殖方式

不同的真菌，其繁殖方式有很大的差别。

1. 酵母菌

酵母菌可进行无性繁殖和有性繁殖，以无性繁殖为主。无性繁殖主要是芽殖、裂殖和产生掷孢子。

2. 霉菌

霉菌主要以产生各种无性和有性孢子进行繁殖，且以无性孢子繁殖为主。

（1）无性孢子　不需通过两性细胞的配合，直接由营养菌丝的分化而形成的孢子称为无性孢子。可分为厚壁孢子（或厚垣孢子）、节孢子、芽孢子、分生孢子和孢子囊孢子等（图4－3）。

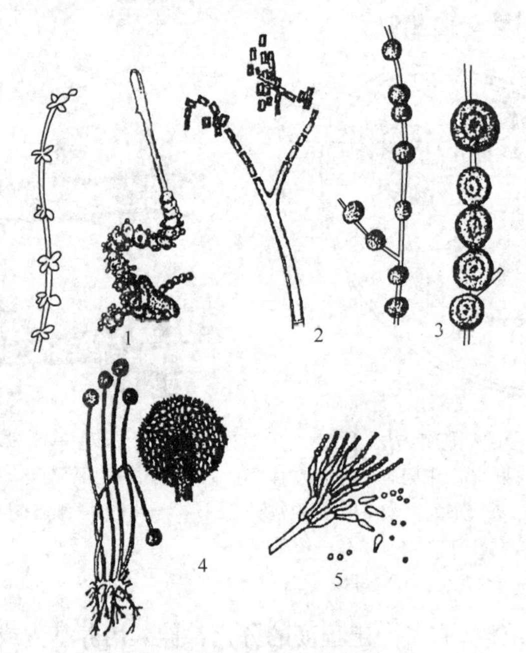

图4－3　霉菌的无性孢子

1—芽孢子　2—节孢子　3—厚壁孢子　4—孢子囊孢子　5—分生孢子

（2）有性孢子　两个不同性别的细胞相互结合，经过质配阶段、核配阶段和减数分裂阶段而形成的孢子称为有性孢子。主要有卵孢子、接合孢子、子囊孢子和担孢子等（图4－4）。

（三）真菌的分离培养

人工培养真菌一般可用沙保弱葡萄糖琼脂培养基，也可用麦芽汁葡萄糖琼脂或马铃薯葡萄糖琼脂培养基等。真菌的繁殖力很强，但生长速度比较缓慢，

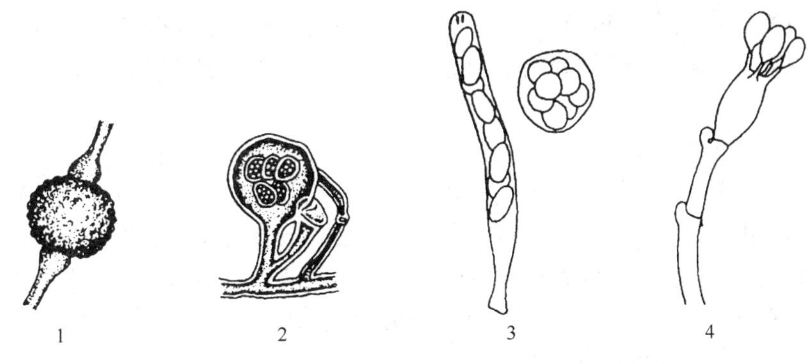

图 4-4 霉菌的有性孢子

1—接合孢子 2—卵孢子 3—子囊孢子 4—担孢子

它在人工培养基中常需要数天才能长出菌落。分离纯种霉菌时，可收集孢子、切取菌体组织或带菌丝的基质，然后放在培养基上培养。分离酵母菌时，可按细菌的分离培养法进行。

三、真菌的致病性

不同的真菌致病形式不同，有些真菌呈寄生性致病作用，有些真菌呈条件性致病作用，有些则通过产生毒素引起中毒来发挥致病作用。真菌性疾病大致包括以下几个方面。

（一）条件致病性真菌感染

条件致病性真菌感染主要是内源性真菌感染，某些非致病性的或致病性极弱的真菌在机体免疫功能低下或菌群失调时所引起的感染。通常发生于长期应用广谱抗生素、激素及免疫抑制剂的过程中，如念球菌、曲霉菌感染均为条件性真菌感染。

（二）致病性真菌感染

致病性真菌感染主要是外源性真菌感染，包括皮肤、皮下组织真菌感染和全身或深部真菌感染。

（三）真菌性变态反应疾病

真菌性变态反应具有两种类型。一种是感染性变态反应，它是一种迟发型变态反应，是在感染病原性真菌的基础上发生的；第二种是接触性变态反应，它的发生复杂而且常见。发病机体通常是由于吸入或食入真菌孢子或菌丝而引起，分别属于Ⅰ～Ⅳ型变态反应。真菌性变态反应所致疾病的表现有过敏性皮炎、湿疹、荨麻疹和瘙痒症、过敏性胃肠炎、哮喘和过敏性鼻炎等。

（四）真菌毒素与肿瘤

已经证实真菌毒素有致癌作用。研究最多的是黄曲霉毒素，其毒性极强，动物试验证明，粮食中含有 0.015mg/kg，食入后即可诱发肝癌。近几年，又发现10多种毒素在动物身上可诱发多种肿瘤，如镰刀菌的T-2毒素可诱发大鼠的胃癌、胰腺癌、垂体和脑部肿瘤；最近又证实串珠镰刀菌的毒素与食管癌有相关性。

（五）真菌性中毒

有些真菌在农作物、食物或饲料上生长，人及动物食用后可导致急性或慢性中毒。引起中毒的可以是本身有毒性的真菌，或真菌在代谢过程中产生的毒素。目前，已发现真菌毒素有百种以上，引起的病变也多种多样，有的引起肝脏、胰腺、肾脏损害；有的引起神经系统功能障碍，出现抽搐、昏迷等症状；也有的可致造血功能损伤。

任务二 | 放线菌

一、概念

放线菌因菌落呈放射状而得名。放线菌属在分类学上属于细菌类，其形态介于细菌和霉菌之间。它是一个原核生物类群，在自然界中分布很广，多数无致病性，而且是医药工业发酵生产中重要的微生物类群之一。少数可引起动物疾病的放线菌中，牛放线菌较为常见。

二、形态结构

放线菌绝大多数是革兰阳性、非抗酸菌。放线菌的菌丝细胞，基本上与细菌相似。放线菌的菌丝可分为营养菌丝体和气生菌丝体两种。营养菌丝体又称基内菌丝体或初级菌丝体，在培养基中可分泌和形成各种不同化学结构的物质。在这些物质中，有许多组分具有抗菌作用或特殊的生理活性。故放线菌在医药工业发酵生产中具有重要作用，是多种抗生素、酶等的主要来源。营养菌丝发育后向空中长出的菌丝体称为气生菌丝体，又称次级菌丝体。气生菌丝体经发育分化出的气生菌丝常能形成大量孢子。孢子落入适宜的培养基中就可以萌发，形成新的菌体，又经大量繁殖成为菌丝或菌落（图4-5）。

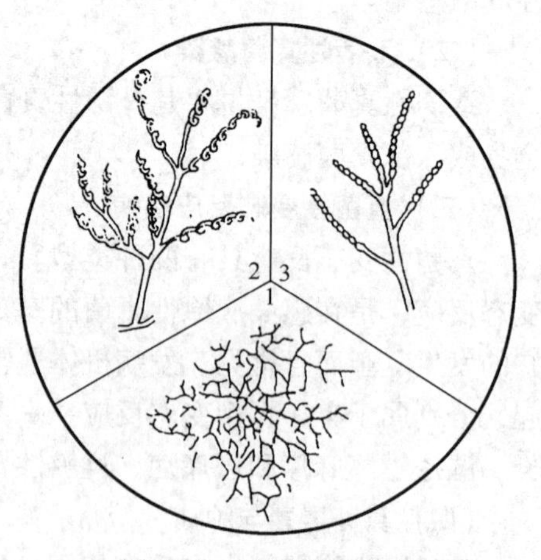

图4-5 放线菌的形态

1—菌丝体 2—螺旋状菌丝 3—链状菌丝

三、增殖培养

放线菌主要通过形成无性孢子的方式进行繁殖，也可通过菌丝断裂的片段进行繁殖。放线菌长到一定阶段，一部分气生菌丝形成孢子丝，孢子丝成熟便分化形成许多孢子，称为分生孢子。孢子有各种各样的色泽，如灰色、粉红、青色、浅蓝、天蓝或浅绿色、黄色、灰黄、浅橙、丁香色、淡紫色、薰衣草色等。孢子颜色常作为菌种命名的依据，也是鉴别菌种的主要特征。

放线菌主要营异养生活，培养较困难，厌氧或微需氧。加5% CO_2 可促进其生长。在营养丰富的培养基上，如血平板37℃培养3～6d，可长出灰白或淡黄色微小菌落。多数放线菌的最适生长温度为30～32℃，致病性放线菌为37℃，最适pH为6.8～7.5。放线菌能产生多种抗生素，可用于疾病的治疗。

任务三 | 支原体

一、概念

支原体又称霉形体，是介于细菌和病毒之间、营独立生活的最小单细胞原核型微生物。广泛分布于污水、土壤、植物、动物和人体中，腐生、共生或寄生生活，有30多种对人或畜禽有致病性。霉形体对青霉素有抵抗力。

二、形态结构

支原体无细胞壁，不能维持固定的形态而呈现多形性，有球形、扁圆形、玫瑰花形、丝状、分枝状等。菌体柔软，可通过细菌滤器，含有DNA和RNA，无鞭毛，有核糖体，革兰染色阴性，但不易着色，常用姬姆萨染色，呈淡紫色。

三、增殖培养

支原体繁殖方式多样，主要为二分裂繁殖，还有断裂、分枝、出芽等方式。同时，支原体分裂和其DNA复制不同步，可形成多核长丝体。

营养要求比一般细菌高，除基础营养物质外还需加入10%～20%人或动物血清以提供支原体所需的胆固醇。最适pH为7.8～8.0，低于7.0则死亡，最适培养温度37℃。大多数兼性厌氧，有些菌株在初次分离时加入5% CO_2 生长更好。生长缓慢，在琼脂含量较少的固体培养基上培育2～3d出现典型的“荷包蛋样”菌落：圆形（直径10～16μm），核心部分较厚，向下长入培养基，周边为一层薄的透明颗粒区。

四、致病性

大多数支原体为寄生性，病原性支原体常寄生于多种动物呼吸道、泌尿生殖道、消化道黏膜表面、乳腺及关节等部位，单独感染时常常是症状轻微或无临床表现，当细菌、病毒等继发感染或受外界不良因素的作用时，会引起疾病。疾病特点是潜伏期长，呈慢性经过，地方性流行，多具有种的特性。临床上由支原体引起的传染病有：猪肺炎支原体引起的猪地方性流行性肺炎（猪气喘病）、禽败血支原体引起的鸡慢性呼吸道病，此外还有牛传染性胸膜肺炎及山羊传染性胸膜肺炎等。

任务四 | 螺旋体

一、概念

螺旋体是一群细长、柔软、弯曲，呈螺旋状运动活泼的单细胞原核型微生物。螺旋体在生物学上的位置介于细菌与原虫之间，具有与细菌相似的基本结构，如细胞壁中有脂多糖和壁酸，胞质内含核质，二分裂繁殖；与原虫相似之处在于细胞壁与外膜之间有轴丝，由于轴丝的屈曲与收缩使螺旋体能自由活泼运动。

螺旋体在生物学分类上分为 8 个属。其中与兽医关系较大的有 4 个属，即疏螺旋体属、密螺旋体属、蛇形螺旋体属和细螺旋体属。

二、形态结构

螺旋体呈螺旋状或波浪状，圆柱形，具有多个完整的螺旋。长短不等，大小为（5～250）μm×（0.1～3）μm。某些螺旋体可细到足以通过细菌滤器。细胞的螺旋数目、两螺旋间的距离及回旋角度各不相同，是分类上的一项重要指标。螺旋体柔软易弯曲、无芽孢、无鞭毛，但能活泼运动。螺旋体的细胞主要有 3 个组成部分：原生质柱、轴丝和外鞘。原生质柱呈螺旋状卷曲，外包细胞膜和细胞壁，为螺旋体细胞的主要部分。轴丝连于细胞和原生质柱，外包有外鞘。每个细胞的轴丝数为 2～100 根或以上，视螺旋体种类而定。轴丝能屈曲和收缩，因而菌体能做旋转、屈伸和蛇样运动。

螺旋体革兰染色阴性，但较难染色。姬姆萨染色呈淡红色，镀银染色着色较好，菌体呈黄褐色，背景呈淡黄色。以相差和暗视野显微镜观察螺旋体效果良好，既能检查形态又可分辨运动方式，较为常用。

三、增殖培养

除钩端螺旋体外，多不能用人工培养基培养或培养较为困难。多数需厌氧培养。非致病性螺旋体、蛇形螺旋体、钩端螺旋体、个别致病性密螺旋体与疏螺旋体可采用含血液、腹水或其它特殊成分的培养基培养，其余螺旋体迄今尚不能用人工培养基培养，但可用易感动物来增殖培养和保种。

四、致病性

螺旋体广泛存在于水生环境，也有许多分布在人和动物体内。大部分营自由的腐生生活或共生，无致病性，只有一小部分可引起人和动物的疾病。如兔梅毒密螺旋体可致兔梅毒；猪痢疾蛇形螺旋体是猪痢疾的病原体；钩端螺旋体可感染多种家畜、家禽和野生动物，导致钩端螺旋体病。

任务五 | 立克次体

一、概念

立克次体是一类介于细菌与病毒之间，专性细胞内寄生的单细胞原核型微生物。它的形态结构及繁殖方式与细菌相似，生长要求与病毒相似，因此是一类介于细菌和病毒之间的微生物。

二、形态和寄生方式

立克次体细胞多形，可呈球形、球杆形、杆形，甚至呈丝状等，但以球杆状为主。大小介于细菌和病毒之间，球状菌直径为0.2～0.7μm，杆状菌大小为（0.3～0.6）μm×（0.8～2）μm。除贝柯克斯体外，均不能通过细菌滤器。革兰染色阴性，姬姆萨染色呈紫色或蓝色，马基维洛法染色呈红色。

立克次体酶系统不完整，大多数只能利用谷氨酸产能而不能利用葡萄糖产能，缺乏合成核酸的能力，依赖宿主细胞提供三磷酸腺苷、辅酶Ⅰ和辅酶A等才能生长，并以二分裂方式繁殖，但繁殖速度较细菌慢，一般9～12h繁殖一代。多数不能在普通培养基上生长繁殖，故常用动物接种、鸡胚卵黄囊接种以及细胞培养等方法培养立克次体。

三、致病性

立克次体主要寄生于虱、蚤、蜱、螨等节肢动物的肠壁上皮细胞中，并能进入唾液腺或生殖道内。人、畜主要经这些节肢动物的叮咬或其粪便污染的伤口而感染立克次体。其主要致病的毒性物质是内毒素和磷脂酶 A。立克次体进入机体后，多在单核－吞噬细胞系统、血管内皮细胞或红细胞内增殖，引起内皮细胞肿胀、增生、坏死，微循环障碍及血栓形成，呈现皮疹、休克等。如贝柯克斯体可致人及其它动物的 Q 热等。

任务六 | 衣原体

一、概念

衣原体是一类能通过细菌滤器，严格细胞内寄生、有独特发育周期的原核型微生物。衣原体广泛寄生于人类、鸟类及其它哺乳动物体内。能引起疾病的有沙眼衣原体、肺炎衣原体、鹦鹉热肺炎衣原体。

二、形态结构

衣原体细胞呈圆球形，大小在 0.3 ~ 1.0μm，具有由肽聚糖组成的类似于革兰阴性菌细胞的细胞壁，革兰染色阴性，含有 DNA、RNA 及核糖体。

衣原体在宿主细胞内生长繁殖时，具有独特的发育周期。早期为无感染性的始体，又称网状体期，后期为有感染性的原体期。原体颗粒呈球形，小而致密，直径 0.2 ~ 0.4μm，是发育成熟的衣原体，姬姆萨染色呈紫色，马基维洛法染色为红色，主要存在细胞外，较为稳定，具有高度传染性。始体颗粒体积较原体大 2 倍至数倍，直径为 0.7 ~ 1.5μm，圆形或卵圆形，代谢活泼，以二分裂方式繁殖，是衣原体在宿主细胞内发育周期的幼稚阶段，不具有感染性，姬姆萨和马基维洛法染色均呈蓝色。

包涵体是衣原体在细胞空泡内繁殖过程中形成的集落形态。内含无数子代原体和正在分裂增殖的网状体。成熟的包涵体经姬姆萨染色呈深紫色，革兰染色阴性。细胞培养中衣原体的生活周期一般为 48 ~ 72h，有些菌株或血清型可能更短些。在生活周期末包涵体破裂，导致大量原体进入胞质，引起宿主细胞的裂解死亡，从而原体得以释放。

三、致病性

衣原体中的沙眼衣原体和肺炎衣原体主要感染人，对动物无致病性。与畜禽疾病有关的是鹦鹉热衣原体，有时也可致人类发病。鹦鹉热衣原体主要危害禽类、绵羊、山羊、牛和猪等动物，引起鸟疫、绵羊和山羊及牛的地方性流产、牛散发性脑脊髓炎、牛和绵羊多发性关节炎以及猫肺炎。人类的感染大多由患病禽类所致。

1. 简述酵母菌及霉菌的形态结构及菌落特征。
2. 真菌对动物的致病作用表现在哪几个方面?
3. 霉形体有何生物学特性?
4. 比较立克次体与衣原体的异同点。

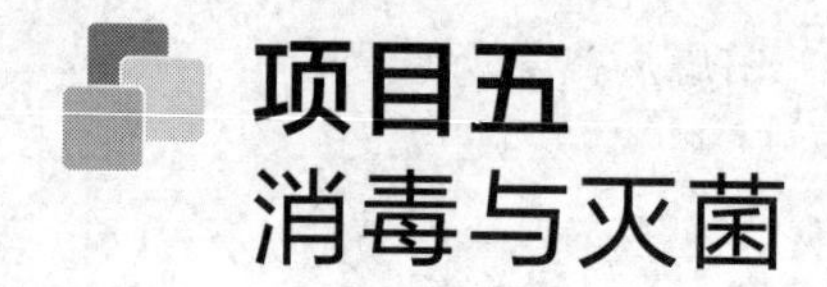

项目五 消毒与灭菌

【知识目标】

理解消毒、灭菌及防腐的概念；掌握高温消毒灭菌方法的原理及应用；熟悉常用的化学消毒药的原理及使用方法。

【技能目标】

能正确使用高压蒸汽灭菌器、电热干燥箱、紫外线灯等常用的消毒灭菌设备；在生产中会选择并能合理地使用消毒药。

任务一 | 基本概念

一、消毒

应用理化方法杀灭物体中的病原微生物的过程称为消毒。消毒只要求达到消除传染的目的，而对非病原微生物及其芽孢、孢子并不严格要求全部杀死。用于消毒的化学药物称为消毒剂。

二、灭菌

灭菌指用理化方法杀灭物体中所有微生物（包括病原微生物、非病原微生物及其芽孢、霉菌孢子）的过程。

三、无菌

无菌指环境或物品中没有活的微生物的状态。

四、无菌操作

采取防止或杜绝任何微生物进入动物机体或其它物体的方法，称为无菌法。以无菌法进行的操作称为无菌操作或无菌技术。外科手术、微生物学试验过程等均需进行严格的无菌操作。

五、防腐

防腐是指阻止或抑制微生物生长繁殖的过程，微生物不一定死亡。常用于食品、畜产品和生物制品中微生物生长繁殖的抑制，防止其腐败。用于防腐的化学药物称为防腐剂或抑菌剂。

任务二 | 物理消毒灭菌法

用于消毒灭菌的物理方法有热力、紫外线、辐射、滤过等。

一、热力灭菌法

热力灭菌法主要是利用高温使菌体蛋白凝固或变性，同时也可对核酸、酶系统等产生直接破坏作用，从而导致菌体死亡。热力灭菌法有干热灭菌法和湿热灭菌法两大类，在同一温度下，后者效力比前者更大，原因是湿热的穿透力比干热强，而且蒸汽可以释放大量潜热，较易使菌体蛋白凝固。

（一）干热灭菌法

1. 火焰灭菌法

火焰灭菌法是以火焰直接杀死物体中全部微生物的方法。分为灼烧和焚烧两种，灼烧主要用于耐烧物品，直接在火焰上灼烧，如接种针（环）、试管口、金属器具等的灭菌；焚烧常用于能烧毁的物品，可直接点燃或在焚烧炉内焚烧，如传染病畜禽及试验感染动物的尸体、病畜禽的垫料，以及其它污染的废弃物等的灭菌。

2. 热空气灭菌法

热空气灭菌法是利用干热灭菌器，以高温的干热空气烘烤进行灭菌的方法。适用于高温下不损坏、不变质的物品，如各种玻璃器皿、金属器械、瓷器等的灭菌。由于热空气的穿透力较低，因此干热灭菌需在160℃下维持1～2h，才能达到杀死所有微生物及其芽孢、孢子的目的。

（二）湿热灭菌法

1. 煮沸灭菌法

煮沸灭菌法是最常用的消毒方法之一，此法操作简便、经济、实用，多用于外科手术器械、注射器及针头的灭菌。一般煮沸后再煮10～20min可杀死所有细菌的繁殖体，但不能保证杀灭细菌的芽孢。若在水中加入1%碳酸钠或2%～5%石炭酸，可以提高沸点，加强杀菌力，加速芽孢的死亡，灭菌的效果更好。对不耐热的物品，在水中加入0.2%甲醛或0.01%升汞，80℃维持60min，也可达到灭菌的目的。

2. 流通蒸汽灭菌法

流通蒸汽灭菌法是利用蒸汽在蒸笼或流通蒸汽灭菌器内进行灭菌的方法。100℃的蒸汽维持30min，足以杀死细菌的繁殖体，但不能杀灭芽孢和霉菌孢子。故常将第一次灭菌后的物品置37℃恒温箱中过夜，待芽孢萌发出芽，第2天和第3天以同样方法各进行一次灭菌和保温过夜，以达到完全灭菌的目的，此法又称间歇灭菌法，常用于一些不耐高温的培养基，如鸡蛋培养基、血清培养基、糖培养基的灭菌。在使用间歇灭菌法时根据灭菌对象不同，使用温度、加热时间和连续次数可适当增减。

3. 巴氏消毒法

巴氏消毒法是以较低温度杀灭液态食品中的病原菌或特定微生物，而又不致严重损害其营养成分和风味的消毒方法。此法由巴斯德首创，主要用于葡萄酒、啤酒、果酒及牛乳等食品的消毒。具体方法可分为3类，第一类为低温维持巴氏消毒法，即在63～65℃下维持30min，此法已较少使用；第二类为高温瞬时巴氏消毒法，即在71～72℃下维持15s，然后迅速冷却至10℃左右；第三类为超高温巴氏消毒法，即在132℃下维持1～2s，加热消毒后将食品迅速冷却至10℃以下，经过此法消毒的鲜乳，在常温下保存期可长达半年之久。

4. 高压蒸汽灭菌法

高压蒸汽灭菌法即用高压蒸汽灭菌器进行灭菌的方法，是应用最广泛、最有效的灭菌方法。在一个大气压下，蒸汽的温度只能达到100℃，当在一个密闭的金属容器内，持续加热，由于蒸汽不断产生而加压，随压力的增高其沸点温度也升至100℃以上，以此提高灭菌的效果。高压蒸汽灭菌器就是根据这一原理设计的。通常在103.42 kPa压力下，121.3℃温度维持15～30min，即可杀死包括细菌芽孢在内的所有微生物，达到完全灭菌的目的。凡能耐高温、不怕潮湿的物品，如各种培养基、溶液、玻璃器皿、金属器械、敷料、橡皮手套、工作服和小的试验动物尸体等均可用这种方法灭菌。所需温度与时间视灭菌材料的性质和要求而定。

应用此法灭菌一定要充分排除灭菌器内的冷空气，同时还要注意灭菌物品不要相互挤压过紧，以保证蒸汽流通，使所有物品的温度均匀上升，才能达到彻底灭菌的目的。若冷空气排除不净，压力虽达到规定的数值，但其内实际温度却上升不到所需温度，会影响灭菌效果。

二、辐射灭菌法

辐射是能量通过空间传递的一种物理现象，包括电磁波辐射和粒子辐射。

能量可借波动或粒子高速运行而传播，辐射除可被一些产色素细菌利用作为能源外，对多数细菌有损害作用。辐射对细菌的影响，随其性质、强度、波长、作用的距离、时间等不同而不同，但必须被细菌吸收，才能影响细菌的代谢。辐射对微生物的灭活作用可分为非电离辐射和电离辐射两种。

（一）非电离辐射

1. 可见光

可见光是指介于红外线和紫外线之间的肉眼可见的光线，其波长为400～800nm。可见光对微生物一般无多大影响，但长时间作用也能妨碍微生物的新陈代谢与繁殖，故培养细菌和保存菌种均应置于阴暗处。

2. 直射日光

直射日光有强烈的杀菌作用，是天然的杀菌因素。许多微生物在直射日光的照射下，半小时到数小时即可死亡。芽孢对日光照射的抵抗力比繁殖体大得多，往往需经20h才能死亡。日光的杀菌效力受环境、温度以及微生物本身的抵抗力等因素影响。在实际生活中，日光对被大面积污染的土壤、牧场、畜舍、用具等的消毒，以及江河的自净作用均具有重要的意义。

3. 紫外线

紫外线中波长200～300nm部分具有杀菌作用，其中以265～266nm段的杀菌力最强，这与DNA的吸收光谱范围相一致。紫外线对微生物的杀灭原理主要有两个方面，即诱发微生物的致死性突变和强烈的氧化杀菌作用。致死性突变是因为微生物DNA链经紫外线照射后，同链中相邻两个胸腺嘧啶形成二聚体，DNA分子不能完成正常碱基配对而死亡。另外，紫外线能使空气中的分子氧变为臭氧，臭氧放出氧化能力极强的原子氧，也具有杀菌作用。细菌受致死量的紫外线照射后，3h以内若再用可见光照射，则部分细菌又能恢复其活力，这种现象称为光复活现象，在实际工作中应引起注意。实验室通常使用的紫外线杀菌灯波长为253.7nm，杀菌力强而且稳定。紫外线的杀菌力强，但其穿透力弱，即使很薄的玻片也不能通过，所以只能用于物体表面的消毒。紫外线常用于微生物实验室、无菌室、手术室、传染病房、种蛋室等的空气消毒，或用于不能用高温或化学药品消毒物品的表面消毒。紫外线灯的消毒效果与照射时间、距离和强度有关，一般灯管离地面约2m，照射1～2h。此外，紫外线也是一种有效的诱变方法，常用于菌株、毒株的选育。紫外线对人体皮肤和眼睛角膜有刺激、损伤作用，应注意防护。

（二）电离辐射

射线包括放射性同位素的射线（即α、β、γ射线）和X射线以及高能质子、中子等，它们能将被照射物质原子核周围的电子击出，引起电离，导致产生致死微生物的效应。在实际工作中用于消毒灭菌的主要是穿透力强的X、γ和β射线，X射线可使补体、溶血素、酶、噬菌体及某些病毒失去活力，而α

射线、中子、质子等因穿透力弱而不实用。各种射线常用于药品、毛皮、食品、生物制品、一次性使用的塑料注射器等的消毒。现已有专门用于不耐热的大体积物品消毒的γ射线装置。X和γ射线对机体有害，应注意防护。目前，对于射线处理食品对人类的安全性问题正在进行深入研究。

三、超声波灭菌法

频率在20 000～200 000Hz的声波称为超声波。这种声波对微生物细胞有破坏作用，因而可用于消毒灭菌。但不同微生物对超声波的抵抗力不同，细菌和酵母菌对超声波作用较敏感，球菌比杆菌抗性强，细菌的芽孢抵抗力比繁殖体强，大型病毒比小型病毒敏感。超声波主要通过四方面的作用达到杀菌目的：一是使微生物细胞内含物强烈震荡而被破坏；二是氧化杀菌，因在水溶液中超声波能产生过氧化氢；三是产生热效应，破坏细胞的酶系统；四是空（腔）化作用，即在液体中形成许多真空状态的小空腔，空腔崩破产生的巨大压力使细胞裂解。

超声波可用来灭菌保藏食品，如800kHz的超声波可杀灭酵母菌；鲜牛奶经超声波15～60s处理后可保存5d不酸败。虽然超声波处理后能促使菌体裂解死亡，但往往有残存菌体，而且超声波费用较高，故超声波在微生物消毒灭菌上的使用受到了限制。目前主要用于粉碎细胞，提取细胞组分，供生化试验、血清学试验、微生物遗传及分子生物学试验研究。

四、滤过除菌

滤过除菌是通过机械阻留作用，将液体或空气中的细菌等微生物除去的方法。滤菌装置中的滤膜含有微细小孔，细菌等不能通过，借以获得无菌液体，但滤过除菌常不能除去病毒、霉形体以及细菌L形等小颗粒。

滤器过滤除菌常用于糖培养液、各种特殊的培养基、血清、毒素、抗毒素、抗生素、维生素、氨基酸等不能加热灭菌的液体除菌，还可用于病毒的分离培养。目前常用的为可更换滤膜的滤器或一次性滤器，滤膜孔常用450nm及220nm两种。利用空气过滤器可进行超净工作台、无菌隔离器、无菌操作室、试验动物室以及疫苗、药品、食品等生产中洁净厂房的空气过滤除菌。

任务三 | 化学消毒法

许多化学药物能够抑制或杀死微生物，故广泛用于消毒、防腐和治疗疾病。用于杀灭病原微生物的化学药物称为消毒剂；用于抑制微生物生长繁殖的化学药物称为防腐剂或抑菌剂。实际上，消毒剂与防腐剂之间并没有严格的界限，消毒剂在低浓度时只能抑菌，而防腐剂在高浓度时也能杀菌，故统称为防腐消毒剂。

一、消毒剂的消毒原理

消毒剂的种类不同，其杀菌作用的原理也不尽相同，具体有如下几种：

（1）改变菌体细胞壁或细胞膜的通透性，如低浓度酚类、表面活性剂、醇类等脂溶剂。

（2）使菌体蛋白质变性或凝固，如高浓度酚类、醇类、重金属盐类、酸碱类、醛类等。

（3）破坏细菌的酶系统，如高锰酸钾、过氧化氢、漂白粉、碘酊等氧化剂及某些重金属离子等。

（4）改变核酸的功能，如染料、烷化剂等。

二、消毒剂的种类及应用

消毒剂的种类很多，有酸类、碱类、醇类、醛类、酚类、重金属盐类、表面活性剂、氧化剂、烷化剂、卤素类、染料等，其杀菌作用不尽相同，其作用一般无选择性，对细菌及机体细胞均有一定毒性。一般可根据用途与消毒剂特点选择使用。最理想的消毒剂应是杀菌力强、价格低、无腐蚀性、能长期保存、对动物无毒性或毒性较小、无残留或对环境无污染的化学药物。常见的化学消毒剂见表5－1。

三、影响消毒剂作用的因素

1. 消毒剂的性质、浓度和作用时间

不同消毒剂的理化性质不同，对微生物的作用大小也有差异。一般来讲，只有在水中溶解的化学药品，杀菌作用才显著。绝大多数消毒剂在高浓度时杀菌作用强，浓度降低至一定程度时只有抑菌作用。有些消毒剂浓度过高反而降低其消毒能力，如75%乙醇消毒效果最好，浓度过高能使菌体表面蛋白质迅速凝固，反而影响其继续渗入，杀菌效力降低。消毒剂在一定浓度下，对细菌的作用时间越长，消毒效果也越强。

2. 微生物的种类与数量

同一消毒剂对不同种类和处于不同生长期的微生物杀菌效果不同。例如，一般消毒剂对结核杆菌的作用要比对其它细菌繁殖体的作用差；75%乙醇可杀死一般细菌繁殖体，但不能杀灭细菌的芽孢。因此，必须根据消毒对象选择合适的消毒剂。另外，污染的程度越严重，微生物的数量越多，消毒所需的时间就越长。

表 5-1　常用化学消毒剂

类别	消毒剂名称	作用原理	方法与浓度
酸类	醋酸	破坏细胞壁和细胞膜，凝固蛋白质	5～10mL/m^3 空气消毒
	乳酸		蒸汽做空气消毒
	硼酸		2%～4%黏膜消毒，10%创面消毒
碱类	氢氧化钠	破坏细胞壁和细胞膜，凝固蛋白质	2%～4%的热溶液用于被细菌和病毒污染的厩舍、饲槽、运输车船的消毒；3%～5%的热溶液用于细菌芽孢污染的场地消毒；本品有腐蚀性，不能用于皮肤、铝制品等的消毒
	生石灰		加水配成 10%～20%的石灰乳，用于墙壁、围栏、场地及排泄物等的消毒。需现用现配
醇类	乙醇（酒精）	蛋白质变性凝固	70%～75%用于皮肤和器械消毒
醛类	甲醛溶液（福尔马林）	阻止细菌核蛋白合成，破坏酶蛋白	1%～5%的甲醛溶液或气体熏蒸法消毒畜舍、禽舍、孵化器等用具和皮毛等
酚类	苯酚（石炭酸）	蛋白质变性	3%～5%苯酚用于器械、排泄物的消毒，2%皮肤消毒
	煤酚皂（来苏儿）	损伤细胞膜	2%皮肤消毒，3%～5%环境消毒，5%～10%器械消毒
重金属类	升汞	氧化作用、蛋白质变性	本品对金属有腐蚀性，剧毒，应妥善保管，0.05%～0.1%用于非金属器械及厩舍用具的消毒
	硫柳汞		0.1%皮肤消毒，0.01%用于生物制品防腐
	硝酸银		0.5%～1%用于眼科防腐、治疗
表面活性剂类	新洁尔灭	损伤细胞膜、灭活氧化酶	0.05%～0.1%手、皮肤、黏膜、手术器械消毒
	度米芬（消毒净）		0.05%～0.1%皮肤创伤冲洗、金属器械、棉制品、塑料、橡皮类物品消毒
氧化剂类	过氧乙酸	蛋白质氧化	0.04%～0.5%溶液用于污染物品的浸泡消毒，0.5%用于消毒厩舍、饲槽、车辆及场地等，5%用于喷雾消毒密闭的实验室、无菌室及仓库等
	高锰酸钾	氧化作用	0.1%用于皮肤、黏膜、创面冲洗消毒，2%～5%用于器具消毒，也可与甲醛溶液混合，用于空气的熏蒸消毒
烷基化合物类	洗必泰（氯己定）	蛋白质变性、核酸烷基化	0.02%～0.05%可用于术前洗手，0.01%～0.02%可用于腹腔、膀胱内脏冲洗
	环氧乙烷		50mg/1 000mL 密闭塑料袋，手术器械、敷料等消毒
卤素类	漂白粉	氧化作用	5%～20%用于厩舍、围栏、饲槽、排泄物、尸体、车辆及炭疽芽孢污染地面的消毒；0.3～1.5g/L 用于饮用水消毒；现用现配，不能用于金属制品及有色纺织品的消毒
	碘酊	卤化菌体蛋白	2%皮肤消毒，5%用于消毒手术部位
染料	龙胆紫	改变核酸的功能、蛋白质变性	2%～4%水溶液用于浅表创伤消毒

3. 温、湿度

大部分消毒剂在较高温度和湿度的环境中，可增强其杀菌效果。如温度每增高10℃，重金属盐类的杀菌作用提高2～5倍，石炭酸的杀菌作用提高5～8倍；用甲醛溶液熏蒸时，室内温度在18℃以上，相对湿度在60%～80%时消毒效果最好。

4. 酸碱度

消毒剂酸碱度的改变可使细菌表面的电荷发生改变，在碱性溶液中细菌带负电荷较多，所以阳离子去污剂的作用较强；在酸性溶液中，则阴离子去污剂的杀菌作用强。如戊二醛本身呈中性，其水溶液呈弱酸性，当加入碳酸氢钠后才发挥杀菌作用。新洁尔灭的杀菌作用为pH越低所需杀菌浓度越高，如pH为3时，其所需杀菌浓度较pH为9时要高10倍左右。同时pH也影响消毒剂的解离度，一般来说，未解离的分子，较易通过细菌细胞壁和细胞膜，杀菌效果较好。

5. 有机物

消毒剂与环境中的有机物尤其是蛋白质结合后，就减少了与菌体细胞结合的机会，严重降低消毒剂的使用效果。因此，消毒前把粪便、饲料残渣、分泌物等清除干净，可提高消毒效果。

6. 消毒剂的相互拮抗

由于消毒剂理化性质的不同，两种或多种消毒剂合用时，可能产生相互拮抗作用，使药效降低。如阳离子表面活性剂新洁尔灭与阴离子表面活性剂肥皂共用时，可发生化学反应而使消毒效果减弱，甚至完全消失。

任务四 | 生物消毒法

自然界中能影响微生物生命活动的生物因素很多。在各种微生物之间，或是在微生物与高等动植物之间，经常存在着相互影响的作用，出现共生、寄生和拮抗等现象。生产中常用的生物消毒法就是利用微生物之间的拮抗作用，通过堆积发酵、沉淀池发酵、沼气池发酵等产热或产酸，以杀灭粪便、污水、垃圾及垫草内部病原体的方法。在发酵过程中，由于粪便、污物等内部微生物产生的热量可使温度升高达70℃以上，经过一段时间后便可杀死病毒、病原菌、寄生虫卵等病原体，从而达到消毒的目的。下面主要讲共生、寄生和拮抗的概念，以及产生拮抗作用的诸多因素。

（1）共生　两种或多种生物生活在一起，彼此不损害或者互相有利，称为共生。如反刍动物瘤胃微生物菌群与动物机体的共生现象；豆科植物与固氮菌之间的共生关系。

（2）寄生　一种生物从另一种生物体获取所需的营养，赖以为生，且往往对后者呈现有害作用，称为寄生。如病原菌寄生于动植物体，噬菌体寄生于细菌细胞。

（3）拮抗　当两种微生物生活在一起时，一种微生物能产生对另一种微生物有毒害作用的物质，从而抑制或杀灭另一种微生物的现象称为拮抗。导致拮抗的物质基础是抗生素、细菌素等细菌的代谢产物。此外，植物中也存在杀菌物质，如黄连素等，噬菌体则是可杀灭细菌的病毒。

一、噬菌体

噬菌体是寄生于细菌、霉形体、螺旋体及放线菌等的一类病毒，又称细菌病毒。在自然界分布极广，凡是有上述各类微生物的地方，都有相应种类噬菌体的存在，其数目与寄主的数量成正比。

二、抗生素

某些微生物在代谢过程中产生的一类能抑制或杀死另一些微生物的物质称为抗生素。抗生素是一种重要的化学治疗剂。主要来源于放线菌，少数来源于某些霉菌和细菌，有些又能用化学方法合成或半合成。到目前为止，已发现的抗生素达 2 500 多种，但其中大多数对人和动物有毒性，临床上常用的抗生素只有几十种。不同的抗生素其抗菌作用也不相同，临床治疗时，应根据抗生素的抗菌作用选择使用。

抗生素的抗菌作用主要是干扰细菌的代谢过程，以达到抑制其生长繁殖或直接杀灭的目的。抗生素的作用原理可概括为 4 种类型：干扰细菌细胞壁的合成；损伤细胞膜而影响其通透性；影响菌体蛋白质的合成；影响核酸的合成。

三、细菌素

细菌素是某种细菌产生的一种具有杀菌作用的蛋白质，只能作用于与它同种不同菌株的细菌以及与它亲缘关系相近的细菌。例如，大肠杆菌所产生的细菌素称为大肠菌素，它除作用于某些类型的大肠杆菌外，还能作用于亲缘关系相近的志贺菌、沙门菌、克雷伯菌和巴氏杆菌等。

四、中草药

某些中草药如黄连、黄柏、黄芩、大蒜、金银花、连翘、鱼腥草、穿心莲、马齿苋、板蓝根等都含有杀菌物质，这些杀菌物质一般称为植物杀菌素，其中有的已制成注射液或其它制剂的药品。

1. 名词解释

消毒、灭菌、防腐、无菌、无菌操作、防腐剂、消毒剂、共生、寄生、拮抗。

2. 湿热灭菌为什么比干热灭菌的效果好？

3. 简述紫外线杀菌的作用机制和注意事项。

4. 简述化学消毒剂的消毒原理。

5. 简述常用化学消毒的种类及用途。

6. 生物消毒法有何应用？

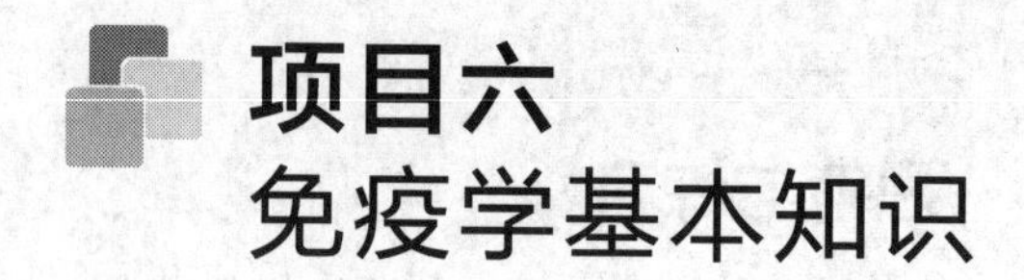

项目六 免疫学基本知识

【知识目标】

理解免疫的概念和功能，掌握非特异性免疫的构成；了解免疫系统的组成及各组分在免疫中的作用；理解抗原和抗体的概念及构成抗原的条件；掌握抗体产生的规律及实际意义；了解变态反应的概念、类型、防治，理解变态反应发生的原理。

【技能目标】

能应用变态反应的方法诊断结核病。

任务一 | 传染与免疫

一、传染的发生

（一）传染的概念

病原微生物在一定的环境条件下，突破机体的防御功能，侵入机体，并在一定部位定居、生长繁殖，从而引起不同程度的病理反应的过程称为传染或感染。在传染过程中，一方面病原微生物的侵入、生长繁殖及其产生的有毒物质破坏机体的生理平衡；另一方面机体为了维护自身的生理平衡，对病原微生物发生一系列的防卫反应。因此，传染是病原微生物的致病作用和机体的抗感染作用之间相互作用、相互斗争的一种复杂的生物学过程。

（二）传染发生的条件

传染过程的发生，病原微生物的存在是首要条件，没有病原微生物，传染就不可能发生，此外动物机体的易感性和外界环境因素也是传染发生的必要条件。

1. 病原微生物的毒力、数量与侵入门户

毒力是病原微生物的毒株或菌株对宿主致病能力的反映。根据病原微生物毒力的强弱，可将病原微生物分为强毒株、中等毒力株、弱毒株、无毒株等。病原微生物的毒力不同，与动物机体相互作用的结果也不同。所以，病原微生物必须有较强的毒力才能突破机体的防御功能引起传染。

病原微生物侵入机体引起传染，还必须有足够的数量，少量侵入，易被机体防御功能所清除。一般来说，病原微生物毒力越强，引起传染所需要的数量就越少；反之，则需要的数量就越多。传染所需微生物数量的多少，一方面与病原微生物的毒力强弱有关，另一方面还与宿主的免疫力有关。例如，毒力较强的鼠疫耶尔森菌，在无特异性免疫的机体，只需数个菌侵入即可引起鼠疫；而毒力较弱的沙门菌属中引起食物中毒的病原菌常需要数亿个才能引起急性胃肠炎。

具有较强的毒力和足够的数量的病原微生物，还需要经适宜的门户或途径侵入易感动物机体内，才能引起传染的发生。各种病原微生物都有其特定的侵入门户和部位，这与病原微生物生长繁殖需要特定的微环境有关。例如，破伤风梭状芽孢杆菌及其芽孢只有侵入深而窄的缺氧创口才能引起破伤风；伤寒沙门菌必须经口进入机体，先定居在小肠淋巴结中生长繁殖，然后进入血液循环而致病；乙型脑炎病毒以蚊子为媒介叮咬皮肤后经血流传染；脑膜炎球菌、肺炎球菌、流感病毒、麻疹病毒经呼吸道传染。但也有一些病原微生物可有多种侵入途径，例如炭疽杆菌、结核分枝杆菌可以通过呼吸道、消化道、皮肤黏膜创伤等多种途径侵入机体造成感染。

2. 易感动物

对病原微生物具有感受性的动物称为易感动物。动物对病原微生物的感受性是动物“种”的特性，是动物在长期的进化过程中，病原微生物寄生与动物机体免疫系统抗寄生相互作用、相互适应的结果。因此，动物的种属特性决定了它对某种病原微生物的传染是否具有天然的免疫力或感受性。动物的种类不同，对病原微生物的感受性也不同，例如炭疽杆菌对草食动物、人较易感，而对禽则不易感；猪瘟病毒对猪易感，而对牛、羊则不易感。同种动物对病原微生物的感受性也有差异，这与动物个体的生活环境和抵抗力有关，例如鸡的品种不同对马立克病病毒的易感性不同，肉鸡的易感性大于蛋鸡。也有多种动物，甚至人、畜和野生动物均对同一种病原微生物有易感性，如口蹄疫病毒、结核分枝杆菌等。

此外，动物的易感性还受年龄、性别、营养状况等多种因素的影响，其中以年龄因素影响较大。例如，布鲁菌病多发生于性成熟以后的动物，母畜较公畜易感；鸡白痢多发生于孵出不久的雏鸡。体质也会影响动物对病原微生物的感受性，一般情况下，体质较差的动物感受性较大且症状较重，但仔猪水肿病却多发生于体格健壮的仔猪。

3. 外界环境因素

外界环境因素包括温度、湿度、气候、地理环境、卫生条件、生物因素（如传播媒介、贮存宿主）、饲养管理等，对动物机体和病原微生物都有不可忽视的影响，它们是传染发生的重要诱因。一方面，环境因素可以影响病原微生物的生长、繁殖和传播；另一方面，不适宜的环境因素可使动物机体抵抗力、易感性发生变化。

例如，寒冷的冬季和早春能使易感动物呼吸道黏膜的抵抗力降低，容易发生呼吸道传染病；而炎热的夏季，病原微生物易于生长繁殖，容易发生消化道传染病。另外，某些特定环境条件下，存在着一些传染病的传播媒介，可影响传染病的发生和传播。如猪乙型脑炎有 90% 的病例发生在 7 ~ 9 月，而在 12 月至次年 4 月几乎无病例发生，与蚊的活动季节具有明显的相关性，是典型的通过蚊传播的传染病。因此，控制传染的发生，应采取综合性的措施才能奏效。

二、免疫的概念及功能

（一）免疫的概念

古典免疫概念局限于与传染病有关的问题，把免疫看做是对微生物感染的抵抗力和对同种微生物再感染的特异性防御能力。随着科学的发展，对免疫概念的认识大大超出了“疾病”的范畴，因为人们发现许多免疫现象均与微生物无关，如过敏反应、Rh 血型、同种移植免疫和组织相溶性抗原、自身免疫病、肿瘤免疫，古典免疫概念无法解释这些现象。伯纳特氏（Bumet）于 1958 年提出了免疫反应细胞系选择学说。因此，现代免疫学认为，免疫是机体对自身和非自身物质的识别，并清除非自身的大分子物质，即“识别异己”和“排除异己”，从而维持机体内外环境平衡的生理学反应。免疫是一种复杂的生物学过程，也是动物正常的生理功能，是动物在长期进化过程中形成的防御能力。这样就将免疫概念由单纯的疫病预防转到整个生理学领域，使免疫逐步地形成一个独立的边缘学科——免疫学。

（二）免疫的功能

1. 免疫防御

免疫防御指机体排斥外源性抗原异物的一种免疫保护功能。这种能力包括两个方面：一是抗感染免疫作用，当病原微生物侵入后，机体迅速动员非特异性和特异性免疫因素，将侵入的各种病原微生物及其产物消灭、清除，即抵御外界病原微生物对机体的侵害；二是免疫排斥作用，即排斥异种或同种异体的细胞及器官，这是器官移植需要克服的主要障碍。免疫防御能力异常亢进时，则会引起变态反应；低下或缺陷时，则易引起机体的反复感染。

2. 自身稳定

自身稳定又称免疫自稳，是指机体能及时地清除在其新陈代谢过程中产生的大量损伤、衰老、变性或死亡的细胞，以维持机体正常的生理平衡。如果自身稳定功能失调，则可导致自身免疫性疾病的发生。

3. 免疫监视

正常动物机体免疫系统能及时识别和清除体内经常出现的突变细胞，即为机体的免疫监视。这些突变细胞可以自发产生，也可以由于感染病毒或理化因素诱变产生。如果免疫监视功能低下或失调，突变细胞则有可能无限制地增生而形成肿瘤或出现病毒的持续感染。

三、免疫的类型

机体的免疫分非特异性免疫和特异性免疫两大类。

（一）非特异性免疫

1. 概念

非特异性免疫是动物机体在种系发育和长期进化过程中逐渐建立起来的一系列天然防御功能，是由动物体内的非特异性免疫因素介导的对所有病原微生物和外来抗原物质的免疫反应，是个体生下来就有的，具有遗传性，又称先天性免疫。非特异性免疫对外来异物起着第一道防线的防御作用，是机体实现特异性免疫的基础和条件。

2. 特点

非特异性免疫具有遗传性，动物体出生后即具有非特异性免疫能力，并能遗传给后代；反应快，抗原物质一旦接触机体，可立即遭到机体的排斥和清除；有相对的稳定性，既不受入侵抗原性异物的影响，也不因入侵抗原性异物的强弱或次数而有所增减；作用范围相当广泛，对各种病原微生物都有防御作用，但它只能识别自身和非自身的物质，对异物缺乏特异性区别作用，无针对性。因此，要特异性清除病原体，需在非特异性免疫的基础上，发挥特异性免疫的作用。

（二）特异性免疫

1. 概念

特异性免疫是动物机体在生活过程中直接或间接接受某种抗原物质刺激而获得的免疫力，故又称获得性免疫或适应性免疫。这种免疫力能对该抗原物质的再次刺激产生强烈而迅速的排斥、清除效应。

2. 特点

特异性免疫具有获得性，不是生来就有的，而是出生后受抗原刺激而获得的；具有严格的特异性和针对性，即动物机体接受某种抗原刺激后，只能产生对该种抗原特异性的免疫应答，例如注射猪瘟疫苗及耐过猪瘟病的猪只，只能产生对猪瘟病毒坚强的免疫力；具有免疫记忆的特点；具有一定的免疫期。

特异性免疫在抗微生物感染中起关键作用，其效应比先天性免疫强，包括体液免疫和细胞免疫两种。以 T 淋巴细胞介导的免疫反应是细胞免疫应答，以 B 淋巴细胞介导的免疫反应是体液免疫应答。

四、传染与免疫的关系

机体对于病原微生物的侵入所表现的不同程度的抵抗力，称为抗传染免疫。从抗传染免疫这一角度来看，免疫是对传染而言，没有传染就无所谓免疫。传染是由病原微生物入侵引起的，免疫则是机体针对入侵的病原微生物而形成的防卫功能。当非特异性免疫不足以抵抗或消灭入侵的病原微生物时，针对该病原微生物的特异性免疫即逐渐形成，并发挥主力军的作用，所以特异性免疫是机体最重要的抗传染力量。它的形成大大加强了机体抗传染的能力，从而使传染与免疫的发生、发展朝着有利于机体的方向转化，直至传染终止。在多数情况下，由传染激发免疫，又由免疫终止传染发生。但是，有时传染可以抑制免疫，导致继发性传染的发生；有时免疫不是终止传染，而是造成自身组织的损伤，发生自身免疫病，如马传染性贫血和水貂阿留申病等。此外，不同病原体的结构与组织千差万别，它们的致病特点及传染方式也不尽相同，因此，由不同病原体引起的免疫反应也必然表现为多种多样。

任务二 | 非特异性免疫

一、非特异性免疫的组成与生物学作用

机体的非特异性免疫由多种因素构成，其中主要体现在机体的防御屏障、各种组织中吞噬细胞的吞噬作用和体液的抗微生物物质的作用，还包括炎症反应和机体的不感受性等。

（一）防御屏障

防御屏障是正常动物普遍存在的组织结构，包括皮肤和黏膜等构成的外部屏障和多种重要器官中的内部屏障。结构和功能完整的内外部屏障可以杜绝大多数病原微生物的侵入，或有效地控制其在体内的扩散。

1. 皮肤和黏膜屏障

机体体表的皮肤和所有与外界相通的腔道内衬着的黏膜是防御各种病原微生物感染的第一道防线。结构完整的皮肤和黏膜及其表面结构能机械阻挡绝大多数病原微生物的入侵。如皮肤表面覆盖多层鳞状上皮细胞，由坚实的间质连

接，屏障作用很强；皮肤上的附属器如指甲、毛发、鳞片的屏障作用更强；气管和支气管黏膜表面的纤毛层自下而上有节律地摆动，可将分泌物及附着于表面的微生物向外排出。

除此之外，汗腺分泌的乳酸、皮脂腺分泌的不饱和脂肪酸、泪液及唾液中的溶菌酶以及胃酸等都有抑菌和杀菌作用。同时皮肤和黏膜上的正常菌群也起着拮抗作用，是重要的参与非特异性免疫的因素之一。因此，皮肤和黏膜能通过机械的、化学的和生物的多种作用抵抗病原微生物的侵入。但也有少数微生物如布鲁菌可以通过健康的皮肤和黏膜侵入机体。

2. 内部屏障

动物体有多种内部屏障，由特定的组织结构组成，能保护体内重要器官免受感染。

（1）血－脑屏障　主要由软脑膜、脉络丛的脑毛细血管壁和包在壁外的星状胶质细胞形成的胶质膜等组成，其结构致密，能阻挡血液中的病原微生物和其它大分子毒性物质进入脑组织及脑脊液，是防止中枢神经系统感染的重要防御结构。幼小动物的血－脑屏障发育尚未完善，容易发生中枢神经系统疾病的感染。

（2）胎盘屏障　是妊娠动物母－胎界面保护胎儿免受感染的一种防御结构。各种动物胎盘屏障的组织结构不完全相同，但都能有效地阻止母体内的绝大多数病原微生物通过胎盘感染胎儿。但这种屏障是不完全的，如猪瘟病毒感染妊娠母猪后可经胎盘感染胎儿，妊娠母畜感染布鲁菌后往往引起胎盘发炎而导致胎儿感染。

另外，肺脏中的气血屏障能防止病原经肺泡壁进入血液；睾丸中的血睾屏障能防止病原进入曲精细管，它们也是机体内部屏障的重要组成部分。

（二）吞噬作用

吞噬作用是动物进化过程中建立起来的一种原始而有效的防御反应。单细胞生物即具有吞噬和消化异物的功能，而哺乳动物和禽类吞噬细胞的功能更加完善。病原微生物及其它异物突破皮肤和黏膜等防御屏障进入机体后，将会遭到吞噬细胞的吞噬而被破坏。但是，吞噬细胞在吞噬过程中能向细胞外释放溶酶体酶，因而过度的吞噬可能损伤周围健康组织。

1. 吞噬细胞的种类

吞噬细胞是吞噬作用的基础。动物体内的吞噬细胞主要有小吞噬细胞和大吞噬细胞两大类。

小吞噬细胞主要以血液中的嗜中性粒细胞为代表，个体较小，具有高度移行性和非特异性吞噬功能。它们在组织中可存活 4 ~5d，在血液中仅存活12 ~48h，能吞噬并破坏异物，还能吸引其它吞噬细胞向异物移动，增强吞噬效果。嗜酸性粒细胞具有类似的吞噬作用，还具有抗寄生虫感染的作用，但有时能损伤正常组织细胞而引起过敏反应。

大吞噬细胞属于单核吞噬细胞系统，包括血液中的单核细胞和各组织中的巨噬细胞，如肝脏中的库普弗细胞、肺脏中的尘细胞、皮肤和结缔组织中的组织细胞、骨组织中的破骨细胞、神经组织中的小胶质细胞等，形体较大，能黏附于玻璃和塑料表面，故又称黏附细胞。它们分布广泛，寿命长达数月至数年，不仅能分泌免疫活性因子，而且具有强大的吞噬能力。

吞噬细胞内含有多种具有杀菌或降解异物作用的物质和溶酶体，能吞噬、过滤及清除细菌、真菌、病毒、寄生虫等病原体和体内凋亡细胞及各种尘埃颗粒、蛋白质复合分子等异物。

2. 吞噬的过程

吞噬细胞与病原菌或其它异物接触后，能伸出伪足将其包围，并吞入细胞质内形成吞噬体。接着吞噬体逐渐向细胞内溶酶体靠近，并相互融合成吞噬溶酶体。在吞噬溶酶体内，溶酶体中的各种水解酶和其它杀菌物质等释放出来，从而将细菌分解、消化和杀灭，最后将不能消化的细菌残渣排出胞外（图 6－1）。

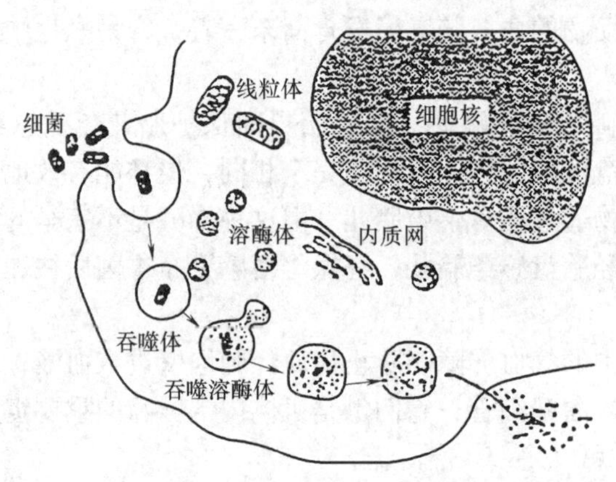

图 6－1　吞噬细胞的吞噬和消化过程示意图

3. 吞噬的结果

由于机体的抵抗力、病原菌的种类和致病力不同，吞噬发生后可能表现出完全吞噬、不完全吞噬及组织损伤 3 种结果。

动物机体的抵抗力和吞噬细胞的功能较强时，病原微生物在吞噬溶酶体中，一般 1～2h 内便可被杀灭、消化后连同溶酶体内容物一起以残渣的形式排出细胞外，这种吞噬称为完全吞噬。相反，当某些细胞内寄生的细菌如结核分枝杆菌、布鲁菌，以及部分病毒被吞噬后，不能被吞噬细胞破坏并排到细胞外，称为不完全吞噬。不完全吞噬有利于细胞内病原体逃避体内杀菌物质及药物的作用，甚至在吞噬细胞内生长、繁殖，或随吞噬细胞的游走而扩散，引起更大范围的感染。此外，吞噬细胞在吞噬过程中能向细胞外释放溶酶体酶，因而过度的吞噬往往损伤周围健康组织。

（三）正常体液中的抗微生物物质

动物机体正常体液中存在着多种非特异性抗微生物物质，具有广泛的抑菌、杀菌及增强吞噬的作用。

1. 溶菌酶

溶菌酶是一种低分子质量不耐热的碱性蛋白质，主要来源于吞噬细胞，广泛分布于血清、唾液、泪液、乳汁、胃肠和呼吸道分泌液及吞噬细胞的溶酶体颗粒中。溶菌酶能分解革兰阳性菌细胞壁的肽聚糖，使胞壁损伤，导致细菌崩解。若有补体和 Mg^{2+} 存在，溶菌酶能使革兰阴性菌的脂多糖和脂蛋白受到破坏，从而破坏革兰阴性菌的细胞。溶菌酶还具有激活补体作用，并可促进对所有细菌的吞噬作用。

2. 补体

（1）补体的概念　补体是正常动物和人血清中的一组不耐热、经活化后具有酶活力的球蛋白，由巨噬细胞、肠道上皮细胞以及肝、脾等细胞产生，包括 30 多种不同的分子，即参与补体激活的各种成分以及调控补体成分的各种灭活或抑制因子及补体受体，故又称补体系统，常用符号 C 表示，按被发现的先后顺序分别命名为 C_1、C_2、C_3、……C_9，其中 C_1 由 C_{1q}、C_{1r}、C_{1s}三种亚单位组成。它们广泛存在于鸟类、哺乳类及部分水生动物体内，占血浆球蛋白总量的 10% ~15%，含量保持相对稳定，与抗原刺激无关，不因免疫次数增加而增加，但在某些病理情况下可引起改变。在血清学试验中常以豚鼠的血清作为补体的来源。补体可与任何抗原 - 抗体复合物结合而发生反应，其作用没有特异性，这一特性在实验中得到广泛的应用。

（2）补体的性质　补体在 -20℃以下可保存较长时间，但对热、紫外线、酸碱环境、蛋白酶、剧烈震荡等不稳定，经 56℃ 30min 即可失去活力。因而，血清及血清制品必须经 56℃ 30min 加热处理，称为灭活。灭活后的血清不易引起溶血和溶细胞作用。

（3）补体的激活途径　补体系统是由一系列连锁反应机制调节的，在正常情况下，补体系统各组分以非活性状态的酶原形式存在于血清和体液中，必须激活才能发挥作用。

补体系统从酶原转化成具有酶活力状态的活化过程称为补体系统的激活。能激活补体系统的物质称为补体的激活物或激活剂，主要有抗原 - 抗体复合物、革兰阴性菌细胞壁的脂多糖、菊糖及酵母多糖等。在激活物的作用下，补体各成分依次活化，进行一系列的酶促反应。通常前一个组分的活化成分成为后一组分的激活酶，补体成分按一定顺序被系列激活，这种连锁反应称为“级联”反应。进而发挥其相应的生物学作用。补体激活过程依据其起始顺序的不同可分为 3 条途径：经典途径、旁路途径和甘露聚糖结合凝集素（MBL）途径。

（4）补体系统的生物学活性　补体既可参与非特异性防御反应，如在抗体未形成前的感染早期可通过旁路途径激活而发挥作用，也可参与特异性免疫学应答，被抗原－抗体复合物激活介导多种生物学效应，发挥溶菌、溶细胞、调理、趋化、过敏毒素、抗病毒作用。在抗体或吞噬细胞参与下，补体可发挥更强大的抗感染作用。

①溶菌、溶细胞作用：补体系统通过经典途径和旁路途径依次被激活，最后在细胞膜上形成穿孔复合物引起细胞膜不可逆的变化，导致靶细胞的溶解破坏。可被补体破坏的有血小板、红细胞、革兰阴性菌、有囊膜的病毒等，故补体系统的激活可起到杀菌、溶细胞的作用。这种补体介导的溶菌、溶细胞作用是机体抵抗病原微生物感染的重要防御手段。上述细胞对补体敏感，革兰阳性菌对补体不敏感，螺旋体则需补体和溶菌酶结合才能被杀灭，酵母菌、霉菌、癌细胞和植物细胞对补体不敏感。某些自身免疫病可引起自身细胞的裂解，从而导致自身组织的损伤，也与补体的参与有关。

②免疫黏附和免疫调理作用：免疫黏附是指抗原－抗体复合物结合 C_3 后，能黏附到灵长类、兔、豚鼠、小鼠、大鼠、猫、狗和马等的红细胞及血小板表面形成较大复合物，然后被吞噬细胞捕获和吞噬清除。

补体的调理作用是通过 C_{3b} 和 C_{4b} 实现的。C_{3b} 与免疫复合物及其它异物颗粒结合后，同时与带有 C_{3b} 受体的巨噬细胞、单核细胞或粒细胞结合，C_{3b} 成了免疫复合物与吞噬细胞之间的桥梁，有利于吞噬细胞对免疫复合物及靶细胞进行吞噬并加以清除。

③趋化作用：补体裂解成分中的 C_{3a}、C_{5a}、C_{5b67} 能吸引中性粒细胞到炎症区域聚集，发挥吞噬作用，这种趋化作用是促进吞噬并构成炎症发生的先决条件。

④过敏毒素作用：补体活化过程中产生的活性片段，可使肥大细胞、嗜碱性粒细胞释放组胺，引起血管扩张、毛细血管通透性增加并引起局部水肿，并导致平滑肌收缩和支气管痉挛等过敏症状，故称其为过敏毒素。

⑤抗病毒作用：抗体与相应病毒结合后，在补体参与下，可以中和病毒的致病力。补体成分结合于致敏病毒颗粒后，可显著增强抗体对病毒的灭活作用。此外，补体系统激活后可溶解有囊膜的病毒。

3. 促吞噬肽

促吞噬肽来源于脾脏，也存在于血清中，是一种具有抗感染和抗肿瘤效应的物质。该物质是由 Thr－Lys－Pro－Arg 四种氨基酸残基组成的四肽。在吞噬细胞上有促吞噬肽受体，该因子能促进白细胞的吞噬作用，还能增强巨噬细胞、NK 细胞和中性粒细胞的杀肿瘤作用，此外，还可诱导白细胞释放干扰素和溶酶体酶。切除脾脏后促吞噬肽水平下降，易发生严重感染。

4. 干扰素（IFN）

干扰素是病毒、细菌、真菌、衣原体、立克次体、植物血凝素等干扰素诱生剂作用于机体活细胞合成的一类抗病毒、抗肿瘤的糖蛋白，是一种重要的非特异性免疫因素。各型干扰素的作用大同小异，但均具有相对的种属特异性，即某一种属细胞产生的干扰素一般只作用于相同种属的其它细胞，如猪干扰素只对猪有保护作用。为增加干扰素用于控制病毒性疾病的供应量，现已应用细胞培养和基因工程技术大规模生产干扰素产品。但据报道，干扰素连续小剂量应用于小鼠可导致肝坏死和肾小球肾炎。

（四）炎症反应

机体感染病原微生物引起的炎症是一种病理过程，也是一种防御、消灭病原微生物的非特异性免疫反应。在感染部位，组织中的巨噬细胞、单核细胞、肥大细胞、多型核粒细胞、红细胞、血小板和补体，可直接或间接地引起细胞内或组织中的组胺、5-羟色胺、补体酶片段等的释放，使得感染部位的微血管迅速扩张，血流量增加，并可使微血管壁通透性增大。血液中的吞噬细胞、杀菌成分渗出而大量滞留于体液，感染部位出现红、肿、热、痛和功能障碍等炎症症状。

（五）机体组织的不感受性

不感受性即某种动物或其组织对该种病原或其毒素没有反应性。例如，给龟皮下注射大量破伤风毒素而不发病，但几个月后取其血液注入小鼠体内，小鼠却死于破伤风。

二、影响非特异性免疫的因素

动物的种属特性、年龄及环境因素都能影响动物机体的非特异性免疫作用。

（一）种属因素

不同种属或不同品种的动物，对病原微生物的易感性和免疫反应性有差异，这些差异决定于动物的遗传因素。某些动物生来具有对某种病原微生物及其有毒产物的不感受性，这是动物的一种生物学特性，是机体先天性缺乏某种病原微生物及其有毒产物的受体或机体的内环境不适合病原微生物生长的缘故，而不是病原微生物及其有毒产物失去了毒力。例如，在正常情况下，草食动物对炭疽杆菌十分易感，而家禽却无感受性，如人工使其体温降至37℃，炭疽杆菌即可在家禽体内增殖，引起感染。

（二）年龄因素

不同年龄的动物对病原微生物的易感性和免疫反应性也不同。在自然条件下，某些传染病仅发生于幼龄动物，例如幼小动物易患大肠杆菌病，而布鲁菌主要侵害性成熟的动物。老龄动物的器官、组织功能及机体的防御能力趋于下降，因此容易发生肿瘤或反复感染。

（三）环境因素

气候、温度、湿度等环境因素的剧烈变化对机体免疫力有一定的影响。例如，寒冷能使呼吸道黏膜的抵抗力下降；营养极度不良，往往使机体的抵抗力及吞噬细胞的吞噬能力下降。因此，加强管理和改善营养状况，可以提高机体的非特异性免疫力，明显提高机体抗病能力。

另外，机体受到强烈刺激时，如剧痛、创伤、烧伤、过冷、过热、缺氧、饥饿、疲劳等应激因素，而出现以交感神经兴奋和垂体－肾上腺皮质分泌增加为主的一系列防御反应，引起功能与代谢的改变，从而降低机体的免疫功能，表现为淋巴细胞转化率和吞噬能力下降，因而易发生感染。

任务三 | 特异性免疫

一、免疫系统

免疫系统是在动物种系发生和个体发育过程中逐渐进化和完善起来的，是机体执行免疫功能的组织结构，也是产生免疫应答的物质基础。免疫系统主要由免疫器官、免疫细胞和免疫分子组成（图6－2）。

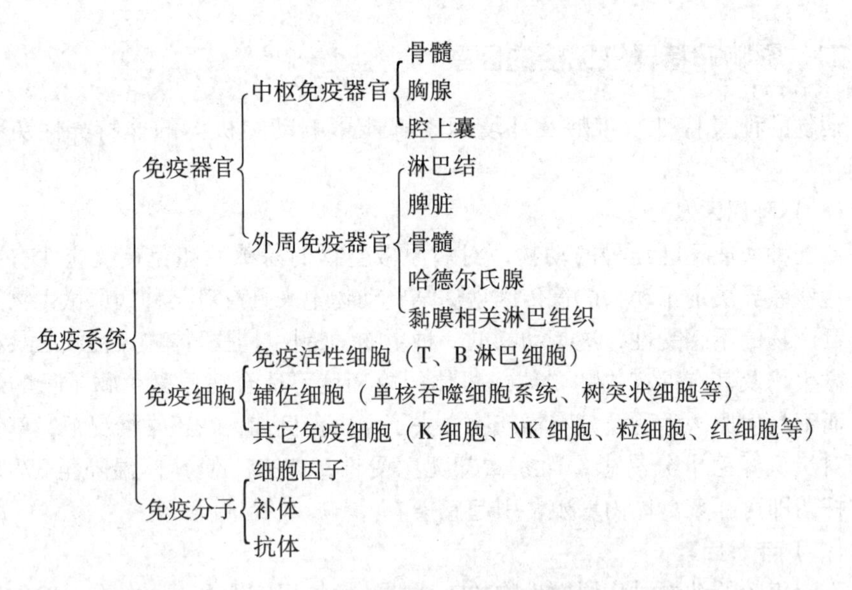

图6－2　动物免疫系统的组成

（一）免疫器官的组成及功能

机体执行免疫功能的组织结构称为免疫器官（图6－3），它们是淋巴细胞和其它免疫细胞发生、分化成熟、定居和增殖以及产生免疫应答反应的场所。根据其功能的不同分为中枢免疫器官和外周免疫器官。

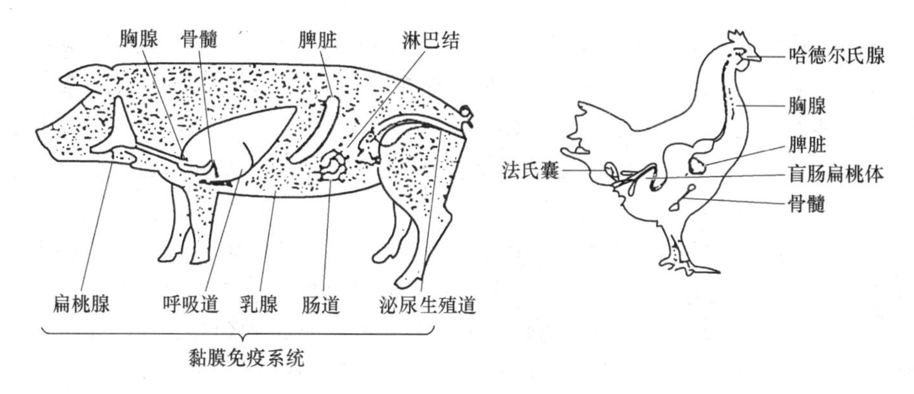

图 6 - 3　畜禽的免疫器官示意图

1. 中枢免疫器官

中枢免疫器官又称初级或一级免疫器官，是淋巴细胞等免疫细胞发生、分化和成熟的场所（图 6 - 4），包括骨髓、胸腺和腔上囊。

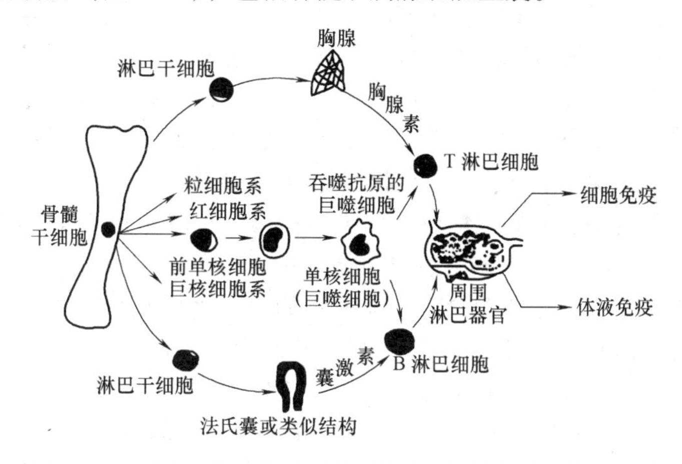

图6 - 4　T 淋巴细胞和 B 淋巴细胞的来源、演化及迁移示意图

（1）骨髓　骨髓具有造血和免疫双重功能。骨髓是动物机体重要的造血器官，出生后所有的血细胞均来源于骨髓，同时骨髓也是各种免疫细胞发生和分化的场所。

骨髓中的多能干细胞是一种具有很大分化潜能的细胞，首先分化为髓样干细胞和淋巴干细胞。髓样干细胞进一步分化成粒细胞系、红细胞系、单核细胞系和巨核细胞系等；淋巴干细胞则发育成各种淋巴细胞的前体细胞。一部分淋巴干细胞在骨髓中分化为 T 淋巴细胞的前体细胞，随着血流进入胸腺后，被诱导并分化为成熟的淋巴细胞，称为胸腺依赖性淋巴细胞即 T 淋巴细胞，简称 T 细胞，主要参与细胞免疫。还有一部分淋巴干细胞分化为 B 淋巴细胞的前体细胞。在鸟类，这些前体细胞随着血流进入腔上囊，被诱导并分化为成熟的淋巴细胞，称为腔上囊依赖性淋巴细胞即 B 淋巴细胞，简称 B 细胞，主要参与体液免疫。哺乳动物没有腔上囊，B淋巴细胞的前体细胞直接在骨髓中进一步分化发育为成熟的B细胞，又称骨髓依赖性淋巴细胞。另外，骨髓也是形成抗体的重要部位，抗原免疫动物后，骨髓可缓慢、持久地产生大量抗体（主要是IgG，其次为IgA），是血清抗体的主要来源，因此骨髓也是再次免疫应答发生的主要场所。

（2）胸腺　哺乳动物的胸腺由第三咽囊的内胚层分化而来，位于胸腔前部纵隔内，由二叶组成。猪、马、牛、狗、鼠等动物的胸腺可伸展到颈部直达甲状腺。禽类的胸腺则在颈部两侧皮下，呈多叶排列，鸡每侧7个，共14个；鸭和鹅每侧5个，共10个。胸腺活动的高峰期在幼年，青春期最大。牛4～5岁，猪2岁半，狗2岁，羊1～2岁，鸡4～5个月胸腺开始发生生理性退化。青春期之后胸腺的实质开始萎缩，皮质为脂肪组织所取代。除了随年龄增长而逐渐退化外，动物处于应激状态，其胸腺可较快地萎缩，因此，久病死亡的动物胸腺较小。

胸腺外包裹着由结缔组织构成的被膜，被膜向内伸入形成小梁将胸腺分隔成许多胸腺小叶，形成胸腺的基本结构单位。胸腺小叶的外周是皮质，中心是髓质。皮质又分为浅皮质层和深皮质层。胸腺实质由胸腺细胞和胸腺基质细胞组成。前者属于T淋巴细胞，但大多数是未成熟的幼稚细胞；后者则包括胸腺哺育细胞、胸腺上皮细胞、树突状细胞和巨噬细胞等。

胸腺的免疫功能主要包括以下两方面：第一，胸腺是T细胞分化和成熟的场所。骨髓中的前体T细胞经血液循环进入胸腺，首先进入浅皮质层，在浅皮质层中的上皮细胞（胸腺哺育细胞）的诱导下增殖和分化，随后移出浅皮质层，进入深皮质层继续增殖，通过与深皮质层的胸腺基质细胞接触后发生选择性分化过程，绝大部分（>95%）胸腺细胞在此处死亡，只有少数（<5%）能继续分化发育为成熟的胸腺细胞，并向髓质迁移。迁移到髓质部的胸腺细胞进一步分化成为具有不同功能的T细胞亚群。最后，成熟的T细胞随淋巴和血液循环运送至全身，参与细胞免疫。第二，胸腺上皮细胞还可产生多种胸腺激素，如胸腺素、胸腺生成素、胸腺血清因子和胸腺体液因子等，它们对诱导T细胞成熟有重要作用，同时胸腺激素对外周成熟的T细胞也有一定的作用，具有调节功能。

实验证明，新生动物摘除胸腺后，体内淋巴细胞显著减少，免疫反应不能建立，动物早期死亡；而成年动物切除胸腺，则对免疫功能影响不大。

（3）腔上囊　又称法氏囊，为禽类特有的盲囊状淋巴器官，位于泄殖腔的背侧后上方，并以短管与之相连。不同家禽腔上囊的形态略有差异。鸡的腔上囊为球形或卵球形，囊壁充满淋巴组织，囊内侧有12～14个纵行皱壁和6～7个次生皱壁，突入囊腔；鹅和鸭的腔上囊呈圆筒形，仅有2条大褶。腔上囊在性成熟前达到最大，以后逐渐萎缩退化，直到完全消失。

腔上囊是B细胞分化和成熟的场所。来自骨髓的淋巴干细胞在腔上囊分泌的囊激素的诱导下分化成为成熟的 B 细胞，并随淋巴和血液循环迁移至外周免疫器官，参与体液免疫。如将初孵出壳的雏禽的腔上囊切除，则其体液免疫应答受到抑制，表现为浆细胞减少或消失，接受抗原刺激后，不能产生特异性抗体。但切除腔上囊对细胞免疫影响很小，被切除的雏禽仍能排斥皮肤移植。某些病毒（如传染性法氏囊炎病毒）感染及某些药物（如睾丸酮）均能使腔上囊萎缩，如果鸡场发生过传染性法氏囊病，则易导致免疫失败。

哺乳动物和人没有腔上囊，B 细胞的形成、分化和成熟在骨髓中完成。

2. 外周免疫器官

外周免疫器官又称次级或二级免疫器官，是成熟的 T 细胞和 B 细胞定居、增殖以及对抗原的刺激产生免疫应答反应的场所，主要包括淋巴结、脾脏、骨髓、哈德尔氏腺和黏膜相关淋巴组织等。这类器官或组织富含捕捉和处理抗原的巨噬细胞、树突状细胞和朗格汉斯细胞，它们能迅速捕捉和处理抗原，并将处理的抗原递呈给免疫活性细胞。

（1）淋巴结　呈圆形或豆状，遍布于淋巴循环路径的各个部位，能捕获从躯体外部进入血液及淋巴液的抗原。

淋巴结外有结缔组织包膜，内部则由网状组织构成支架，其中充满淋巴细胞、巨噬细胞和树突状细胞。淋巴结实质分为皮质和髓质两部分。皮质又分皮质浅区（含淋巴小结和皮窦）和皮质深区（又称副皮质区），髓质由髓索和髓窦组成。皮质浅区的淋巴小结和髓索均为 B 细胞的分布区，淋巴小结周围和副皮质区为 T 细胞的分布区，故称为胸腺依赖区，在该区也有树突状细胞和巨噬细胞等。淋巴结中 T 细胞较多，占 75%，B 细胞仅占 25%（图 6－5）。

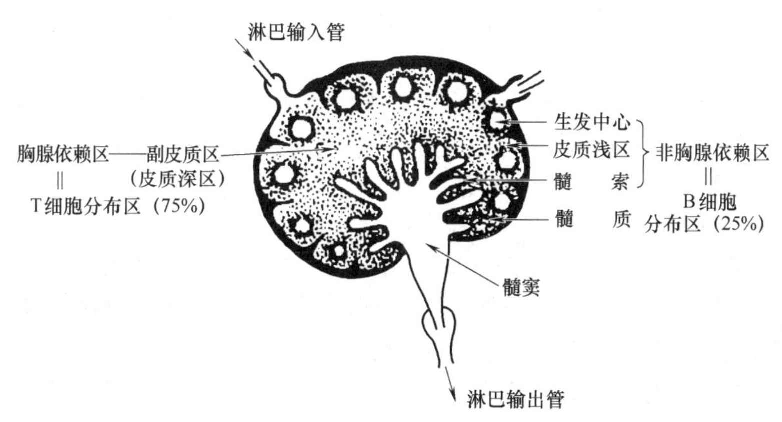

图 6－5　淋巴结中 T、B 细胞的分布

猪淋巴结的结构与其它哺乳动物淋巴结的结构不同，其组织学图像呈现相反的构成，淋巴小结在淋巴结的中央，相当于髓质的部分在淋巴结外层。淋巴液由淋巴结门进入淋巴结，流经中央的皮质和周围的髓质，最后由输出管流出

淋巴结。鸡没有淋巴结，但淋巴组织广泛分布于体内，有的为弥散性，如消化道管壁中的淋巴组织；有的为淋巴集结，如盲肠扁桃体；有的呈小结状等，它们在抗原刺激后都能形成生发中心。鸭、鹅等水禽类，只有两对淋巴结，即颈胸淋巴结和腰淋巴结。

淋巴结的免疫功能表现在：

①淋巴结具有过滤和清除异物的作用。侵入机体的致病菌、毒素或其它有害异物，通常随组织淋巴液进入局部淋巴结内，淋巴窦中的巨噬细胞能有效地吞噬和清除细菌等异物，但对病毒和癌细胞的清除能力较低。

②淋巴结是产生免疫应答的场所。淋巴结实质中的巨噬细胞和树突状细胞能捕获和处理外来异物性抗原，并将抗原递呈给 T 细胞和 B 细胞，使其活化增殖，形成致敏 T 细胞和浆细胞。在此过程中，因淋巴细胞大量增殖而使生发中心增大，机体表现为局部淋巴结的肿大。

(2) 脾脏　具有造血、贮血和免疫功能，是动物体内最大的免疫器官。它在胚胎期能生成红细胞，出生后能贮存血液。脾脏外部包有被膜，内部的实质分成两部分：一部分称为红髓，主要功能是生成红细胞和贮存红细胞，还有捕获抗原的功能；另一部分称为白髓，是产生免疫应答的部位。禽类的脾脏较小，白髓和红髓的分界不明显，主要参与免疫，贮血作用较小。

脾脏的红髓位于白髓周围，红髓量多。红髓由髓索（脾索）和血窦构成，脾索为彼此吻合成网状的淋巴细胞索，除网状细胞和 B 细胞外，还有巨噬细胞、浆细胞和各种血细胞；血窦分布于脾索之间，血细胞可以从脾索进入血窦。白髓由沿中央动脉周围的淋巴组织（淋巴鞘）和淋巴小结（脾小体）构成，脾小体为球形的白髓，其中有生发中心，内含 B 细胞。纵行白髓的小动脉称为中央动脉，周围的淋巴鞘是 T 细胞的集中区。脾脏中的淋巴细胞35% ~ 50% 为 T 细胞，50% ~65% 为 B 细胞。

脾脏是免疫应答的重要场所。脾脏中定居着大量淋巴细胞和其它免疫细胞，抗原一旦进入脾脏即可诱导 T 细胞和 B 细胞的活化和增殖，产生致敏 T 细胞和浆细胞。因 B 细胞略多于 T 细胞，所以脾脏是体内产生抗体的主要器官。

(3) 哈德尔氏腺　又称瞬膜腺、副泪腺，是禽类眼窝内腺体之一，位于其眼球后部中央。它除了具有分泌泪液润滑瞬膜，对眼睛有机械性保护作用外，还能接受抗原的刺激，产生免疫应答，分泌特异性抗体，通过泪液进入上呼吸道，参与上呼吸道的局部免疫；同时也能激发全身免疫系统，协调体液免疫。在幼雏点眼免疫时，它对疫苗会发生强烈的免疫应答反应，并且不受母源抗体的干扰，因此哈德尔氏腺对于禽类的早期免疫起着非常重要的作用。

(4) 黏膜相关淋巴组织　通常把消化道、呼吸道、泌尿生殖道等黏膜下层的许多淋巴小结和弥散淋巴组织统称为黏膜相关淋巴组织。黏膜相关淋巴组织均含丰富的 T 细胞、B 细胞和巨噬细胞等。其中 B 细胞数量较多，并且多是能产生分泌型IgA的B细胞，而T细胞则多是具有抗菌作用的T细胞，它们对黏膜免疫具有重要意义。

骨髓是中枢免疫器官，同时也是体内最大的外周免疫器官。就器官的大小比较而言，脾脏产生抗体的量很多，但骨髓产生抗体的总量最大，对某些抗原的应答，骨髓所产生的抗体可占抗体总量的70%。

（二）免疫细胞的分类及功能

凡参与免疫应答或与免疫应答相关的细胞统称为免疫细胞。它们的种类繁多、功能各异，但互相作用、互相依存，共同发挥清除异物的作用。根据它们在免疫应答中的功能及其作用机制，可分为免疫活性细胞和免疫辅佐细胞两大类。此外还有一些其它免疫细胞，如K细胞、NK细胞、粒细胞、红细胞等也参与了免疫应答中的某一特定环节。

1. 免疫活性细胞

在淋巴细胞中，接受抗原物质刺激后能增殖分化，并产生特异性免疫应答的细胞，称为免疫活性细胞，主要指T细胞和B细胞，它们在免疫应答过程中起核心作用。

（1）T细胞、B细胞的来源与分布　T细胞、B细胞均来源于骨髓的多能干细胞（参见图6-4）。骨髓中的多能干细胞首先分化为淋巴干细胞，并进一步分化为前T细胞和前B细胞。

前T细胞进入胸腺发育为成熟的T细胞，经血流分布到外周免疫器官的胸腺依赖区定居和增殖，或再经血液或淋巴循环进入组织，经血液及淋巴液巡游于全身各处。T细胞接受抗原刺激后活化、增殖、分化成为效应T细胞，发挥细胞免疫的功能。效应T细胞是短寿的，一般能存活4~6d，其中一小部分变为长寿的免疫记忆细胞，进入淋巴细胞再循环，可存活数月到数年。

前B细胞在哺乳动物的骨髓或鸟类的腔上囊中发育为成熟的B细胞，经血流分布到外周免疫器官的非胸腺依赖区定居和增殖。B细胞接受抗原刺激后活化、增殖、分化为浆细胞，发挥体液免疫的功能。浆细胞一般只能存活2d，一部分B细胞成为长寿的免疫记忆细胞，参与淋巴细胞再循环，可存活100d以上。

（2）T细胞、B细胞的表面标志　T细胞和B细胞在光学显微镜下均为小淋巴细胞，从形态上难以区分。在扫描电镜下多数T细胞表面光滑，有较少绒毛突起；而B细胞表面较为粗糙，有较多绒毛突起。但这不足以区分T细胞和B细胞。淋巴细胞表面存在着大量不同种类的蛋白质分子，这些表面分子称为表面标志。T细胞和B细胞的表面标志包括表面受体和表面抗原，可用于鉴别T细胞和B细胞及其亚群。

表面受体是淋巴细胞表面能与相应配体（特异性抗原、绵羊红细胞、补体等）发生特异性结合的分子结构；表面抗原是指在淋巴细胞或其亚群细胞表面能被特异性抗体（如单克隆抗体）所识别的表面分子。由于表面抗原是在淋巴细胞分化过程中产生的，故又称分化抗原。不同的研究者和实验室已建立了多种单克隆抗体系统用以鉴定淋巴细胞表面抗原，出现了多种命名。为避免混淆，从1983年起，经国际会议商定以分化群（CD）统一命名淋巴细胞表面抗原或分子，如将单抗 OKT3 和单抗 Leu4 所识别的同一分化抗原命名为 CD_3 等，至今已命名200余种CD抗原。

①T细胞的表面标志

a. T细胞抗原受体（TCR）：T细胞表面具有识别和结合特异性抗原的分子结构，称为T细胞抗原受体。人和各种动物的T细胞表面均具有TCR，一个成熟的T细胞克隆的各个细胞具有相同的TCR，在每个机体内可能有数百万种T细胞及其特异性的TCR，故能识别多种抗原。

TCR识别和结合抗原的性质是有条件的，只有当抗原片段或决定簇与抗原递呈细胞上的主要组织相容性复合体（MHC）分子结合在一起时，T细胞的TCR才能识别或结合MHC分子-抗原片段复合物中的抗原部分。TCR不能识别和结合单独存在的抗原片段或决定簇。

b. CD_2：曾称为红细胞受体或E受体，是T细胞重要的表面标志，B细胞无此标志。在体外将某种动物的T细胞与绵羊红细胞混合，可见到红细胞围绕T细胞形成玫瑰花环即E玫瑰花环。E玫瑰花环试验是鉴别T细胞及检测外周血中T细胞的比例和数目的常用方法。

c. CD_3：仅存在于T细胞表面，常与TCR紧密结合形成 TCR-CD_3 复合体。CD_3 分子的功能是把TCR与外来结合的抗原信息传递到细胞内，启动细胞内的活化过程，在T细胞被抗原激活的早期过程中起重要作用。

d. CD_4 和 CD_8：分别为MHCⅡ类分子和MHCⅠ类分子的受体。CD_4、CD_8 分别出现在具有不同功能亚群的T细胞表面，在同一T细胞表面只表达其中一种，据此T细胞可分为两大类群：CD_4^+ T细胞和 CD_8^+ T细胞。在正常情况下，这两类T细胞比值为2:1，这是评估机体免疫状态的重要依据之一。如这一比值偏离正常值，甚至出现比值倒置，则说明机体免疫功能失调。

e. 白细胞介素受体：T细胞表面具有许多白细胞介素受体（如IL-2受体），可结合白细胞介素，并接受白细胞介素的刺激和调控。

此外，在T细胞的表面还有丝裂原受体、IgG或IgM的Fc受体以及各种激素或介质如肾上腺素、皮质激素、组胺的受体等。

②B细胞的表面标志

a. B细胞抗原受体（BCR）：B细胞表面的抗原受体是细胞表面的免疫球蛋白（SmIg）。这种SmIg的分子结构与血清中的Ig相同，其Fc段的几个氨基酸镶嵌在细胞膜脂质双层中，Fab段则伸向细胞外侧以便与抗原结合。只有SmIg与抗原发生结合，才能引起B细胞发生免疫应答。每个B细胞表面有 $10^4 \sim 10^5$ 个SmIg。SmIg是鉴别B细胞的主要特征。同一种B细胞表面的抗原受体相同，可以和结构相同的抗原结合。而种类不同的B细胞表面的抗原受体不相同。动物出生后不久，体内就形成了种类不同的 B 细胞，可以结合多种不同的抗原。据测定，一只成熟小鼠的脾脏约含有 2×10^8 个 B 细胞，至少可以和 10^7 种结构不同的抗原结合而发生免疫应答。常用荧光素或铁蛋白标记的抗免疫球蛋白抗体来鉴别 B 细胞。

b. Fc 受体：此受体能与免疫球蛋白的 Fc 片段结合。大多数 B 细胞有 IgG 的 Fc 受体，能与 IgG 的 Fc 段结合。当 B 细胞表面的 Fc 受体与抗原 - 抗体复合物结合时，有利于 B 细胞对抗原的捕获和结合以及 B 细胞的激活和抗体的产生。

c. 补体受体：大多数 B 细胞表面存在能与补体结合的受体。补体受体有利于 B 细胞捕捉与补体结合的抗原 - 抗体复合物，此受体被结合后可促使 B 细胞活化。

此外，在 B 细胞表面还有丝裂原受体、CD_{79}、白细胞介素受体，以及 CD_9、CD_{10}、CD_{19}、CD_{20}分子等。

（3）T 细胞、B 细胞的亚群及其功能

①T 细胞的亚群：根据 T 细胞在免疫应答中的功能不同，将 T 细胞分为 5 个主要亚群：

a. 细胞毒性 T 细胞（Tc）：又称杀伤性 T 细胞（Tk），活化后称为细胞毒性 T 细胞（CTL）。在免疫效应阶段，Tc 活化产生 CTL，它能特异性地杀伤带有抗原的靶细胞，如感染微生物的细胞、同种异体移植细胞及肿瘤细胞等，并且 CTL 能连续杀伤多个靶细胞。Tc 细胞具有记忆性能，有高度特异性。

b. 辅助性 T 细胞（T_H）：主要功能为协助其它免疫细胞发挥作用。通过分泌细胞因子和与 B 细胞接触可促进 B 细胞的活化、分化和抗体产生；通过分泌细胞因子可促进 Tc 和 T_{DTH}的活化；能协助巨噬细胞增强迟发型变态反应的强度。

c. 抑制性 T 细胞（Ts）：能抑制 B 细胞产生抗体和其它 T 细胞的增殖分化，从而调节体液免疫和细胞免疫。Ts 细胞占外周血液 T 细胞的 10% ~20% 。

d. 诱导性 T 细胞（T_I）：能诱导 T_H 和 Ts 细胞的成熟。

e. 迟发型变态反应性 T 细胞（T_D 或 T_{DTH}）：在免疫应答的效应阶段和Ⅳ型变态反应中能释放多种淋巴因子导致炎症反应，发挥清除抗原的功能。

②B 细胞的亚群：根据 B 细胞产生抗体时是否需要 T_H 细胞的协助，将其分为 B1 和 B2 两个亚群。B1 为 T 细胞非依赖细胞，在接受胸腺非依赖性抗原刺激后活化增殖，不需 T_H 细胞的协助；B2 为 T 细胞依赖性细胞，在接受胸腺依赖性抗原刺激后发生免疫应答，必须有 T_H 细胞的协助才能产生抗体。

2. 辅佐细胞

T 细胞和 B 细胞是完成免疫应答的主要承担者，但这一反应的完成还需要体内的单核吞噬细胞、树突状细胞等的协助参与，对抗原进行捕捉、加工和处理，因此将这些细胞称为免疫辅佐细胞，简称 A 细胞。由于 A 细胞在免疫应答中能将抗原递呈给免疫活性细胞，因此也称之为抗原递呈细胞（APC）。

（1）单核吞噬细胞系统　包括血液中的单核细胞和组织中的巨噬细胞，单核吞噬细胞由骨髓分化，成熟后进入血液，在血液中停留数小时至数月后，经血液循环分布到全身多种组织器官中，分化成熟为巨噬细胞。巨噬细胞主要分布于疏松结缔组织、肝脏、脾脏、淋巴结、骨髓、肺泡及腹膜等处，可存活数周到几年，具有较强的吞噬功能。不同组织内的巨噬细胞具有不同的名称，如结缔组织中的组织细胞，肺泡中的尘细胞、肝脏中的库普弗细胞、骨组织中的破骨细胞、神经组织中的小胶质细胞、各处表皮部位的朗格汉斯细胞，在淋巴结和脾脏中仍称为巨噬细胞。各组织中的巨噬细胞分化程度很低，主要靠血液中的单核细胞来补充。

组织中的巨噬细胞较血液中的单核细胞含有更多的溶酶体和线粒体，具有更强大的吞噬功能。在单核吞噬细胞表面具有 IgG 的 Fc 受体、补体 C_{3b}受体、各种淋巴因子受体等，与其功能有关。

单核吞噬细胞系统的免疫功能主要表现在以下 3 个方面：

①吞噬和杀伤作用：组织中的吞噬细胞可吞噬和杀灭多种病原微生物，并处理体内自身凋亡损伤的细胞，是机体非特异性免疫的重要因素。特别是结合有抗体（IgG）和补体（C_{3b}）的抗原性物质更易被巨噬细胞吞噬。巨噬细胞可在抗体存在下发挥 ADCC 作用。巨噬细胞也是细胞免疫的效应细胞，经细胞因子如 IFN－γ 激活的巨噬细胞更能有效地杀伤细胞内的寄生菌和肿瘤细胞。

②递呈抗原作用：在免疫应答中，巨噬细胞是重要的抗原递呈细胞，外源性抗原物质由巨噬细胞通过吞噬、胞饮等方式摄取，经过胞内酶的降解处理，形成许多具有抗原决定簇的抗原肽，随后这些抗原肽与 MHCⅡ类分子结合形成抗原肽－MHCⅡ类分子复合物，并呈送到细胞表面，供免疫活性细胞识别。因此，巨噬细胞是免疫应答中不可缺少的免疫细胞。

③合成和分泌各种活性因子：活化的巨噬细胞能合成和分泌 50 余种生物活性物质，如许多酶类（中性蛋白酶、酸性水解酶、溶菌酶）、白细胞介素 1、干扰素和前列腺素、血浆蛋白和各种补体成分等。这些活性物质的产生具有调节免疫反应的功能。

（2）树突状细胞　简称 D 细胞，来源于骨髓和脾脏的红髓，成熟后主要分布于脾脏和淋巴结中，结缔组织中也广泛存在。树突状细胞表面伸出许多树突状突起，胞内线粒体丰富，高尔基体发达，但无溶酶体和吞噬体，故无吞噬能力。大多数树突状细胞有较多的 MHCⅠ类分子和 MHCⅡ类分子，少数 D 细胞表面有 Fc 受体和 C_{3b}受体，不能吞噬抗原，通过其表面的 MHC 分子与抗原结合，主要功能是处理与递呈不需细胞处理的抗原，尤其是可溶性抗原，能将病毒抗原、细菌内毒素等递呈给免疫活性细胞。大量研究表明，树突状细胞是体内递呈抗原功能最强的专职 APC。

此外，B 细胞（特别是活化的 B 细胞）、红细胞、朗格汉斯细胞也具有抗原递呈作用。

3. 其它免疫细胞

（1）杀伤细胞　简称 K 细胞，是一种直接来源于骨髓的淋巴细胞，主要存在于血液、腹腔渗出液和脾脏，淋巴结中很少，在骨髓、胸腺和胸导管中含量极微。K 细胞的主要特点是表面具有 IgG 的 Fc 受体（FCγR），当靶细胞和相应的 IgG 结合时，K 细胞可与结合在靶细胞上 IgG 的 Fc 段结合，从而使自身活化，释放细胞毒，裂解靶细胞，这种作用称为抗体依赖性细胞介导的细胞毒作用（ADCC）（图 6－6）。可被 K 细胞杀伤的靶细胞包括病毒感染的宿主细胞、恶性肿瘤细胞、移植物中的异体细胞及某些较大的病原体（如寄生虫）等。因此，K 细胞在抗感染免疫、抗肿瘤免疫和移植排斥反应、清除自身衰老细胞等方面有一定的意义。

（2）自然杀伤细胞　简称 NK 细胞，是一群既不依赖抗体，也不需要任何抗原刺激和致敏就能杀伤靶细胞的淋巴细胞，因而称为自然杀伤细胞。NK 细胞来源于骨髓，主要存在于外周血液和脾脏中，骨髓和淋巴结中很少，胸腺中不存在。NK 细胞表面存在着识别靶细胞表面分子的受体结构，通过此受体与靶细胞直接结合而发挥杀伤作用。多数 NK 细胞也具有 IgG Fc 受体，凡被 IgG 结合的靶细胞均可被 NK 细胞通过其 Fc 受体的结合而导致靶细胞溶解，即 NK 细胞也具有 ADCC 作用。NK 细胞的主要生物学功能为非特异性地杀伤肿瘤细胞、抵抗多种微生物感染及排斥骨髓细胞的移植，同时通过释放多种细胞因子如 IL－1、IL－2、干扰素等发挥免疫调节作用。已发现，动物体内抗肿瘤能力的大小与 NK 细胞的水平有关，故认为 NK 细胞在机体内的免疫监视中也起着重要作用。

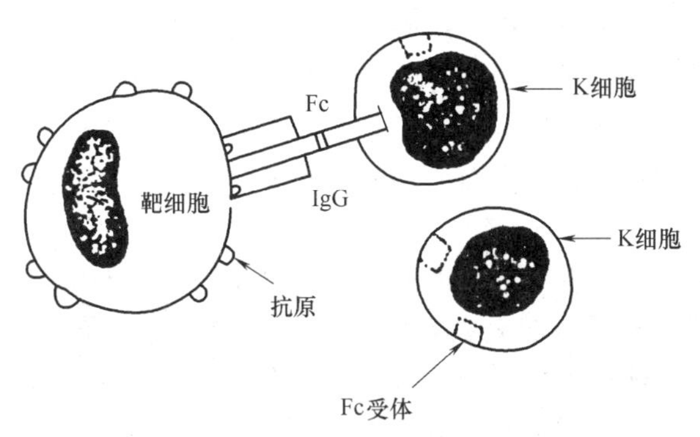

图 6－6　K 细胞破坏靶细胞作用示意图

（3）粒细胞　胞质中含有颗粒的白细胞统称为粒细胞，包括嗜中性、嗜碱性和嗜酸性粒细胞。

嗜中性粒细胞是血液中的主要吞噬细胞，具有高度的移动性和吞噬功能。

细胞膜上有 Fc 及补体 C_{3b}受体，它在防御感染中起重要作用，同时可分泌炎症介质，促进炎症反应，还可处理颗粒性抗原提供给巨噬细胞。

嗜碱性粒细胞内含有大小不等的嗜碱性颗粒，颗粒内含有组胺、白细胞三烯、肝素等参与Ⅰ型变态反应的介质，细胞表面有 IgE 的 Fc 受体，能与 IgE 结合。带 IgE 的嗜碱性粒细胞与特异性抗原结合后，立即引起细胞脱粒，释放组胺等介质，引起过敏反应。

嗜酸性粒细胞胞质内有许多嗜酸性颗粒，颗粒中含有多种酶，尤其含有过氧化物酶。该细胞具有吞噬杀菌能力，并具有抗寄生虫的作用，寄生虫感染时往往嗜酸性粒细胞增多。

（4）红细胞　研究表明，红细胞和粒细胞一样具有重要的免疫功能。它具有识别抗原、清除体内免疫复合物、增强吞噬细胞的吞噬功能、递呈抗原信息及免疫调节等功能。

（三）免疫分子

免疫分子由抗体、补体和细胞因子 3 部分组成。免疫细胞和免疫分子可通过循环系统（血液循环和淋巴循环）分布于体内几乎所有部位，持续地进行免疫应答。各种免疫细胞和免疫分子既相互协作，又相互制约，使免疫应答既能有效发挥作用，又能在适度范围内进行。

以下主要介绍细胞因子，抗体、补体在相关内容中详细介绍。

1. 细胞因子（CK）的概念

细胞因子是指由免疫细胞（如单核吞噬细胞、T 细胞、B 细胞、NK 细胞等）和某些非免疫细胞合成和分泌的一类高活性多功能的蛋白质多肽分子。能产生细胞因子的细胞主要有 3 类：第一类是活化的免疫细胞；第二类是基质细胞类，包括血管内皮细胞、成纤维细胞、上皮细胞等；第三类是某些肿瘤细胞。抗原刺激、感染、炎症等许多因素均可刺激细胞因子的产生，而且各细胞因子之间也可以彼此促进合成和分泌。细胞因子多属于小分子多肽或糖蛋白，与神经递质、内分泌激素等共同构成了细胞间的信号传递分子，主要介导和调节免疫应答及炎症反应，刺激造血功能，并参与组织修复等。

2. 细胞因子的种类与命名

细胞因子的种类繁多，就目前所知，主要包括白细胞介素、干扰素、肿瘤坏死因子、集落刺激因子四大系列数十种。每种细胞因子各有各的生物学活性，它们在介导机体多种免疫反应如抗感染免疫、抗肿瘤免疫、抗排斥反应、自身免疫病治疗以及恢复造血功能等方面具有重要作用。

在细胞因子这一概念提出之前，人们将由活化的淋巴细胞产生的除抗体之外的免疫效应物质称为淋巴因子（LK），淋巴因子具有对吞噬细胞的趋化作用、促吞噬作用、增强炎症反应的作用、杀伤靶细胞的作用、保护正常细胞免遭病毒感染的作用及增强或抑制淋巴细胞的作用等（表 6－1）。其命名根据生物活性而定，自 1969 年 Dumonde 提出淋巴因子以来，文献中淋巴因子的名称已多达95种。但由于不同研究者研究角度不同，其中一些名称是指同一化学实体。为了澄清这种混乱现象，1979年在瑞士举行的第二届国际淋巴因子专题讨论会上，将在白细胞间发挥作用的一些淋巴因子统一命名为白细胞介素(Interleukin，IL)，并按发现顺序以阿拉伯数字排列，如IL－1，IL－2……现已命名了20多种白细胞介素。

表6－1　　主要的淋巴因子及其免疫生物学活性

淋巴因子名称	免疫生物学活性
巨噬细胞趋化因子（MCF）	吸引巨噬细胞、中性粒细胞至抗原所在部位
巨噬细胞移动抑制因子（MIF）	抑制炎症区域的巨噬细胞移动
巨噬细胞活化因子（MAF）	活化和增强巨噬细胞杀伤靶细胞的能力
巨噬细胞凝聚因子（MAgF）	使巨噬细胞凝聚
趋化因子（CFs）	分别吸引粒细胞、单核细胞、巨噬细胞、淋巴细胞等至炎症区域
白细胞移动抑制因子（LIF）	抑制嗜中性粒细胞的随机移动
肿瘤坏死因子（TNF）	选择性地杀伤靶细胞
γ干扰素（IFN－γ）	抑制病毒增殖，激活细胞，增强巨噬细胞活性及免疫调节
转移因子（TF）	将特异性免疫信息传递给正常淋巴细胞，使其致敏
皮肤反应因子（SRF）	引起血管扩张、增加血管通透性
穿孔素	细胞毒性T细胞产生，导致靶细胞壁形成微孔

3. 各种细胞因子的共同特性

尽管细胞因子的种类繁多，生物学活性广泛，但它们均具有以下特性：

（1）产生细胞的多样性　一种细胞因子可由多种细胞产生，如IL－1可由单核巨噬细胞、内皮细胞、B细胞、成纤维细胞、表皮细胞等产生；而同一种细胞也可产生多种细胞因子，如活化的T细胞可产生IL－2～IL－6、IL－9、IL－10、IL－13、IFN－A、TGF－β、GM－CSF等。

（2）分子小、结构简单　细胞因子均为低相对分子质量（<80 000）的分泌型蛋白，绝大多数为糖蛋白，一般分子质量为5～60ku，其成熟分泌型分子所含氨基酸多在200个以内。多数细胞因子以单体形式存在，少数细胞因子如IL－5、IL－12、M－CSF、TGF－β、TNF呈三聚体。

（3）合成分泌快、降解也快　在细胞受到抗原、有丝分裂原或病毒等刺激后几小时便可分泌细胞因子，24～48h产量达到高峰；细胞受到的刺激一旦停止，即停止产生细胞因子。细胞因子在体内降解快，故细胞因子的合成具有短暂的自限性。多数仅能对产生细胞自身和邻近细胞起作用。

（4）自分泌与旁分泌特点　多数细胞因子通过自分泌（即作用于产生细

胞本身）和（或）旁分泌（即作用于邻近细胞）的形式短暂地产生并在局部发挥效应。少数细胞因子（如 IL－1、IL－6、TNF－α 等）在一定条件下，也可以内分泌的方式作用于远端靶细胞，介导全身性反应。

（5）具有激素样活性作用　即细胞因子的产量微小，却具有极高的生物学活性。在极微量水平（pmol/L）即可发挥明显的生物学效应。

（6）通过细胞因子受体发挥效应　细胞因子必须与靶细胞表面特异性高亲和力受体结合后才能发挥其生物学效应。以非特异性方式发挥生物学作用，不受 MHC 的限制。

（7）作用的多样性　一种细胞因子可以作用于不同的靶细胞，具有多种生物学效应，如可以介导和调节免疫应答、炎症反应，也可作为生长因子，促进靶细胞增生和分化，并可刺激造血和促进组织修复等。但多种细胞因子也常常具有某些相似的生物学活性，可作用于同一种靶细胞。细胞因子之间还可发挥协同作用、拮抗作用等。

4. 各种细胞因子的免疫生物学活性

（1）白细胞介素（IL）　把由免疫系统分泌的主要在白细胞之间起免疫调节作用的蛋白称为白细胞介素，并根据发现的先后顺序命名为 IL－1，IL－2，IL－3 等，至今已报道的 IL 有 30 多种，具有增强细胞免疫功能、促进体液免疫以及促进骨髓造血干细胞增殖和分化的作用。目前，IL－2、IL－3 和 IL－12 已经用于治疗肿瘤和造血功能低下症。主要的白细胞介素的来源及其主要功能见表 6－2。

（2）干扰素（IFN）　干扰素是最早发现的细胞因子，由多种细胞产生，因其能干扰病毒的感染及复制而得名。根据其来源和理化性质可分Ⅰ型和Ⅱ型，其中Ⅰ型干扰素包括 IFN－α、IFN－β、IFN－ω、IFN－τ，Ⅱ型干扰素即 IFN－γ。IFN－α 由病毒感染的白细胞产生，IFN－β 由病毒感染的成纤维细胞产生，IFN－ω 来自胚胎滋养层，IFN－τ 来自反刍动物滋养层；IFN－γ 由灭活病毒或活病毒作用于致敏的 T 细胞和 NK 细胞产生。IFN－α 和 IFN－β 具有很强的抗病毒和抗肿瘤作用，但抑制病毒的程度可因病毒不同而千差万别，甚至同一种病毒的不同血清型对干扰素的敏感性也不同；IFN－ω 和 IFN－τ 与胎儿保护有关；IFN－γ 主要发挥免疫调节作用。

（3）肿瘤坏死因子（TNF）　肿瘤坏死因子是于 1975 年从免疫动物血清中发现的分子，是一类能直接杀死肿瘤细胞的细胞因子。TNF 分为 TNF－α 和 TNF－β 两种。TNF－α 主要由活化的单核吞噬细胞产生，也可由抗原刺激的 T 细胞、活化的 NK 细胞和肥大细胞产生；TNF－β 主要由活化的 T 细胞产生。TNF 的最主要功能是参与机体防御反应，是重要的促炎症因子和免疫调节分子。

表 6－2 白细胞介素的种类、来源与主要功能

名称	主要产生细胞	主要生物学功能
IL－1	单核细胞、巨噬细胞、纤维母细胞等	APC 协同刺激；促进 T 细胞和 B 细胞增殖、分化和抗体生成；诱导 IL－2、IL－6 的产生；协同 CSF 促进造血功能；刺激干细胞产生 SCF；调节纤维母细胞增殖，有助于炎症局部组织的纤维化
IL－2	T_H1 细胞、T_C 细胞、NK 细胞、部分 B 细胞	诱导 T、B 细胞增殖、分化及效应因子生成；增强 T_C 细胞、NK 细胞和 LAK 细胞活性；具有显著的抗肿瘤作用
IL－3	T 细胞	促进早期造血干细胞生长
IL－4	T_H2、肥大细胞	促进 B 细胞增殖分化；诱导 IgE 产生；促进肥大细胞增殖；抑制 T_H1 细胞；增强巨噬细胞、T_C 细胞功能
IL－5	T_H2、肥大细胞	诱导无活性 B 细胞产生 IgA 及活性 B 细胞产生 IgM 和 IgG；诱导 Tc 细胞的生长
IL－6	单核吞噬细胞、T_H2、成纤维细胞等	诱导 B 细胞的终末分化，促进抗体合成；促进杂交瘤、骨髓瘤生长；在炎症和应激反应中，可诱导肝细胞合成急性期蛋白；促进 Tc 细胞成熟
IL－7	骨髓和胸腺基质细胞	刺激骨髓原 B 细胞的发育成熟；促进活化 T 细胞增殖与分化
IL－8	单核细胞、巨噬细胞等	具有中性粒细胞趋化作用和刺激中性粒细胞脱粒作用
IL－9	活化的 T 细胞	促进 T_H 细胞长期存活；协同 IL－3 和 IL－4 刺激肥大细胞生长
IL－10	巨噬细胞、T_H2 细胞、$CD8^+$ T 细胞、B 细胞	抑制巨噬细胞；抑制 T_H1 细胞分泌细胞因子；促进 B 细胞增殖和抗体生成；促进胸腺和肥大细胞增殖
IL－11	基质细胞	与 CSF 协同造血作用；促进 B 细胞抗体生成
IL－12	B 细胞、巨噬细胞、T_H2 细胞	促进 NK 细胞增殖并产生 IFN－γ、增强其杀伤力；诱导 T_H1 细胞，抑制 T_H2 细胞；促进 B 细胞 Ig 产生和类型转换
IL－13	活化的 T 细胞	抑制巨噬细胞分泌细胞因子；促进 B 细胞增殖分化；促进 NK 细胞产生 IFN－γ
IL－14	T 细胞	可诱导活化的 B 细胞增殖；抑制丝裂原诱生 Ig
IL－15	T 细胞等	刺激 T 细胞增殖；诱导 Tc、LAK 细胞
IL－16	$CD8^+$ T 细胞	$CD4^+$ T 细胞趋化因子；诱导 $CD4^+$ T 细胞活化
IL－17	外周血 T 细胞	诱导人成纤维细胞分泌 IL－6 和 IL－8 表达 ICAM－1
IL－18	库普弗细胞等	促进 T_H1 细胞增殖；增强 NK 细胞和 FasL 的细胞毒作用
IL－19	单核细胞	对抗原递呈细胞具有调节和促增殖效应
IL－20	小肠细胞	促进多形核细胞移动
IL－21	T 细胞	协同刺激 T 细胞、B 细胞和 NK 细胞增殖分化
IL－22	活化的 T 细胞	活化多种细胞
IL－23	树突状细胞	促进 T 细胞增殖

（4）集落刺激因子（CSF） 是一组促进造血细胞，尤其是造血干细胞增殖、分化和成熟的因子。主要有单核吞噬细胞集落刺激因子（M－CSF）、粒细胞集落刺激因子（G－CSF）、粒细胞巨噬细胞集落刺激因子（GM－CSF）、红细胞生成素（EPO）等。近年来，又发现了干细胞生成因子（SCP）、血小板生成素（TPO）以及多能集落刺激因子（IL－3）。

二、抗原

（一）抗原与抗原性的概念

1. 抗原的概念

凡是能够刺激机体产生抗体和效应性淋巴细胞，并能与之结合引起特异性免疫反应的物质称为抗原（Ag）。

2. 抗原性的概念

抗原具有抗原性，抗原性包括免疫原性和反应原性两个方面的含义。免疫原性是指抗原能够刺激机体产生抗体和效应性淋巴细胞的特性；反应原性是指抗原能与相应抗体或效应性淋巴细胞发生特异性结合反应的特性，又称免疫反应性。

（二）构成抗原的条件

1. 异源性

异源性又称异物性，抗原通常是非自身物质。在正常情况下，动物机体能识别自身物质和非自身物质，只有非自身物质进入机体内才能具有免疫原性。异源性包括以下几个方面：

（1）异种物质 异种动物之间的组织、细胞及蛋白质均是免疫原性良好的抗原。通常异种动物间的亲缘关系相距越远，生物种系差异越大，其组成成分的化学结构差异就越大，免疫原性越好，此类与免疫动物不同种属的抗原称为异种抗原。如鸭蛋白质对鸡是较弱的免疫原，而对家兔是良好的免疫原。各种疫苗、微生物抗原、异种动物红细胞、异种动物蛋白均属于异种抗原。

（2）同种异体物质 同种动物不同个体的某些组织成分和化学结构存在差异，因此也具有一定的抗原性，如组织移植抗原、血型抗原，此类与免疫动物同种而基因型不同的个体称为同种异型抗原。

（3）自身物质 动物自身组织细胞、蛋白质通常情况下不具有免疫原性，但在下列情况下可具有抗原性：机体自身成分的结构改变，如机体在烧伤、感染、电离辐射、药物等因素的作用下，使原有的结构发生改变而具有抗原性；机体的免疫识别功能紊乱，将自身组织视为异物，可导致自身免疫病；某些隐蔽的自身组织成分，如眼球晶状体蛋白、精子蛋白或甲状腺球蛋白等物质，因外伤或感染而进入血液循环系统，能引起自身免疫应答，可成为自身抗原。

2. 分子大小与结构的复杂性

抗原的免疫原性与其分子的大小及结构的复杂程度密切相关。分子质量越大，结构越复杂，其免疫原性也越强。

（1）分子大小 抗原物质应具有一定的分子大小才具有免疫原性。免疫原性良好的物质相对分子质量一般在10 000以上，在一定条件下，相对分子质量越大，免疫原性越强。大分子物质抗原性强的原因，是由于分子质量越大，分子表面的化学基团（抗原决定簇）越多，化学结构也较稳定，因而不易被降解和排除，在体内停留时间较长，刺激免疫系统的机会也多。蛋白质分子大多是良好的抗原，如细菌、病毒、外毒素、异种动物血清都是抗原性很强的物质。相对分子质量小于5 000的物质其免疫原性较弱。相对分子质量在1 000以下的物质如低分子多糖和类脂缺乏免疫原性，为半抗原，只有与蛋白质载体结合形成复杂的大分子复合物后方可获得免疫原性。许多半抗原，如青霉素，进入动物机体后可以和血浆蛋白结合，刺激机体产生针对于半抗原的抗体，从而引发免疫反应。

（2）化学组成和结构的复杂性 抗原的化学组成与结构越复杂，免疫原性越强。大分子物质并不一定都具有抗原性。如明胶是蛋白质，虽然相对分子质量达到10万以上，但其结构为直链排列的氨基酸，缺少苯环结构，稳定性差，进入机体极易被酶降解成小分子物质，所以免疫原性很弱。若在明胶分子中加入少量酪氨酸、苯丙氨酸等芳香氨基酸，就能大大增强其抗原性。相同大小的分子如果化学组成、分子结构和空间构象不同，其免疫原性也有一定差异。一般分子结构和空间构象越复杂的物质免疫原性越强。对蛋白质抗原来说，分子中是否存在苯环或杂环氨基酸是决定因素。胰岛素虽然相对分子质量不足10 000，但由于结构复杂多样而具有良好的免疫原性。

3. 抗原的特异性

抗原的特异性不是由整个抗原分子决定，而是由抗原决定簇所决定的。抗原分子表面具有特殊立体构型和免疫活性的化学基团称为抗原决定簇。特定结构的抗原决定簇刺激机体产生相应的抗体，而这种抗体只能与相对应的抗原决定簇发生特异性结合，这种特性称为抗原的特异性或专一性。

一个抗原分子由存在于抗原分子表面或内部的抗原决定簇和一部分蛋白质所组成，在分子内部的抗原决定簇需经酶或其它方式降解后才能暴露出来，暴露的抗原决定簇能与免疫活性细胞相接近，对激发机体的免疫反应有决定性意义。

抗原属于大分子物质，其表面有多种抗原决定簇，每种抗原决定簇可引起一种抗体产生，一种抗体分子只能与相应的化学决定簇结合。因此，一种抗复杂大分子复合物的抗血清中并不是只含有与单一抗原起反应的单一抗体，而是由针对多种抗原决定簇的许多单一抗体组成的混合物（图6－7）。

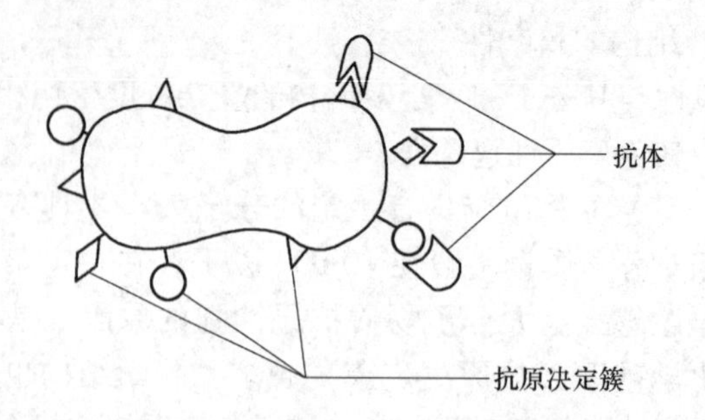

图 6-7　抗原及抗原表面决定簇模式图

抗原分子上抗原决定簇的数目称为抗原价。抗原决定簇种类的多少因抗原结构不同而异，只有一个抗原决定簇的抗原称单价抗原，如简单半抗原；含有多个抗原决定簇的抗原称多价抗原，大部分蛋白质抗原都属于多价抗原。天然抗原物质的分子结构很复杂，分子表面有很多相同和不同的抗原决定簇，是多价抗原，可同时刺激机体产生多种抗体，即为混合抗体。抗原价与分子大小有一定的关系，据估计，相对分子质量 5 000 大约会有一个抗原决定簇，例如牛血清白蛋白的相对分子质量为 69 000，有 18 个决定簇，但只有 6 个决定簇暴露于外面；甲状腺球蛋白约有 40 个决定簇。

不同种属的微生物间、微生物与其它抗原物质间及不同抗原物质相互间，除具有特异性决定簇外，还可能存在共同的抗原决定簇，称为“共同抗原”或“交叉抗原”。相关种属间的共同抗原又称“类属抗原”。如果两种细菌有类属抗原，它们与相应抗体可以发生交叉反应，又称类属反应（图 6-8）。如牛痘病毒与天花病毒就存在着交叉反应。

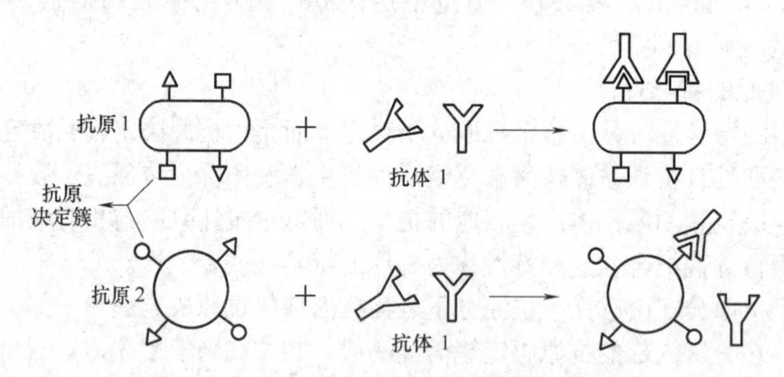

图 6-8　交叉反应示意图

4. 物理状态

抗原的物理状态对免疫原性也有很大影响。呈聚合状态的抗原一般较单体抗原的免疫原性强，颗粒性抗原的免疫原性通常比可溶性抗原强。因此，可溶性抗原分子聚合后或吸附在大分子颗粒表面上，可增强其免疫原性。如将甲状腺球蛋白与聚丙烯酰胺凝胶颗粒结合后免疫家兔，可使其产生的IgM效价提高20倍。某些免疫原性弱的物质，如使其聚合或附着在某些大分子颗粒（如氢氧化铝胶、脂质体等）的表面，可增强其免疫原性。

（三）抗原的分类

1. 根据抗原性质分类

（1）完全抗原　既具有免疫原性又具有反应原性的物质称为完全抗原，也可称为免疫原。如大多数蛋白质、细菌及病毒等。

（2）不完全抗原　只具有反应原性而没有免疫原性的物质称为不完全抗原，又称半抗原。大多数多糖、类脂及药物分子等属于半抗原。

半抗原物质是小分子物质，不能诱导机体产生免疫反应，但如果与大分子物质如蛋白质结合后则成为完全抗原，便可刺激机体产生抗体。与半抗原结合的大分子物质称为载体。任何一个完全抗原都可以看作是半抗原与载体的复合物，载体在免疫反应过程中起着很重要的作用。

2. 根据对胸腺（T细胞）的依赖性分类

（1）胸腺依赖性抗原（TD抗原）　此种抗原在刺激机体B细胞分化和产生抗体的过程中，需要巨噬细胞等抗原递呈细胞和辅助性T细胞的协助。绝大多数抗原属此类，如异种蛋白质、异种组织、异种红细胞、微生物及人工复合抗原等。TD抗原刺激机体产生的抗体主要是IgG，易引起细胞免疫和免疫记忆。

（2）非胸腺依赖性抗原（TI抗原）　此种抗原在刺激机体产生免疫反应过程中不需要辅助性T细胞的协助，可直接刺激B细胞产生抗体。仅少数抗原物质属TI抗原，如大肠杆菌的脂多糖、肺炎球菌荚膜多糖、聚合鞭毛素等。此种抗原刺激机体仅产生IgM抗体，不易产生细胞免疫，也不引起回忆应答。

（四）重要的微生物抗原

1. 细菌抗原

细菌的抗原结构比较复杂，细菌的各种结构都有多种抗原成分构成，因此细菌是由多种成分构成的复合体。动物被细菌感染后可产生针对细菌表面多种抗原成分的多种抗体。每一种细菌都有自己的抗原结构，又称血清型。细菌抗原主要包括菌体抗原、鞭毛抗原、菌毛抗原和荚膜抗原等。

（1）菌体抗原（O抗原）　主要指革兰阴性菌细胞壁抗原，其化学本质为脂多糖（LPS），性质稳定，较耐热，经121℃加热不破坏，也不易受乙醇等破坏。每个菌体的O抗原具有一个以上的抗原决定簇，其特异性取决于特定的单糖成分及其排列状况。

（2）鞭毛抗原（H抗原）　主要指鞭毛蛋白抗原，不耐热，煮沸1h可被破坏。

（3）菌毛抗原（F抗原）　为许多革兰阴性菌和少数革兰阳性菌所具有，

菌毛由菌毛素组成，有很强的抗原性。

（4）荚膜或表面抗原（K 抗原） 存在于某些细菌细胞壁外的荚膜或黏液层，主要是指荚膜多糖或荚膜多肽抗原，对细菌具有保护作用，但也具有抗原性。少数沙门菌表面抗原与毒力有关，故称 Vi 抗原，其化学成分不稳定。细菌经人工培养或碳酸处理、60℃加热，其 Vi 抗原易消失。

2. 毒素抗原

破伤风梭状芽孢杆菌、肉毒梭状芽孢杆菌等多种细菌能产生外毒素，其成分为糖蛋白或蛋白质，具有很强的抗原性，称为毒素抗原，能刺激机体产生抗体（抗毒素）。外毒素经甲醛溶液或其它适当方式处理后，毒力减弱或完全丧失，但仍保留很强的免疫原性，称为类毒素。

3. 病毒抗原

（1）囊膜抗原 又称 V 抗原。有囊膜病毒的抗原特异性由囊膜上的纤突所决定，如流感病毒囊膜上的血凝素（H）和神经氨酸酶（N）都是 V 抗原，常因这两种表面抗原的变异（抗原漂移）导致新的抗原型出现，引起新的流感流行。V 抗原具有型和亚型的特异性。

（2）衣壳抗原 又称 VC 抗原。无囊膜病毒的抗原特异性取决于病毒颗粒表面的衣壳结构蛋白，如口蹄疫病毒的结构蛋白 VP_1、VP_2、VP_3、VP_4 即为此类抗原。其中 VP_1 为口蹄疫病毒的保护性抗原。

另外，还有 S 抗原（病毒可溶性抗原）、NP 抗原（核蛋白抗原）。

4. 真菌和寄生虫抗原

真菌、寄生虫及其虫卵都有特异性抗原，但免疫原性较弱，特异性也不强，交叉反应较多，一般很少用于分类鉴定。

5. 保护性抗原

微生物具有多种抗原成分，但其中只有 1 ~ 2 种抗原成分能刺激机体产生抗体，具有免疫保护作用，因此将这些抗原称为保护性抗原或功能性抗原。如口蹄疫病毒的 VP_1 保护性抗原、传染性法氏囊病毒的 VP_2 保护性抗原，以及致病性大肠杆菌的菌毛抗原（K_{88}、K_{99}等）和肠毒素抗原（ST、LT 等）。

除了上述微生物抗原以外，异种动物的组织、血清、血细胞也具有良好的抗原性，因此反复应用含异种动物组织的疫苗时也可能引起变态反应。例如，人反复注射兔脑或羊脑制备的狂犬疫苗，可能引起变态反应性脑脊髓炎；反复注射异种动物的免疫血清进行治疗时，应防止过敏反应。同种动物不同个体有核细胞的组织相容性抗原不同，故进行同种异体组织移植，通常都会引起免疫排斥反应。将异源血清注射动物，能产生抗该血清的抗体，又称抗抗体。将绵羊红细胞给家兔注射，可以刺激家兔产生抗绵羊红细胞的抗体，将此抗体称为溶血素。

三、抗体

（一）抗体的概念

抗体（Ab）是动物机体受到抗原物质刺激后，由 B 细胞转化为浆细胞产生的、能与相应抗原发生特异性结合反应的免疫球蛋白（Ig）。

抗体的化学本质是免疫球蛋白，它是机体对抗原物质产生免疫应答的重要产物，由脾脏、淋巴结、呼吸道和消化道组织中的浆细胞分泌而来，具有各种免疫功能，主要存在于动物的血液（血清）、淋巴液、组织液和其它外分泌液中，因此将抗体介导的免疫称为体液免疫。含有免疫球蛋白的血清称为免疫血清或抗血清。有的抗体可与细胞结合，如 IgG 可与 T、B 细胞、K 细胞、巨噬细胞等结合，IgE 可与肥大细胞和嗜碱性粒细胞结合，这类抗体称为亲细胞性抗体。在成熟的 B 细胞表面具有抗原受体（BCR），其成分之一称为膜表面免疫球蛋白（mIg）。

免疫球蛋白是蛋白质，可作为免疫原诱导产生抗体。因此一种动物的免疫球蛋白对另一种动物而言是良好的抗原，能刺激机体产生抗这种免疫球蛋白的抗体，即抗抗体。根据免疫球蛋白的化学结构和抗原性不同，免疫球蛋白可分为 IgG、IgM、IgA、IgE 和 IgD 5 种，家畜主要以前 4 种为主。

（二）抗体的基本结构

所有种类抗体（免疫球蛋白）的单体分子结构都是相似的，即由 4 条多肽链构成的“Y”或“T”形的对称分子（图 6－9），其中两条较大的相同分子质量的肽链称为重链（H 链），两条较小的相同分子质量的肽链称为轻链（L 链），各肽链间通过一对或一对以上的二硫键（—S—S—）互相连接。IgG、IgE、血清型 IgA 和 IgD 均是以单体分子形式存在，IgM 是以 5 个单体分子构成的五聚体，分泌型的 IgA 是以 2 个单体分子构成的二聚体。

1. 四肽链结构

重链含 420～440 个氨基酸，为轻链的 2 倍，相对分子质量 55 000～75 000。轻链由 213～214 个氨基酸组成，相对分子质量约 22 500。4 条多肽链的氨基和羧基方向是一致的，由氨基端（N 端）指向羧基端（C 端）。从 N 端开始，轻链最初的 109 个氨基酸（约占轻链的 1/2），重链最初的 110 个氨基酸（约占重链的 1/4），其排列顺序及结构随抗体分子的特异性不同而有所变化，能充分适应抗原决定簇的多样性，这一区域称为可变区（V 区），分别用 V_L 和 V_H 表示；其余部分的氨基酸排列顺序及结构相对稳定，称为稳（恒）定区（C 区）。C 区包括轻链稳定区（C_L）和重链稳定区（C_H），C_H 又包括 C_{H1}、C_{H2}、C_{H3} 及 C_{H4}。

在重链 C_{H1} 和 C_{H2} 之间的区域称为铰链区，与抗体分子的构型变化有关。该区有柔软性，能使 Ig 分子活动自如，呈“T”或“Y”字形。当抗体分子与

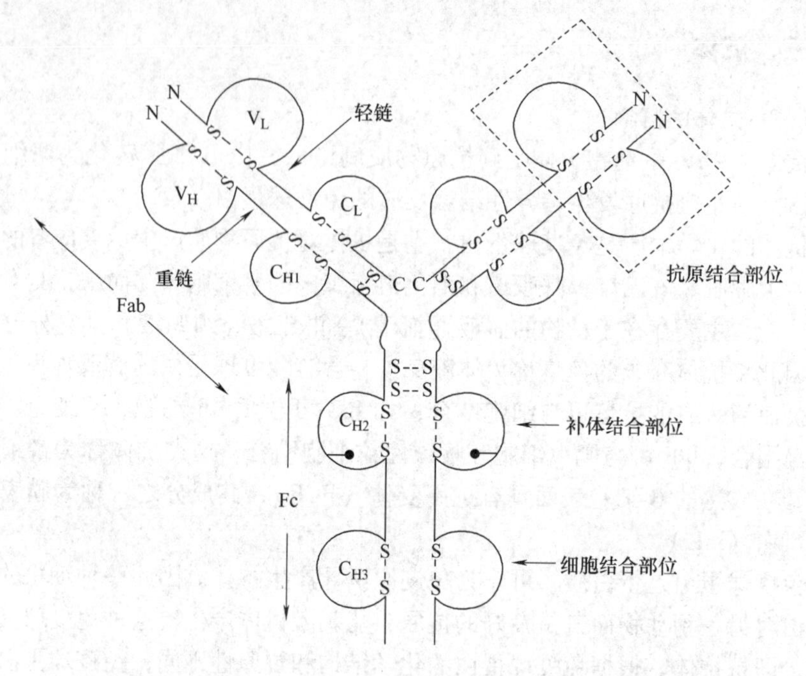

图6-9　抗体分子单体（IgG）结构示意图

V_H—重链的可变区　V_L—轻链的可变区　C_H—重链的恒定区

C_L—轻链的恒定区　C—羧基末端　N—氨基末端

抗原决定簇发生结合时，该区转动，一方面使可变区的抗原结合点尽量与抗原结合，与不同距离的两个抗原表位结合，起弹性和调节作用；另一方面可使抗体分子变构，由“T”字形变成“Y”字形，暴露了 Ab 分子上的补体结合位点，与补体结合并激活补体，从而发挥多种生物学效应。

2. 功能区

Ig 分子的多肽链因链内二硫键折叠成几个球形结构，并与相应功能有关，故称为免疫球蛋白的功能区。每条 L 链上有 2 个功能区：可变区（V_L）和稳定区（C_L）。IgG、IgA 和 IgD 的每条 H 链有 4 个功能区：1 个可变区（V_H）和 3 个稳定区（C_{H1}、C_{H2}、C_{H3}）。IgM 和 IgE 多一个稳定区 C_{H4}。

V_L 和 V_H 是抗体分子与抗原特异性结合的部位，一个单体 Ig 分子中有 2 个可变区，可以结合 2 个相同的抗原决定簇；C_L 和 C_{H1} 上具有同种异型的遗传标记；C_{H2} 上有补体结合位点，与补体结合活化补体；C_{H3} 具有结合单核细胞、巨噬细胞、粒细胞、B 细胞、NK 细胞等的功能；C_{H4} 是 IgE 与肥大细胞和嗜碱性粒细胞的 Fc 受体的结合部位，能使抗体分子吸附于细胞表面，进而发挥一系列生物学效应，如激发 K 细胞对靶细胞的杀伤作用，刺激肥大细胞和嗜碱性粒细胞释放活性物质等。

一个 Ig 单体分子具有 2 个抗原结合位点，分泌型 IgA 是 Ig 单体分子的二聚体，具有 4 个抗原结合位点，IgM 是 Ig 单体分子的五聚体，有 10 个抗原结合位点。

3. 免疫球蛋白的水解片段

IgG 分子可被木瓜蛋白酶在铰链区重链间的二巯键近氨基端切断，水解成大小相似的 3 个片段，其中 2 个相同片段，可与抗原特异性结合，称为抗原结合片段（Fab），另一个片段可形成蛋白结晶，称为可结晶片段（Fc）（图 6－10）。Fab 段由一条完整的轻链及 N 端 1/2 重链组成，其中的 V_L、V_H 区为可变区，是决定抗体特异性与抗原结合的位点。Fc 段由 C 端 1/2 重链组成，其 C_{H2}、C_{H3} 恒定区无与抗原结合活性，其生物学活性为：与补体结合活化补体、选择性地通过胎盘、具有亲细胞性、通过黏膜进入分泌液中。另外，Fc 段是各类免疫球蛋白抗原性的决定部位。

用胃蛋白酶在 IgG 分子铰链区重链间二硫键近羧基端切断，可水解成大小不同的两个片段，具有双价抗体活性的大片段，称为 F（ab）′2 片段，小片段类似 Fc 段，称为 pFc′片段（图 6－10），pFc′片段可继续被胃蛋白酶水解成更小的片段，无任何生物学活性。

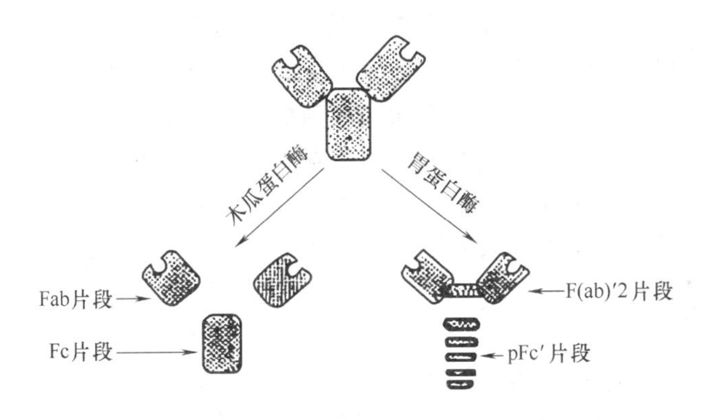

图 6－10　免疫球蛋白的水解片段示意图

此外，个别免疫球蛋白还有一些特殊分子结构，包括：连接链（J 链），为 IgM 和分泌型 IgA 所具有（图 6－11），是连接单体的一条多肽链，它是由分泌 IgM、IgA 的同一浆细胞所合成；分泌成分（SC），是分泌型 IgA 所特有的，它是由局部黏膜的上皮细胞所合成的。SC 能促进上皮细胞积极地从组织中吸收分泌型 IgA，并将其释放于胃肠道和呼吸道，同时可防止 IgA 在消化道内为蛋白酶所降解，从而使 IgA 能充分发挥免疫作用；免疫球蛋白是含糖量相当高的蛋白质，糖类以共价键结合在 H 链的氨基酸上。

（三）各类抗体的特点及生物学功能

1. IgG

IgG 是人和动物血清中含量最高的免疫球蛋白，占血清免疫球蛋白总量的 75%～80%。IgG 是介导体液免疫的主要抗体，以单体形式存在，相对分子质

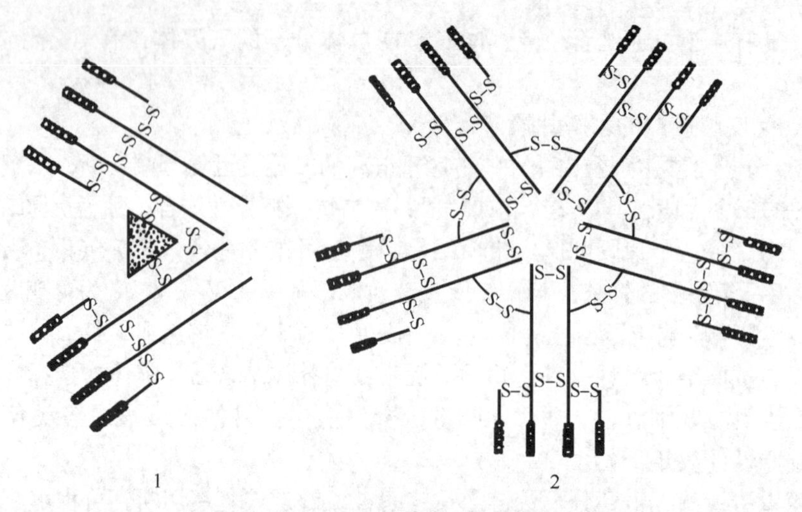

图 6－11　多聚体免疫球蛋白示意图

1—分泌型 IgA（二聚体）　2—IgM（五聚体）

量为160 000～180 000。IgG 主要由脾脏和淋巴结中的浆细胞产生，大部分存在于血浆中，其余存在于组织液和淋巴液中。半衰期最长，约为 23d。IgG 是动物自然感染和人工主动免疫后机体所产生的主要抗体，因此是动物机体抗感染免疫的主力，同时也是血清学诊断和疫苗免疫后监测的主要抗体。IgG 在动物体内不仅含量高，而且持续时间长，可发挥抗菌、中和病毒和毒素以及抗肿瘤等免疫学活性，也能调理、凝集和沉淀抗原。IgG 是唯一能通过人和兔胎盘的抗体，因此在新生儿的抗感染中起着十分重要的作用。此外，IgG 还参与Ⅱ、Ⅲ型变态反应。

2. IgM

IgM 是动物机体初次体液免疫应答最早产生的免疫球蛋白，其含量仅占血清免疫球蛋白的 10% 左右。IgM 以五聚体形式存在（图 6－11），相对分子质量最大，为 900 000 左右，又称巨球蛋白。主要由脾脏和淋巴结中的浆细胞产生，存在于血液中。半衰期约 5d。IgM 在体内产生最早，但持续时间短，因此不是机体抗感染免疫的主力，而是在抗感染免疫早期起着十分重要的作用，也可通过检测 IgM 抗体进行疫病的血清学早期诊断。IgM 具有抗菌、中和病毒和毒素等免疫活性，由于其分子上含有多个抗原结合位点，所以 IgM 是一种高效能的抗体，其杀菌、溶菌、溶血、调理及凝集作用均比 IgG 高，IgM 也具有抗肿瘤作用。此外，IgM 也参与Ⅱ、Ⅲ型变态反应。

3. IgA

IgA 以单体和二聚体两种形式存在，单体 IgA 存在于血清中，称为血清型 IgA，占血清免疫球蛋白的 10% ～20%；二聚体为分泌型 IgA（图 6－11），是由消化道、呼吸道、泌尿生殖道等部位的黏膜固有层的浆细胞所产生的，因此分泌型 IgA 主要存在于消化道、呼吸道、泌尿生殖道等黏膜的外分泌液以及初乳、唾液、泪液中，此外在脑脊液、羊水、腹水、胸膜液中也含有分泌型IgA。分泌型IgA对机体消化道、呼吸道等部位起着相当重要的局部黏膜免疫作用，特别是对于一些经黏膜途径感染的病原微生物，因此分泌型IgA是机体黏膜免疫的一道“屏障”，具有抗菌、中和病毒和毒素等免疫活性。在传染病的预防接种中，经滴鼻、点眼、饮水及喷雾途径接种疫苗，均可产生分泌型IgA，而建立相应的黏膜免疫力。但IgA不结合补体，也不能透过胎盘，初生动物只能从初乳中获得。

4. IgE

IgE以单体分子形式存在，相对分子质量为200 000。IgE是由消化道和呼吸道黏膜固有层中的浆细胞所产生的，在血清中含量甚微。IgE是一种亲细胞性抗体，易与皮肤组织、肥大细胞、血液中的嗜碱性粒细胞和血管内皮细胞结合，而介导Ⅰ型变态反应。此外，IgE在抗寄生虫免疫及某些真菌感染中也具有重要作用。

5. IgD

IgD在人、猪、鸡等动物体内已经发现，以单体分子形式存在，相对分子质量为170 000～200 000，在血清中含量极低，不稳定，易被降解。目前认为IgD是B细胞的重要表面标志，是成熟B细胞细胞膜上的抗原特异性受体，而且与免疫记忆有关。有报道认为，IgD与某些过敏反应有关。

（四）抗体产生的一般规律

动物机体初次和再次接触抗原后，引起体内抗体产生的种类、抗体的水平等都有差异（表6－3）。

表6－3　初次应答和再次应答的比较

特性	初次应答	再次应答
反应的B细胞	幼稚型B细胞	记忆性B细胞
接触抗原后的潜伏期	一般4～7d	一般1～3d
抗体达高峰的时间	7～10d	3～5d
产生抗体的量	变化较大，取决于抗原	一般是初次应答的100～1 000倍
产生抗体的种类	应答早期主要是IgM	主要是IgG
抗原	TD和TI抗原	TD抗原
抗体的亲和力	低	高
维持时间	短	长

1. 初次应答

动物机体初次接触抗原，也就是某种抗原首次进入体内引起的抗体产生过程称为初次应答。初次应答有以下几个特点：

（1）潜伏期比较长　抗原初次进入动物机体后，在一定时期内体内查不到抗体或抗体产生很少，这一时期称为潜伏期，又称诱导期。潜伏期的长短视抗原的种类而异，如病毒抗原需经3~4d，细菌抗原需经5~7d，而类毒素抗原则需经2~3周血液中才出现抗体。潜伏期之后为抗体的对数上升期，抗体含量直线上升，抗体达到高峰需7~10d，然后为高峰持续期，抗体产生和排出相对平衡，最后为下降期。

（2）初次应答最早产生的抗体是IgM，可在几天内达高峰，然后开始下降；接着才产生IgG，即IgG抗体产生的潜伏期比IgM长。如果抗原剂量少，可能仅产生IgM。IgA产生最迟，常在IgG出现后2周至1~2个月才能在血液中查出，而且含量少。

（3）初次应答产生的抗体总量较低，维持时间也较短。其中IgM的维持时间最短，IgG可在较长时间内维持较高的水平，其含量也比IgM高（图6-12）。

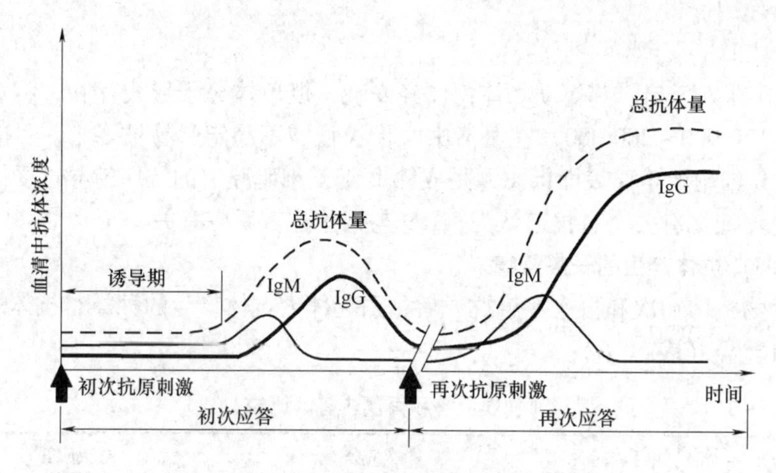

图6-12 抗体产生的一般规律示意图

2. 再次应答

动物机体再次接触与初次反应相同的抗原时，体内抗体产生的过程称为再次应答。再次应答有以下几个特点：

（1）潜伏期显著缩短 间隔一段时间，初次应答产生抗体量为下降期时，机体再次接触与第一次相同的抗原，机体产生抗体的潜伏期显著缩短，如细菌抗原仅2~3d。起初原有抗体的水平略有降低，接着抗体水平迅速上升，3~5d抗体水平即可达到高峰。

（2）抗体含量高，且维持时间较长 再次应答可产生高水平的抗体，比初次应答多达几倍至几十倍，甚至上千倍，而且可维持很长时间。

（3）产生的抗体大部分为IgG，IgM则很少，再次应答间隔的时间越长，机体越倾向于只产生IgG。

3. 回忆应答

动物机体受抗原物质刺激产生的抗体，经一定时间后在体内逐渐消失，此时若再次接触相同抗原物质，可使已消失的抗体迅速回升，称为抗体的回忆应答。

再次应答和回忆应答取决于体内记忆性 T 细胞和记忆性 B 细胞的存在。记忆性 T 细胞保留了对抗原分子抗原决定簇的记忆，在再次应答中，记忆性 T 细胞可被诱导，很快增殖分化成 T_H 细胞，对 B 细胞的增殖和抗体产生起辅助作用。记忆性 B 细胞为长寿细胞，可分为 IgG 记忆细胞、IgM 记忆细胞和 IgA 记忆细胞，此类细胞可以再循环。当机体与抗原物质再次接触时，各类记忆细胞均可被激活，迅速增殖分化为产生 IgG 和 IgM 的浆细胞，其中 IgM 记忆细胞寿命较短，所以再次应答间隔的时间越长，机体越倾向于只产生 IgG，而不产生 IgM。抗原物质经消化道和呼吸道等黏膜途径进入机体，可诱导产生分泌型 IgA，在局部黏膜组织发挥免疫效应。

根据抗体产生的一般规律，在预防接种时，间隔一定时间进行再次免疫，可起到强化免疫的功效。

（五）影响抗体产生的因素

抗体是机体免疫系统受抗原的刺激后产生的，因此影响抗体产生的因素在于抗原和机体两个方面。

1. 抗原方面

（1）抗原的性质　由于抗原的物理性状、化学结构和毒力的不同，对机体刺激的强度也不一样，因此机体产生抗体的速度和持续时间也不同。给机体注射颗粒性抗原，如细菌，经过 2～5d 血液中就出现抗体；如果给机体注射可溶性抗原，如注射破伤风类毒素，需 3 周左右血液中才出现抗毒素。

（2）抗原的用量　在一定限度内，抗体产生的量随抗原用量的增加而增加，但当抗原用量过多，超过了一定限度，抗体的形成反而受到抑制，称此为免疫麻痹。相反，抗原用量过少，又不足以刺激机体产生抗体。因此，在预防接种时，疫苗的用量必须按规定应用，不得随意增减。一般活苗用量较小，灭活苗用量较大。

（3）免疫次数及间隔时间　为了使机体获得较强并持久的免疫力，就必须进行强化免疫，需要刺激机体产生再次应答。活疫苗因为在机体内有一定程度的增殖，一般只需免疫 1 次即可，而灭活苗和类毒素通常需要连续免疫 2～3 次才能产生足够的抗体。灭活疫苗间隔 7～10d，类毒素需间隔 6 周左右。

（4）免疫途径　免疫的途径不同，抗原在体内停留的时间和接触的组织就不同，因而产生的免疫应答就有一定的差异。接种途径的选择应以能刺激机体产生良好的免疫反应为原则。不一定是自然感染的侵入门户，主要应根据各种不同感染的免疫机制加以考虑。

（5）佐剂的作用　免疫佐剂是一些本身没有免疫原性，但与抗原物质合并使用时，能非特异性地增强抗原物质的免疫原性和增强机体的免疫应答的物质。灭活苗的免疫原性较差，必须加入佐剂增强其免疫原性，以提高抗体的产量。在生产疫苗的实践中，常用的免疫佐剂有氢氧化铝胶、明矾（钾明矾、铵明矾）、磷酸钙、磷酸铝及白油等。

2. 机体方面

动物机体的遗传因素、年龄因素、营养状况、某些内分泌激素及疾病等均可影响抗体的产生。

各种先天性免疫缺陷病，如体液免疫缺陷、细胞免疫缺陷及吞噬作用缺陷等均可直接影响机体对抗原的免疫应答。

初生或出生不久的动物，免疫应答能力较差。其原因主要是免疫系统发育尚未健全，其次是受母源抗体的影响。母源抗体是指动物机体通过胎盘、初乳、卵黄等途径从母体获得的抗体。母源抗体可保护幼龄动物免于感染，但也能抑制或中和相应抗原。因此，给幼龄动物初次免疫时必须考虑到母源抗体的影响。一般来说，动物出生后要经过一定的时期才可以进行预防接种。老龄动物因免疫系统功能衰退，免疫功能逐渐下降，容易发生感染。机体的营养状况较差，尤其是缺乏蛋白质、某些氨基酸、维生素 A 和一些 B 族维生素，可显著降低抗体形成的能力。

另外，动物处于严重的感染期，免疫器官和免疫细胞遭受损伤，均会影响抗体形成。如感染传染性法氏囊病病毒的雏鸡，可使法氏囊受到损害，导致雏鸡体液免疫应答能力下降，影响抗体的产生。

（六）人工制备抗体的种类

1. 多克隆抗体

克隆是指一个细胞经无性增殖而形成的一个细胞群体。由一个 B 细胞增殖而来的 B 细胞群体即 B 细胞克隆。

一种天然抗原物质，无论是细菌抗原，还是病毒抗原，均由多种抗原成分所组成，即使是纯蛋白质抗原分子也含有多种抗原决定簇，将此种抗原经各种途径免疫动物，可激活许多淋巴细胞克隆，机体可产生针对各种抗原成分或抗原决定簇的抗体，由此获得的抗血清是一种多克隆的混合抗体，即为多克隆抗体（PcAb），又称第一代抗体。由于这种抗体是不均一的，具有高度的异质性，无论是对抗体分子结构与功能的研究，还是临床应用都受到很大限制，因此单克隆抗体的研究及应用前景广阔。

2. 单克隆抗体

一种类型的 B 细胞表面只有一种抗原受体，所以只识别一种抗原决定簇。由一个 B 细胞克隆针对单一抗原决定簇产生的抗体，称为单克隆抗体（McAb），又称第二代抗体。单克隆抗体是高度同质的纯净抗体。但在实际工作中应用的单克隆抗体并非如此生产而成，因为 B 细胞在体外无限增殖培养很难完成。1975 年，Kohler 和 Milstein 建立了体外淋巴细胞杂交瘤技术，用人工的方法将产生特异性抗体的B细胞与能无限增殖的骨髓瘤细胞融合，形成B细胞杂交瘤，这种杂交瘤细胞既具有骨髓瘤细胞无限增殖的特性，又具有B细胞分泌特异性抗体的能力，由这种克隆化的B细胞杂交瘤产生的抗体即为生产中应用的单克隆抗体，也称第二代抗体。此抗体具有多克隆抗体无可比拟的优越性，有高纯度、高特异性、均质性好、重复性好、效价高、成本低等特点，主要用于血清学技术、抗原纯化、肿瘤免疫治疗、抗独特型抗体疫苗的研制等方面。由于单克隆抗体的问世，推动了免疫学及相关学科的发展，使得这两位科学家于1984年获得诺贝尔奖。

四、免疫应答

（一）免疫应答概述

1. 免疫应答的概念

免疫应答是指动物机体的免疫系统在受到抗原物质刺激后，体内免疫细胞对抗原分子识别并产生一系列复杂的免疫连锁反应和特定的生物学效应，并最终清除异物的过程。这一过程主要包括抗原递呈细胞对抗原的处理、加工和递呈，T、B细胞对抗原的识别、活化、增殖与分化，最后产生效应分子——抗体与细胞因子，以及免疫效应细胞——细胞毒性T细胞（CTL）和迟发型变态反应性T细胞（T_{DTH}），并最终将抗原物质和再次进入机体的抗原物质清除。

免疫应答具有三大特点：一是特异性，即只针对某种特异性抗原物质而发生；二是具有一定的免疫期，免疫期的长短与抗原的性质、刺激强度、免疫次数和机体反应性有关，短则数月，长则数年，甚至终身；三是具有免疫记忆性，当机体再次接触相同的抗原时，能迅速大量增殖、分化成致敏淋巴细胞或浆细胞。通过免疫应答，动物机体可建立对抗原物质（如病原微生物）的特异性抵抗力，即免疫力。

2. 免疫应答的参与细胞及表现形式

参与机体免疫应答的核心细胞是T细胞和B细胞，巨噬细胞、树突状细胞等是免疫应答的辅佐细胞，也是免疫应答不可缺少的细胞。免疫应答的表现形式包括体液免疫和细胞免疫，分别由B细胞和T细胞介导。

（二）免疫应答的基本过程

免疫应答是一个十分复杂的生物学过程，除了由单核吞噬细胞系统和淋巴细胞系统协同完成外，在这个过程中还有许多细胞因子发挥辅助效应，是一个连续的不可分割的过程。为便于理解，可人为地划分为3个阶段，即致敏阶段、反应阶段和效应阶段（图6－13）。

1. 致敏阶段

致敏阶段又称感应阶段或识别阶段，是抗原物质进入体内，抗原递呈细胞对其识别、捕获、加工处理和递呈以及抗原特异性淋巴细胞（T细胞和B细

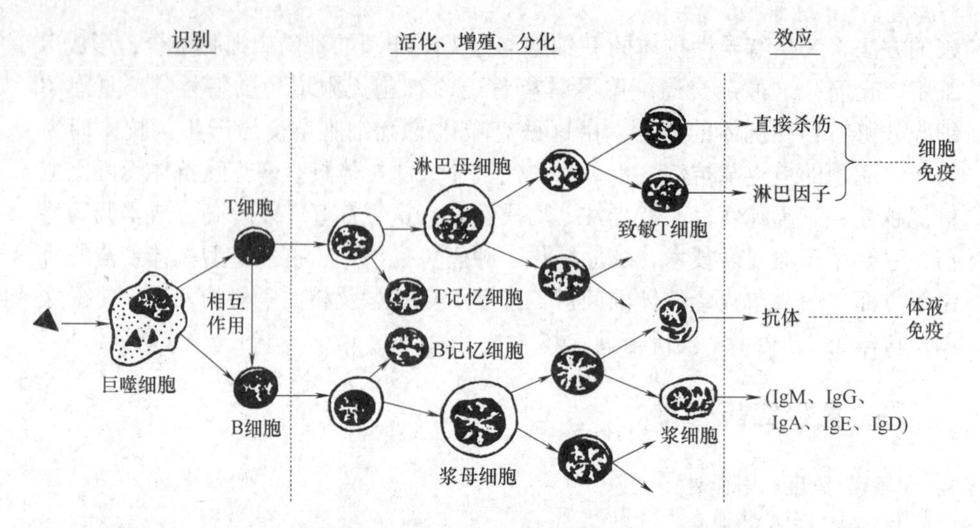

图 6-13　免疫应答基本过程示意图

胞）对抗原的识别阶段。

当抗原物质进入动物体内，机体的抗原递呈细胞首先对抗原物质进行识别，通过吞噬、吞饮作用或细胞内噬作用将其吞入细胞内，在细胞内经过胞内酶消化降解成抗原肽，抗原肽再与主要组织相容性复合体（MHC）分子结合形成抗原肽-MHC 复合物，然后被运送到抗原递呈细胞膜表面，以供 T 细胞和 B 细胞识别。

2. 反应阶段

反应阶段又称增殖分化阶段，是 T 细胞和 B 细胞识别抗原后活化，进行增殖与分化，以及产生效应性淋巴细胞和效应分子的过程。T 细胞增殖分化为淋巴母细胞，最终成为效应性 T 细胞，并产生多种细胞因子；B 细胞增殖分化为浆母细胞，最终成为浆细胞，由浆细胞合成并分泌抗体。一部分 T 细胞、B 细胞在分化过程中变为记忆细胞（Tm 和 Bm）。这个阶段有多种细胞间的协作和多种细胞因子的参与。

3. 效应阶段

效应阶段是由活化的效应性细胞——细胞毒性 T 细胞（CTL）与迟发型变态反应性 T 细胞（T_{DTH}）和效应分子——抗体与细胞因子发挥体液免疫效应和细胞免疫效应的过程，这些效应细胞与效应分子共同作用清除抗原物质。

（三）免疫应答的分类

1. 细胞免疫

由 T 细胞介导的免疫应答称为细胞免疫。T 细胞在抗原的刺激下活化，增殖、分化为效应性 T 细胞（CTL、T_{DTH} 细胞）并产生细胞因子，直接杀伤或激活其它细胞杀伤、破坏抗原或靶细胞，从而发挥免疫效应。

在细胞免疫应答中最终发挥免疫效应的是效应性 T 细胞和细胞因子。效应性T细胞主要包括细胞毒性T细胞（简称CTL细胞）和迟发型变态反应性T细胞（简称T_{DTH}细胞或T_D细胞）；细胞因子是细胞免疫的效应分子，对细胞性抗原的清除作用较抗体明显。

在此描述的细胞免疫指的是特异性细胞免疫，广义的细胞免疫还包括吞噬细胞的吞噬作用，K细胞和NK细胞等介导的细胞毒性作用。

2. 体液免疫

由B细胞介导的免疫应答称为体液免疫。体液免疫效应是由B细胞通过对抗原的识别、活化、增殖，最后分化成浆细胞并合成分泌抗体来实现的，因此抗体是介导体液免疫效应的效应分子。

五、特异性免疫的抗感染作用

一般情况下，机体内的体液免疫和细胞免疫是同时存在的，它们在抗微生物感染中相互配合，以清除入侵的病原微生物，保持机体内环境的平衡和稳定。

（一）细胞免疫的抗感染作用

1. 抗胞内菌感染

胞内菌包括结核分枝杆菌、布鲁菌、李斯特菌等。抗胞内菌感染主要是细胞免疫。效应性T细胞与其释放的细胞因子一起参加细胞免疫，以清除抗原和携带抗原的靶细胞，发挥抗感染作用。

2. 抗真菌感染

深部感染的真菌，如白色念珠菌、球孢子菌等，可刺激机体产生特异性抗体和细菌免疫，其中以细胞免疫更为重要。

3. 抗病毒感染

细菌免疫在抗病毒感染中起重要作用。细胞毒性T细胞能特异性杀灭病毒或裂解感染病毒的细胞。各种效应T细胞释放细胞因子，或破坏病毒，或增强吞噬作用，其中的干扰素还能抑制病毒的增殖等。

（二）体液免疫的抗感染作用

1. 中和作用

抗毒素与相应的毒素结合，可改变毒素分子的构型而使其失去毒性作用；抗体与病毒结合后，可阻止病毒侵入易感染细胞，保护细胞免受感染。

2. 免疫溶解作用

对于一些革兰阴性菌（如霍乱弧菌）和某些原虫（如锥虫），与体内相应的抗体结合后，可激活补体，最终导致菌体或虫体溶解。带病毒抗原的感染细胞与抗体结合后，可激活补体引起感染细胞的溶解。

3. 免疫调理作用

对于一些毒力比较强的细菌，特别是有荚膜的细菌，相应的抗体（IgG或

IgM）与之结合后，则易受到单核吞噬细胞的吞噬，若再激活补体形成细菌－抗体－补体复合物，则更容易被吞噬细胞吞噬，抗体的这种作用称为免疫调理作用。这是由于单核吞噬细胞表面具有抗体分子的 Fc 片段和 C_{3b}的受体，体内形成的抗原－抗体或抗原－抗体－补体复合物容易受到它们的捕获。

4. 局部黏膜免疫作用

许多病原体能吸附于黏膜上皮细胞，成为黏膜感染的重要条件。由黏膜固有层中的浆细胞产生的分泌型 IgA 是机体抵抗从呼吸道、消化道及泌尿生殖道感染的病原微生物的主要防御力量，分泌型 IgA 可阻止病原微生物吸附黏膜上皮细胞。

5. 抗体依赖性细胞介导的细胞毒作用（ADCC）

一些效应性淋巴细胞（如 K 细胞），其表面具有抗体分子（IgG）的 Fc 片段的受体，当抗体分子与相应的靶细胞（如肿瘤细胞）结合后，形成抗原－抗体复合物时，效应细胞就可借助于 Fc 受体与抗体的 Fc 片段结合，从而发挥其细胞毒作用，将靶细胞杀死。这种作用相当有效，当体内只有微量抗体与抗原结合，尚不足以激活补体时，K 细胞就能发挥杀伤作用（参见图 6－6）。

具有 ADCC 作用的效应细胞有 K 细胞、NK 细胞和巨噬细胞等。

6. 对病原微生物生长的抑制作用

一般而言，细菌的抗体与细菌结合后，不会影响其生长和代谢，仅表现为凝集和制动现象。只有支原体和钩端螺旋体，其抗体与之结合后可表现出生长的抑制作用。

六、特异性免疫的获得途径

动物机体获得的特异性免疫有主动免疫和被动免疫两种途径。不论主动免疫还是被动免疫，都可以通过天然和人工两种方式获得。在生产实践中巧妙利用主动免疫和被动免疫，是控制动物传染病的有力措施。

（一）主动免疫

主动免疫是动物机体免疫系统受抗原刺激后，由其自身主动产生的特异性免疫力。包括天然主动免疫和人工主动免疫。

1. 天然主动免疫

动物患某种传染病痊愈后，或发生隐性传染后可产生特异性免疫力，称为天然主动免疫。某些天然主动免疫一旦建立，即能持续较长时间（数年或终生）。如猪感染猪瘟耐过后可以获得较长时间的对猪瘟的免疫力。

2. 人工主动免疫

人工给动物机体接种抗原物质（如疫苗、类毒素），刺激机体免疫系统发生应答反应而产生特异性免疫力，称为人工主动免疫。其免疫期持续时间较长，可达数月甚至数年，而且有回忆反应，某些疫苗免疫后，可产生终身免疫。人工主动免疫不能立即产生免疫力，需要一定的诱导期，如病毒抗原需 3 ~4d、细菌抗原需 5 ~7d、毒素抗原需 2 ~3 周，所以在免疫防制中应充分考虑到这一点。动物机体对重复免疫接种可不断产生再次应答反应，从而使这种免疫保护得到加强和延长。人工主动免疫是预防和控制畜、禽传染病的重要措施之一。

（二）被动免疫

被动免疫是动物通过被动接受其它个体产生的抗体而获得的特异性免疫力。包括天然被动免疫和人工被动免疫。

1. 天然被动免疫

新生动物通过母体胎盘、初乳或卵黄从母体获得母源抗体而获得的特异性免疫力，称为天然被动免疫。天然被动免疫持续时间较短，只有数周至几个月，但对保护幼龄动物免于感染具有重要意义。家畜的初乳中含有丰富的分泌型 IgA，因而使初生动物吃足初乳是必不可少的保健措施。

天然被动免疫是动物疫病免疫防制中非常重要的措施之一，在临诊上应用广泛。由于动物在生长发育的早期（如胎儿和幼龄动物），免疫系统还不够健全，对病原体感染的抵抗力较弱，此时通过初乳或卵黄获得母源抗体增强免疫力，可抵抗一些病原微生物的感染，以保证早期的生长发育。实际生产中，可通过给母畜（或种禽）实施疫苗免疫接种，使其产生高水平的母源抗体。如用小鹅瘟疫苗免疫母鹅以防雏鹅患小鹅瘟，母猪产前免疫伪狂犬病疫苗，可保护仔猪免受伪狂犬病病毒的感染。然而母源抗体的存在也有其不利的一面，其可干扰弱毒疫苗对幼龄动物的免疫效果，是导致免疫失败的原因之一。

2. 人工被动免疫

给动物机体注射免疫血清、康复动物血清或卵黄抗体等而获得的特异性免疫力，称为人工被动免疫。

如抗犬瘟热病毒血清可防治犬瘟热，精制的破伤风抗毒素可防治破伤风，用卵黄抗体进行鸡传染性法氏囊病的紧急防制，尤其是患病毒性传染病的珍贵动物，用抗血清防治更有意义。

注射免疫血清可使抗体立即发挥作用，无诱导期，免疫力出现快，但由于抗体在体内逐渐减少，所以免疫力维持时间短，根据半衰期的长短，一般只维持 2 ~3 周，多用来治疗和紧急预防。

任务四 | 变态反应

一、概述

变态反应是指免疫系统对再次进入机体的抗原物质作出过于强烈或不适当

的导致机体生理功能紊乱或组织器官损伤的一类免疫反应，又称超敏反应。除了伴有炎症反应和组织损伤外，与维持机体正常功能的免疫反应并无实质性区别。引起变态反应的物质，称为变应原。

二、变态反应的类型

根据变态反应中参与的细胞、活性物质、损伤组织器官的机制以及产生反应所需要的时间等，可将变态反应分为Ⅰ、Ⅱ、Ⅲ、Ⅳ 4 个类型，即过敏反应型（Ⅰ型）、细胞毒型（Ⅱ型）、免疫复合物型（Ⅲ型）和迟发型（Ⅳ型）。其中，前 3 型是由抗体介导的，共同特点是反应发生快，故又称速发型变态反应；Ⅳ型则是由 T 细胞介导的，与抗体无关，反应发生慢，故称为迟发型变态反应。

（一）过敏反应型（Ⅰ型）变态反应

过敏反应是指机体再次接触抗原时引起的以在数分钟至数小时内出现急性炎症为特点的反应。引起过敏反应的抗原又称过敏原。

1. 参与过敏反应的成分

（1）过敏原　引起过敏反应的过敏原多种多样，可以是完全抗原，如植物花粉、粉尘、昆虫产物、霉菌孢子、动物毛发和皮屑、食物、异种动物血清、疫苗等；也可以是半抗原，如青霉素、磺胺类和奎宁等药物。半抗原性药物进入机体与组织蛋白结合，才可获得免疫原性。这些过敏原可通过呼吸道、消化道、皮肤或黏膜等多种途径进入动物机体，先使机体处于致敏状态，相同过敏原再次进入时即出现变态反应。

（2）IgE　IgE 是介导Ⅰ型变态反应的抗体。IgE 是一种亲细胞性的过敏性抗体，其重链的恒定区有 C_{H4}，是与肥大细胞和嗜碱性粒细胞表面的 Fc 受体结合的部位。

（3）肥大细胞和嗜碱性粒细胞　肥大细胞和嗜碱性粒细胞含有大量的膜性结合颗粒，分布于整个细胞质内，颗粒内含有有药理作用的活性介质，可引起炎症反应。此外，大多数肥大细胞还可分泌一些细胞因子，包括 IL-1、IL-3、IL-4、IL-5、IL-6、GM-CSF、TGF-β 和 TNF-α，这些细胞因子可发挥多种生物学效应。

2. Ⅰ型变态反应的机制

过敏原首次进入机体引起免疫应答，即在 APC 和 T_H 细胞作用下，刺激机体产生亲细胞性的过敏性抗体 IgE。IgE 与皮肤、消化道和呼吸道黏膜毛细血管周围组织中的肥大细胞和血液中嗜碱性粒细胞表面 Fc 受体结合，使之致敏，机体处于致敏状态。

当过敏原再次进入致敏状态的机体时，与肥大细胞和嗜碱细胞表面的特异性 IgE 抗体结合，形成抗原-抗体复合物，导致相邻的两个 IgE 分子或者表面

IgE 受体分子被交联，细胞内的颗粒脱出，并释放出具有药理作用的活性介质，如组胺、缓激肽（缓慢反应物质 A）、5 - 羟色胺、白细胞三烯、前列腺素和过敏毒素等。这些介质可作用于不同组织，能引起炎症反应，导致毛细血管扩张和通透性增加、血压下降、皮肤黏膜水肿、腺体分泌增多及呼吸道和消化道平滑肌痉挛等一系列临诊反应，出现过敏反应症状。若反应发生在呼吸道，可出现喷嚏、流涕、哮喘、呼吸困难、肺水肿等；发生在消化道，可出现呕吐、腹痛和腹泻；发生在皮肤，可出现皮肤红肿和荨麻疹；发生于全身，则可引起过敏性休克，甚至死亡。

3. 临床诊断常见的疾病

（1）过敏性休克　过敏性休克是最严重的一种 I 型变态反应性疾病，主要是由药物（如青霉素）或异种血清引起。

（2）呼吸道过敏反应　少数机体吸入植物花粉、细菌、动物皮屑等抗原物质时，可出现发热、鼻部发痒、喷嚏、流涕等过敏性鼻炎症状，或发生气喘、呼吸困难等外源性支气管哮喘症状等。

（3）消化道过敏反应　主要表现为过敏性胃肠炎。少数机体食入鱼、虾、蟹、蛋等，可出现呕吐、腹痛、腹泻症状。

（4）皮肤过敏反应　主要表现为皮肤荨麻疹、湿疹或血管性水肿。可由食物、药物、花粉、羽毛、冷、热、日光、感染病灶、肠道寄生虫等引起。

（二）细胞毒型（Ⅱ型）变态反应

Ⅱ型变态反应由抗体直接作用于细胞或组织上的抗原，引起细胞损伤或溶解，所以又称抗体依赖性细胞毒型或细胞溶解型变态反应。是由 IgG 或 IgM 类抗体与细胞表面的抗原结合，或与吸附于细胞表面的相应抗原、半抗原结合，在补体、吞噬细胞及 NK 细胞等参与下，引起的以细胞裂解死亡为主的病理损伤。

1. Ⅱ型变态反应的机制

引起Ⅱ型变态反应的变应原可以是体内细胞本身的表面抗原，如血型抗原；也可以是吸附在细胞表面的抗原，如药物半抗原、荚膜多糖、细菌内毒素脂多糖等，药物半抗原等可与血细胞牢固地结合形成完全抗原。这两种抗原均能刺激机体产生细胞溶解性抗体（IgG 和 IgM），这些抗体与细胞上的相应抗原结合，或与吸附于细胞表面的相应抗原、半抗原发生特异性结合反应，形成抗原 - 抗体 - 血细胞复合物。通过以下 3 种途径将复合物中的血细胞杀死：激活补体系统，引起靶细胞溶解；促进吞噬细胞的吞噬作用（调理作用），吞噬破坏靶细胞；通过结合 K 细胞、NK 细胞等 ADCC 作用杀伤靶细胞。

2. 临床诊断常见的疾病

（1）输血反应　输入血液的血型不同，就会造成输血反应，严重的可以导致死亡。原因是在红细胞表面存在着各种抗原，而在不同血型的个体血清中有相应的抗体（称为天然抗体），通常为 IgM。当输血者的红细胞进入不同血型受血者的血管内时，红细胞与抗体结合而凝集，并激活补体系统，产生血管内溶血；在局部则形成微循环障碍等。在输血过程中除了针对红细胞抗原，还有针对血小板和淋巴细胞抗原的抗体反应，但因为它们数量较少，故反应不明显。

（2）新生畜溶血性贫血　这也是一种因血型不同而产生的溶血反应。以新生骡驹为例，有8%～10%的骡驹发生此种溶血反应。原因是骡的亲代血型抗原差异较大，所以母马在妊娠期间或初次分娩时容易被致敏而产生抗体。此种抗体通常经初乳进入新生驹的体内引起溶血反应。所以在临床诊断中，初产母马的幼驹发生的可能性较经产的要少。

（3）自身免疫溶血性贫血　抗自身细胞抗体或在红细胞表面沉积免疫复合物而导致的溶血性贫血。药物及其代谢产物可通过以下几种形式产生抗红细胞的（包括自身免疫病）反应：抗体与吸附于红细胞表面的药物结合并激活补体系统；药物与相应的抗体形成的免疫复合物通过 C_{3b} 或 FC 受体吸附于红细胞，激活补体而损伤红细胞；在药物的作用下，使原来被“封闭”的自身抗原产生自身抗体。

（4）其它　有些病原微生物（如沙门菌的脂多糖、马传染性贫血病毒、阿留申病病毒和一些原虫）的抗原成分能吸附于宿主红细胞，这些表面有微生物抗原的红细胞受到自身免疫系统的攻击而产生溶血反应。在器官或组织的受体已有相应抗体时，被移植的器官在几分钟或48h后发生排斥反应。在移植中发生排斥的根本原因是受体与供体间 MHC－Ⅰ类抗原不一致。

（三）免疫复合物型（Ⅲ型）变态反应

Ⅲ型变态反应是机体在某些状态下，抗原与体内相应的抗体（IgG、IgM）结合形成的免疫复合物未被单核吞噬细胞系统等及时清除，则可在局部或其它部位的毛细血管内沿其基底膜沉积，激活补体吸引中性粒细胞的聚集，从而引起血管及其周围的炎症，故又称免疫复合物型或血管炎型变态反应。

1. Ⅲ型变态反应的机制

引起Ⅲ型变态反应的变应原可以是异种动物血清、微生物、寄生虫和药物等。参与反应的抗体主要为IgG，也有IgM和IgA。

某些病原微生物、异种动物血清等抗原进入机体，能刺激机体产生相应的抗体（IgG、IgM或IgA），这些抗原与相应的抗体结合形成抗原－抗体复合物，即免疫复合物。

因抗原、抗体的比例不同，形成的复合物大小和溶解性也不同。当抗原、抗体比例合适或抗体量略多于抗原量时，可形成颗粒较大的不溶性免疫复合物，易被吞噬细胞吞噬、消化、降解而清除；当抗原量过多于抗体量时，则形成细小的可溶性复合物，易通过肾小球滤过而随尿液排出体外。所以上述两种复合物对机体都没有损害作用。只有当抗原量略超过抗体量时，可形成中等大小的免疫复合物，不易被机体排出，故会较长时间存留在血流中，当血管壁通透性增高时，可沉积于血管壁、肾小球、关节滑膜和皮肤等组织上，激活补体，引起相应的组织器官的炎症、水肿、出血和局部组织坏死等一系列反应。

2. 临诊常见的疾病

（1）血清病 血清病是因血循环中免疫复合物吸附并沉积于组织，导致血管通透性增高和形成炎性病变，如肾炎和关节炎。如在使用异种抗血清治疗时，一方面抗血清具有中和毒素作用，另一方面异源性蛋白质可诱导相应的免疫应答。通常在给动物机体初次注射大量的抗毒素血清后1～2周内发生。发生原因是异种抗血清刺激机体产生的抗体与局部尚未被完全排除的抗毒素血清（抗原）结合成中等大小的免疫复合物，可经循环系统遍布全身，引起局部红肿、全身皮疹、发热、关节肿痛、淋巴结肿大、嗜中性粒细胞减少、蛋白尿、肾损伤等全身反应。某些药物如青霉素、磺胺等，如长期使用，也能发生类似的血清病样反应，称为药物热。

（2）自身免疫复合物病 一些自身免疫疾病常伴有Ⅲ型变态反应，由于自身抗体和抗原以及相应的免疫复合物持续不断地生成，超过了单核吞噬细胞系统的清除能力，于是这些复合物也同样吸附并沉积在周围的组织器官。全身红斑狼疮属于这类疾病，细胞核物质（如DNA、RNA、核内可溶性蛋白）抗原与抗原-抗体复合物沉积于全身各个部位，引起损伤。

（3）局部免疫复合物病（Arthus反应） 由于多次皮下注射同种可溶性抗原，形成中等大小的免疫复合物并沉积在注射抗原的局部毛细血管壁上，激活补体系统，招引中性粒细胞积聚等，最后导致组织损伤，引起的局部炎症反应，如局部发生水肿、出血和血栓，严重时可发生组织坏死。这种现象是1903年由Arthus发现的，他在给家兔或豚鼠皮下反复注射马血清后，注射部位可出现细胞浸润。若再次注射，局部则发生水肿、出血、坏死等剧烈炎症反应，故被称为Arthus反应。糖尿病患者注射胰岛素，局部出现红肿，也是局部免疫复合物病。

（4）由感染病原微生物引起的Ⅲ型变态反应疾病 在慢性感染过程中，如α-溶血性链球菌或葡萄球菌性心内膜炎，或病毒性肝炎、寄生虫感染等，这些病原持续刺激机体产生弱的抗体反应，并与相应抗原结合形成免疫复合物，吸附并沉积在周围的组织器官。

（四）迟发型（Ⅳ型）变态反应

Ⅳ型变态反应是由效应T细胞与相应抗原作用后，引起的以单核细胞浸润和组织细胞损伤为主要特征的炎症反应。反应发生缓慢，当机体再次接受相同抗原刺激后，通常需经12～72h或更长时间方可出现炎症反应，因此又称迟发型超敏反应。与抗体和补体无关，而与效应T细胞和吞噬细胞及其产生的细胞因子或细胞毒性介质有关。

1. Ⅳ型变态反应的机制

引起Ⅳ型变态反应的变应原可以是微生物、寄生虫和异体组织或是以蛋白质为载体结合的半抗原复合物（如某些药物）。

迟发型变态反应属于典型的细胞免疫反应。当机体受到某种变应原刺激时，使T细胞母细胞化，进一步分化成效应性T细胞，使机体致敏，当机体再次接触相同抗原时，效应性T细胞释放多种细胞因子，吸引和激活吞噬细胞向抗原集中，并加强吞噬，形成以单核细胞、淋巴细胞等为主的局部浸润，导致局部组织肿胀、化脓等炎性变化。同时巨噬细胞释出的溶酶体酶能损伤邻近组织细胞，使组织变性甚至坏死。再加上皮肤反应因子和淋巴毒素的作用，使局部毛细血管通透性增加而充血、水肿。在反应中，淋巴毒素、杀伤性T细胞均能直接杀伤靶细胞。此型反应表现较突出的是局部炎症。

迟发型变态反应是机体的一种超常性细胞免疫反应，说明机体中T细胞功能活跃，对于某些胞内寄生菌（如结核杆菌、副结核杆菌、布鲁菌等）和病毒等外来抗原具有细胞免疫力。由于反应过于强烈，造成组织的严重损伤，于机体不利；如果是组织移植，这种反应显然有害。

2. 临床诊断常见的疾病

（1）接触性皮炎　接触性皮炎是指人和动物接触部位的皮肤湿疹。致敏原通常是药物、油漆、染料、某些农药和塑料等小分子半抗原，在正常情况下，这类物质并无抗原性，但它们进入皮肤，可与表皮细胞内的胶原蛋白和角质蛋白等结合形成完全抗原，使T细胞致敏。当机体再次接触同一变应原后，24h发生皮肤炎症反应，48～96h达高峰，表现为局部红肿、硬节、水疱、奇痒，严重者可发生剥脱性皮炎、糜烂和继发感染化脓，慢性表现为丘疹和鳞屑。这类变态反应与化脓性感染的区别在于病变部位缺少中性多形粒细胞。犬常发生这类皮炎。

（2）传染性变态反应　结核分枝杆菌、布鲁菌、鼻疽杆菌等细胞内寄生菌，在传染的过程中，能引起以细胞免疫为主的Ⅳ型变态反应。这种变态反应是以病原微生物或其代谢产物作为变应原所引起的，是在传染过程中发生的，因此称为传染性变态反应。临床上对于这些细胞内寄生菌引起的慢性传染病，常利用传染性变态反应来诊断。如结核菌素试验就是典型的传染性变态反应。

结核菌素作为牛结核病诊断皮肤试验的抗原。按《动物检疫操作规程》规定，将结核菌素注射于被检牛只颈侧中部上1/3处，皮内注射0.1mL（10万IU/mL）。72h后观察，患结核病的动物机体主要表现为局部血管扩张和通透性增加，单核吞噬细胞浸润，可见明显红肿硬节的局部炎症反应，根据皮肤肿胀面积和肿胀皮厚度即可判定。结核菌素试验阳性，表明该动物已感染结核病，为检疫提供可靠的诊断依据。利用鼻疽菌素进行鼻疽病的检疫原理也是如此。

（3）移植排斥反应　B细胞和T细胞均参与移植排斥反应，但T细胞介导的迟发型超敏反应与细胞毒作用对移植物的排斥起着重要的作用。在典型同种异体间的移植排斥反应中，受者的免疫系统首先被供体的组织抗原所致敏。克隆增殖后，T 细胞到达靶器官，识别移植的异体抗原，启动一系列变化，导致淋巴细胞和单核细胞局部浸润等炎症反应甚至移植器官的坏死。

（4）肉芽肿变态反应　在迟发型变态反应中肉芽肿具有重要的临诊意义。在许多细胞介导的免疫反应中都产生肉芽肿，其原因是微生物持续存在并刺激巨噬细胞，而后者不能溶解消除这些异物。

上述 4 型变态反应可部分同时存在于同一个体，同一种变应原也可能引起不同型的变态反应。如青霉素可引起过敏性休克（Ⅰ型）、溶血性贫血（Ⅱ型）、血清病（Ⅲ型）、接触性皮炎（Ⅳ型）。

三、变态反应的防治

防治变态反应的发生要从变应原及机体的免疫反应两方面考虑。临床上采取的防治措施有以下几个方面。

1. 确定变应原

要尽可能找出变应原，避免动物与之再次接触。查找过敏源可通过询问病史和皮试来完成。

2. 脱敏疗法

用急性脱敏疗法改善机体的异常免疫反应，主要是避免动物血清过敏症的发生。方法是：在给动物大剂量注射异种免疫血清之前，可将血清加温至30℃后使用，并且先少量多次皮下注射血清（0.2～2.0mL/次），间隔 15min 后再注射中等剂量血清（10～100mL/次），若无严重反应，15min 后可注射全量血清。其原理是：小剂量变应原注入已致敏机体，与肥大细胞和嗜碱性粒细胞表面的少量 IgE 结合，释放少量的组胺等活性物质，不至于引发临床症状，活性物质很快失活，经短时间间隔，多次注射变应原，使体内 IgE 消耗完，最后注射完剩余的血清便不会发病。但这种脱敏是暂时的，该机体以后再注射免疫血清，机体将重建敏感状态。

3. 药物治疗

如果动物在注射后短时间内出现不安、颤抖、出汗或呼吸急促等急性全身性过敏反应症状，首先用 0.1% 的肾上腺素皮下注射（大动物 5～10mL、中小动物 2～5mL），并采取其它对症治疗措施。常用的药物有肾上腺糖皮质激素如地塞米松、氢化可的松等，抗组胺药物如苯海拉明、扑尔敏、异丙嗪等，钙制剂如葡萄糖酸钙、氯化钙等。在动物可能接触过敏源之前，一定预先制备好 0.1% 的肾上腺素溶液备用。

1. 名词解释

传染、易感动物、免疫、非特异性免疫、特异性免疫、补体、免疫活性细胞、免疫辅佐细胞、抗原递呈细胞、杀伤细胞、自然杀伤细胞、ADCC 作用、细胞因子、抗原、完全抗原、半抗原、免疫原性、反应原性、抗原决定簇、抗体、抗抗体、佐剂、母源抗体、单克隆抗体、免疫应答、体液免疫、细胞免疫、免疫调理作用、天然主动免疫、人工主动免疫、天然被动免疫、人工被动免疫、变态反应、变应原、传染性变态反应。

2. 举例说明传染的发生需要具备哪些条件。

3. 如何理解“免疫”的概念？免疫的基本功能是什么？

4. 说明免疫与传染的关系。

5. 非特异性免疫的构成因素有哪些？

6. 补体被激活后可以发挥哪些生物学作用？

7. 免疫器官有哪些，各有何功能？

8. 简述免疫细胞的组成及其作用。

9. 什么是抗原？构成抗原的基本条件有哪些？

10. 说出重要的微生物抗原有哪些。

11. 免疫球蛋白的基本结构分几个区？各区有什么功能？

12. 动物机体有哪几种免疫球蛋白，各有何功能？

13. 根据免疫学知识，分析为什么有些疫苗需要接种两次或两次以上，同时还必须按一定的剂量和途径。

14. 简述免疫应答的基本过程。

15. 简述细胞免疫和体液免疫的抗感染作用。

16. 变态反应有哪些主要类型？

17. 在变态反应发生过程中有哪些类型的抗体参与？

18. 如何防止变态反应的发生？

项目七 血清学试验

【知识目标】

掌握血清学试验的概念、种类及应用；理解凝集试验、沉淀试验、补体结合试验、中和试验及免疫标记技术的原理。

【技能目标】

能运用凝集试验、沉淀试验、荧光抗体技术、酶联免疫吸附试验进行未知抗原或抗体的检测。

任务一 | 血清学试验概述

一、血清学试验的概念

抗原与相应的抗体无论在体内还是体外均能发生特异性结合反应。在体内发生的抗原抗体反应是体液免疫应答的效应作用；体外的抗原抗体结合反应主要用于检测抗原或抗体，用于免疫学诊断。因抗体主要存在于血清中，所以将体外发生的抗原抗体结合反应称为血清学试验或血清学反应。血清学试验具有高度的特异性和较高的敏感性，广泛应用于微生物的鉴定、传染病及寄生虫病的诊断、监测及定量分析。

二、血清学试验的特点

血清学试验是利用抗原抗体能够发生特异性结合的特点设计并进行的，因此具有特异性、交叉性、敏感性、可逆性、反应的二阶段性、最适比例与带现象、用已知测未知等特点。

（一）特异性和交叉性

血清学试验具有高度的特异性。即一种抗原只能和其相应的抗体结合，不能与其它抗体发生反应。如抗猪瘟病毒的抗体只能与猪瘟病毒结合而不能与蓝耳病病毒或其它病毒结合，这种抗原抗体的特异性可用于检测、分析、鉴定各种抗原和进行疾病的诊断。

较大分子的抗原常含有多种抗原决定簇，如果两种不同的抗原之间含有部分共同的抗原决定簇，则可发生交叉反应。如肠炎沙门菌的血清能凝集鼠伤寒沙门菌。一般来说，抗原之间亲缘关系越近，其抗体交叉反应的程度越高，交叉反应也是区分细菌血清型和亚型的重要依据。

（二）敏感性

血清学试验不仅具有高度的特异性，而且还具有高度的敏感性。不仅可进行定性检测，还可以定量检测微量、极微量的抗原或抗体，其敏感度大大超过当前所应用的化学分析方法。血清学试验的敏感性视其种类而异。

（三）可逆性

抗原与抗体的结合是分子表面的结合，这种结合虽相对稳定但也是可逆的，二者在一定条件下仍可分离。其结合条件为 0 ~ 40℃、pH 4 ~ 9。如温度超过 60℃或 pH 降到 3 以下，或加入解离剂（如硫氰化钾、尿素等），抗原 - 抗体复合物又可重新解离，并且分离后的抗原或抗体的性质仍不改变。如免疫亲和层析技术，常利用改变反应环境 pH 及离子强度促使抗原 - 抗体复合物解离，进而分离纯化抗原或抗体。

（四）反应的二阶段性

第一阶段为抗原与抗体的特异性结合阶段，此阶段反应快，仅数秒至数分钟，但不出现可见反应。第二阶段为可见阶段，这一阶段抗原 - 抗体复合物在环境因素（如电解质、pH、温度、补体）的影响下出现各种可见反应，如表现为凝集、沉淀、补体结合、颜色变化等。此阶段反应慢，需数分钟、数十分钟或更久，此阶段受电解质、pH、温度等因素的影响。为加速第二反应阶段的进行，常采用最适条件，如最适合 pH 为 6 ~ 8、最适合温度为 37℃等，以增加抗原抗体结合速度，加速可见反应的出现。

（五）最适比例与带现象

抗体单体为二价，如 IgG 有 2 个结合点，分泌型 IgA 有 4 个结合点，抗原为多价，一般具有 10 ~ 50 个不等的结合点，因此只有二者比例合适时，抗原抗体才结合的最充分，形成的抗原 - 抗体复合物最多，反应最明显，结果出现最快，才出现凝集、沉淀等可见的反应现象，称为等价带。如果抗原过多或抗体过多，则抗原与抗体的结合不能形成大复合物，抑制可见反应的出现，称为带现象。当抗体过量时，称为前带现象；抗原过多时，称为后带现象。为克服带现象，在进行血清学反应时，需将抗原或抗体作最适稀释，通常是固定一种成分，稀释另一种成分。如凝集反应时，因抗原为大的颗粒状抗原，容易因抗体过多出现前带现象，因而需要将抗体作递进稀释，固定抗原浓度。而沉淀反应的抗原分子为小分子的可溶性抗原，容易因抗原过多而出现后带现象，则需要稀释抗原。

（六）用已知测未知

所有的血清学试验都是用已知抗原测定未知抗体或用已知抗体测定未知抗原，在整个反应中只能有一种是未知的，但可以用两种或两种以上的已知材料检测一种未知材料。

三、影响血清学试验的因素

影响血清学试验的因素很多，既有反应物自身的因素，也有环境条件因素。

1. 抗体

抗体是血清学试验中的关键因素，它对反应的影响可来自以下几个方面：

（1）抗体的来源 不同动物的免疫血清，其反应性也存在差异。如家兔、豚鼠等多数实验动物的免疫血清具有较宽的等价带，一般在抗原过量时才易出现可溶性免疫复合物；人和马的免疫血清等价带较窄，抗原或抗体的少量过剩便易形成可溶性免疫复合物；家禽的免疫血清不能结合哺乳动物的补体，并且在高盐浓度溶液中沉淀现象才表现明显。

（2）抗体的浓度 血清学试验中，抗体的浓度往往是与抗原相对而言。为了得到合适的浓度，在许多实验之前必须认真滴定抗体的水平，以求得最佳实验结果。

（3）抗体的特异性与亲和力 抗体的特异性与亲和力是血清学反应中的两个关键因素，但这两个因素往往难以两全其美。例如，早期获得的动物免疫血清特异性较好，但亲和力偏低；后期获得的免疫血清一般亲和力较高，但长期免疫易使免疫血清中抗体的类型和反应性变得复杂；单克隆抗体的特异性毋庸置疑，但其亲和力较低，一般不适用于低灵敏度的沉淀反应或凝集反应。

2. 抗原

抗原的理化性状、抗原决定簇的数目和种类等均可影响血清学试验的结果。例如可溶性抗原与相应抗体可产生沉淀反应，而颗粒性抗原的反应类型是凝集；单价抗原与抗体结合不出现可见反应；粗糙型细菌在生理盐水中易发生自凝，这些都需要在实验中加以注意。

3. 电解质

抗原与抗体发生特异性结合后，在由亲水胶体变为疏水胶体的过程中，须有电解质参与才能进一步使抗原－抗体复合物失去电荷，水化层被破坏，复合物相互靠拢聚集形成大块的凝集或沉淀。若无电解质参与，则不出现可见反应。为了促使沉淀物或凝集物的形成，一般用浓度0.85%～0.9%的NaCl溶液作为抗原和抗体的稀释剂与反应溶液。特殊需要时也可选用较为复杂的缓冲液，例如在补体参与的溶细胞反应中，除需要等渗NaCl溶液外，还需要加入适量的Mg^{2+}和Ca^{2+}，可以促进反应的可见性。如果反应系统中电解质浓度低甚至无，抗原抗体不易出现可见反应，尤其是沉淀反应。但如果电解质浓度过高，则会出现非特异性蛋白质沉淀，即盐析。

4. 酸碱度

血清学试验需要在适当的pH条件中进行，常用的pH为6～8。抗体或抗原大部分都是蛋白质，具有两性电离性质，都有固定的等电点。酸碱度过高或过低，都可直接影响抗原或抗体的反应性，导致已经结合的抗原-抗体复合物重新解离。若pH降回等电点时，会发生非特异性凝集，出现假象。

5. 温度

抗原抗体反应的温度适应范围比较宽，而且温度升高可增加抗原抗体接触机会，加速反应进行；但若温度高于56℃时，可导致已结合的抗原抗体再解离，甚至变性或破坏；在40℃时，结合速度慢，但结合牢固，更易于观察。温度低，反应时间延长，反应充分。故常用的抗原抗体反应温度为37℃。但每种试验都可能有其独特的最适反应温度，例如冷凝集素在4℃左右与红细胞结合最好，20℃以上反而解离。

6. 时间

时间本身不会对抗原-抗体反应主动产生影响，但是实验过程中观察的时间不同可能会看到不同的结果，这一点往往被忽略。时间因素主要由反应速度来体现，反应速度取决于抗原-抗体亲和力、反应类型、反应介质、反应温度等因素。例如，在液相中抗原-抗体反应很快达到平衡，但在琼脂中就慢得多。另外，所有免疫试验的结果都应在规定的时间内观察。

7. 杂质和异物

杂质和异物的存在也会影响血清学试验的结果，试验介质中如有类脂质、多糖等杂质存在，会抑制反应的进行或引起非特异性反应，所以每批血清学试验都应设阳性和阴性对照试验。

四、血清学试验的应用及发展趋向

近年来，血清学试验由于与现代科学分析检测技术、半抗原技术相结合，发展速度很快，几乎所有小分子活性物质均能制成人工复合抗原，接种动物机体后制备相应抗体，从而建立血清学检测方法，使血清学技术的应用范围越来越广，涉及生命科学的各个领域，成为生命科学进入分子水平不可缺少的检测手段。

（一）血清学试验的应用

血清学试验在医学和兽医学领域已广泛应用，可直接或间接用于检测传染病、寄生虫病、肿瘤、自身免疫病和变态反应性疾病的组织、血清、体液，从而作出确切的诊断。对传染病来说，几乎没有不能用血清学试验确诊的疾病。实验室只要备有各种诊断试剂盒和相应的设备，即可对多种疾病作出明确诊断。在动物疫病的群体检疫、疫苗免疫效果监测和流行病学调查中，也已广泛应用了血清学试验，以检测抗原或抗体。应用酶联免疫吸附试验、放射免疫等技术对抗原、抗体检测的敏感度大为提高，已达到可以精确检出皮克量级的水平，其敏感度大大超过了化学分析，已广泛应用于动物体内的激素、维生素、药物含量检测。应用荧光抗体、酶标抗体技术可以检测病毒、细菌在组织细胞内的分布；应用免疫组织化学技术及蛋白技术进行免疫电镜观察可以确定病毒在亚细胞水平的定位，可以测定淋巴细胞表面免疫球蛋白及抗体产生情况进而进行免疫病理研究等。此外，血清学试验也用于基因分离，克隆筛选，表达产物的定性、定量分析和纯化等，已经成为现代分子生物学研究的重要手段。

（二）血清学试验的发展趋向

随着免疫学技术和生物技术的飞速发展，在原有经典免疫学实验方法的基础上，新的免疫学测定方法不断出现，在抗原抗体反应基础上发展起来的固相载体技术、免疫比浊法、放射免疫电泳技术、酶联免疫技术、荧光免疫技术、发光免疫技术及免疫生物传感器技术和流式免疫微球分析技术都极大地推动了免疫学和生物化学的融合，促进了各种自动化免疫分析技术的推出和应用，如散射比浊、化学发光、电化学发光、酶免疫分析、荧光偏振、微粒子酶免疫分析、荧光酶标免疫分析等。使血清学试验具有更高的特异性、高度的敏感性、精密的分辨能力以及简便快速的特点。随着科学技术水平的不断发展，血清学试验将会向微量化、自动化、便捷化的方向迈进，会使血清学试验技术的敏感度、特异性及精密化向更高的层次发展。

任务二 | 常见的几种血清学试验

一、凝集试验

（一）凝集试验的概念

细菌、红细胞等天然颗粒性抗原或吸附在红细胞、乳胶颗粒、活性炭颗粒等载体表面的可溶性抗原与相应抗体结合后，在有适量电解质存在的条件下，经过一定时间，复合物互相凝聚形成肉眼可见的凝集团块，称为凝集试验。参与凝集反应的抗原称为凝集原，抗体称为凝集素。参与凝集试验的抗体主要为

IgG 和 IgM。凝集试验可用于检测抗体或抗原，最突出的优点是操作简便，耗时少，结果明显肉眼可见，不需要大型仪器，适用于基层的临床诊断工作。

（二）凝集试验的原理

细菌及其它凝集原都带有相同的电荷即负电荷，在悬浮体系中相互排斥而呈均匀的分散状态。抗原抗体相遇后，因其表面存在相互对应的化学基团而发生特异性结合，形成抗原－抗体复合物，降低了抗原分子间的静电排斥力，抗原表面的亲水基团减少，由亲水状态变为疏水状态，出现凝集趋向，在电解质（如生理盐水）的参与下，中和了抗原－抗体复合物表面的大部分电荷，使其分子间的静电排斥力下降甚至消失，分子间相互吸引，凝集成大的絮片或颗粒，出现肉眼可见的凝集反应。

（三）凝集试验的分类及应用

凝集试验一般用于检测抗体，也可用已知的抗体检测和鉴定抗原（如新分离未知菌的检测与鉴定）。常用的凝集试验包括直接凝集试验和间接凝集试验。

1. 直接凝集试验

直接凝集试验简称凝集试验，是指颗粒性抗原（如细菌或红细胞表面抗原）与相应抗体在电解质的参与下直接结合，并出现凝集现象的试验。该试验参与反应的因素很少，只有抗原和相应的抗体，所以该反应具有敏感、特异、方便的特点，可用于疫病的野外诊断或微生物鉴定，在基层动物检疫部门和生产单位已被广泛应用。按操作方法又可分为平板凝集试验和试管凝集试验。

（1）平板凝集试验　平板凝集试验是一种定性试验，可在玻璃板或载玻片上进行。将含有已知抗体的诊断血清与待检菌悬液各一滴在玻片上混合均匀，数分钟后，如出现颗粒状或絮状凝集，即为阳性反应。反之，也可用已知的抗原悬液检测待检血清中有无相应的抗体。此法简便快速，适用于新分离细菌的鉴定、分型和抗体的定性检测。如大肠杆菌和沙门菌等的鉴定，布鲁菌病、鸡白痢、禽伤寒和败血霉形体病的检疫，也可用于血型的鉴定等。

（2）试管凝集试验　试管凝集试验是一种定性和定量试验，可在小试管中进行。操作时将待检血清用生理盐水或其它稀释液作倍比稀释，然后每管加入等量抗原，混匀，37℃水浴或放入恒温箱中数小时，观察液体澄清度及沉淀物，根据不同凝集程度记录结果为＋＋＋＋(100%凝集)、＋＋＋(75%凝集)、＋＋(50%凝集)、＋(25%凝集)、－(不凝集)。以出现50%以上凝集血清的最高稀释倍数为该血清的凝集价，又称效价或滴度。一般细菌凝集均为菌体凝集，抗原凝集呈致密颗粒状，有鞭毛的细菌凝集时呈疏松絮状凝集块，R型菌落细菌易发生自家凝集。试验时应设阳性血清、阴性血清和生理盐水进行对照。本试验主要用于检测待检血清中是否存在相应的抗体及其效价，如布鲁菌病的诊断与检疫。

2. 间接凝集试验

将可溶性抗原（或抗体）先吸附或偶联于与免疫无关的具有一定大小的载体表面，此吸附了抗原（或抗体）的载体与相应的抗体（或抗原）结合，在有电解质存在的适宜条件下，发生特异性凝集现象称为间接凝集试验或被动凝集试验（图7－1）。用于吸附抗原（或抗体）的颗粒称为载体颗粒。常用的载体颗粒有动物红细胞、聚苯乙烯乳胶微球、硅酸铝、活性炭、白陶土和葡萄球菌A蛋白等。绵羊红细胞表面有大量的糖蛋白受体，极易吸附某些抗原物质，吸附性能好，且大小均匀一致，应用最为广泛。抗原多为可溶性蛋白质，如细菌、立克次体和病毒的可溶性抗原、寄生虫的浸出液、动物的可溶性物质、各种组织器官的浸出液、激素等，也可为某些细菌的可溶性多糖。吸附抗原（或抗体）后的颗粒称为致敏颗粒。间接凝集试验由于载体颗粒极大地增加了可溶性抗原的体积，致敏载体上的少量抗原与检测样品中的少量抗体结合就足以出现肉眼可见的反应，大大提高了试验的敏感性，可用于检测细菌、病毒、寄生虫、螺旋体等感染动物机体后产生的微量抗体，有利于疾病的早期诊断。间接凝集试验根据载体的不同，又可分为间接血凝试验、乳胶凝集试验、协同凝集试验和炭粉凝集试验等。

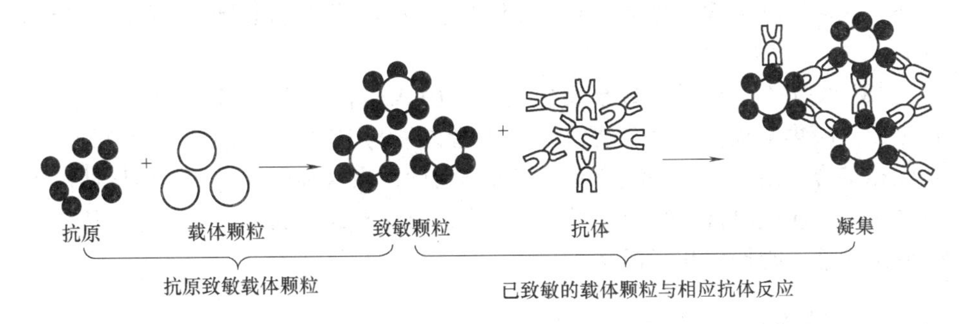

图7－1　间接凝集试验原理示意图

（1）间接血凝试验　将可溶性抗原致敏于载体红细胞表面，用以检测相应抗体，在与相应抗体结合后出现肉眼可见的凝集现象的试验称为正向间接凝集试验。吸附抗原的红细胞称为致敏红细胞。将抗体致敏于红细胞表面，用以检测待测样品中的相应抗原，致敏红细胞在与相应抗原结合后出现肉眼可见的凝集现象称为反向间接血凝试验。间接血凝试验敏感度高，可以测出极微量的抗原或抗体，常用的红细胞有绵羊、家兔、鸡及人的O型红细胞。由于红细胞几乎能吸附任何抗原，而且红细胞是否凝集容易观察，因此，利用红细胞作载体进行的间接凝集试验已广泛应用于血清学诊断的各个方面，如多种病毒性传染病、霉形体病、衣原体病、弓形体病等的诊断和检疫。

抗体与游离抗原结合后就不能凝集抗原致敏的红细胞，从而使红细胞凝集现象受到抑制，这一试验称为间接血凝抑制试验（图7－2）。通常是用抗原致敏的红细胞和已知抗血清检测未知抗原或测定抗原的血凝抑制价。血凝抑制价即抑制血凝的抗原的最高稀释倍数。

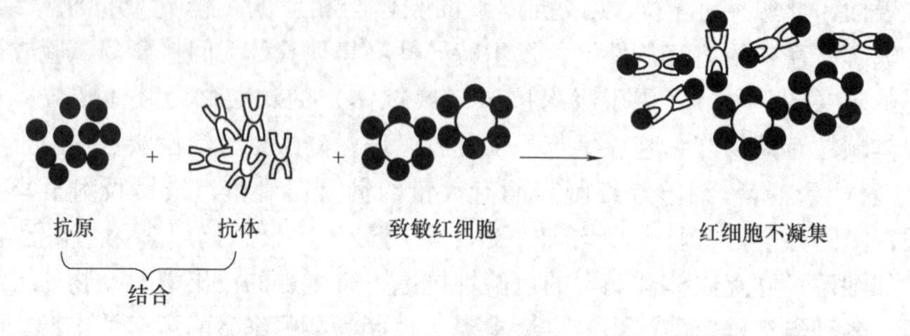

图 7-2　间接血凝抑制反应原理示意图

（2）乳胶凝集试验　使用聚苯乙烯聚合高分子微球作载体颗粒吸附某些抗原或抗体，检测相应的抗体或抗原的试验称为乳胶凝集试验。聚苯乙烯经过乳化聚合形成高分子乳胶液，形成的乳胶微球直径约 0.8μm，对蛋白质、核酸等高分子物质具有较好的吸附功能。本试验方法具有简便、快速的特点，在临床诊断中广泛应用于伪狂犬病、流行性乙型脑炎、钩端螺旋体病、猪细小病毒病、猪传染性萎缩性鼻炎、禽衣原体病、山羊传染性胸膜肺炎、囊虫病等的诊断。

（3）协同凝集试验　以金黄色葡萄球菌 A 蛋白作为载体进行的凝集试验称为协同凝集试验。金黄色葡萄球菌 A 蛋白能与多种哺乳动物 IgG 分子的 Fc 片段相结合，结合后的 IgG 仍保持其抗体活性，当这种覆盖着特异性抗体的葡萄球菌与相应抗原特异性结合时，可以出现凝集现象。目前，已广泛应用于快速鉴定细菌、霉形体和病毒等。

二、沉淀试验

（一）沉淀试验的概念

可溶性抗原与相应抗体结合后，在适量电解质存在的条件下，经过一定时间，出现肉眼可见的白色絮状沉淀，称为沉淀试验。参与试验的抗原称为沉淀原，主要是细菌浸出液、病料浸出液、血清及蛋白质、多糖、类脂等，如细菌的外毒素、内毒素、菌体裂解液、病毒悬液、病毒的可溶性抗原、血清和组织浸出液等。反应中的抗体称为沉淀素。

（二）沉淀试验的原理

沉淀试验的原理与凝集试验的原理基本相同，区别在于沉淀试验使用的抗原是可溶性的，单个抗原分子体积小，在单位体积的溶液内所含抗原量多，其总反应面积大，出现反应所需的抗体量多，因此试验时需要稀释抗原。

（三）沉淀试验的分类及应用

沉淀试验可分为液相沉淀试验和固相沉淀试验，液相沉淀试验又分为环状沉淀试验和絮状沉淀试验，固相沉淀试验包括琼脂凝胶扩散试验和免疫电泳技术。

1. 环状沉淀试验

环状沉淀试验是将抗原与相应血清在试管内叠加，在电解质存在的情况下，抗原抗体相接触的界面出现白色沉淀环的试验，是一种快速检测溶液中的可溶性抗原或抗体的方法。即将可溶性抗原叠加在小口径试管中的抗体表面，数分钟后在抗原抗体相接触的界面出现白色环状沉淀带，即为阳性反应。本法主要用于兽医临床抗原的定性试验，如炭疽病的诊断（Ascoli 氏试验）、链球菌的血清型鉴定、肉品检验和血迹鉴定等。

2. 絮状沉淀试验

抗原与相应抗体在试管内混合，在电解质存在的条件下，抗原-抗体复合物可形成絮状物。当比例最适时，出现反应最快和絮状物最多。此方法受抗原抗体比例的影响非常明显，因而常用来作为测定抗原抗体反应最适比例的基本方法，常用于毒素、类毒素和抗毒素的定量测定。

3. 琼脂扩散试验

琼脂扩散试验简称琼扩试验，是在电解质存在的情况下，抗原与相应抗体在琼脂凝胶中扩散相遇后，在最适比例处结合，形成肉眼可见的白色沉淀线的试验。琼脂是一种含有硫酸基的多糖，加热溶于水，冷却后凝固成具有多孔结构的凝胶，1%琼脂凝胶孔径为85nm，可允许许多可溶性抗原、抗体在凝胶中自由扩散，抗原抗体相遇后，在最适比例处形成较大颗粒物，不再扩散，构成肉眼可见的沉淀线。

琼脂扩散试验有4种类型，即单向单扩散、单向双扩散、双向单扩散和双向双扩散。最常用的是双向单扩散和双向双扩散。

（1）双向单扩散　双向单扩散又称辐射扩散，试验在玻璃板或平皿上进行。即在冷却至45℃左右1.6%～2%的琼脂中加入一定浓度的已知抗体，制成厚2～3mm的琼脂凝胶板，在板上打孔，孔径3mm，孔距10～15mm，于孔内滴加抗原后，置密闭湿盒内，37℃温箱或室温扩散24～48h。抗原在孔内向四周辐射扩散，在比例适当处与琼脂凝胶中的抗体接触形成白色沉淀环，环的大小与抗原浓度呈正比。本法可用于抗原的定量和传染病的诊断，如马立克病的诊断。

（2）双向双扩散　此法采用1%的琼脂制成厚2～3mm的凝胶板，在板上按规定图形、孔径和孔距打圆孔，于相应孔内滴加抗原、阳性血清和待检血清，放于密闭湿盒内，置37℃温箱或室温扩散24～72h，观察沉淀带。抗原、抗体在琼脂凝胶内相向扩散，在两孔之间比例合适的位置出现沉淀带，如抗原、抗体浓度基本平衡，此沉淀带的位置主要决定于二者的扩散系数，如抗原过多，则沉淀带向抗体孔偏移，如抗体过多，则沉淀带向抗原孔偏移。

当用于检测抗原时，将抗体加入中心孔，待检抗原分别加入周围相邻孔，若均出现沉淀带且完全融合，说明是同种抗原；若两相邻孔沉淀带有部分相连并有交角时，表明二者有共同抗原决定簇；若两相邻孔沉淀带互相交叉，说明二者抗原完全不同。

当用于检测抗体时，将已知抗原置于中心孔，周围1、2、3、4孔分别加入待检血清，其余两对应孔加入标准阳性血清，若待检血清孔与相邻阳性血清孔出现的沉淀带完全融合，则判为阳性；若待检血清孔无沉淀带或出现的沉淀带与相邻阳性血清孔出现的沉淀带相互交叉，判为阴性；若待检血清孔无沉淀带，但两侧阳性血清孔的沉淀带在接近待检血清孔时向内弯曲，判为弱阳性，向外弯曲，则判为阴性（图7-3）。检测抗体时还可测定抗体效价，对待检血清进行倍比稀释，以出现沉淀带的血清最大稀释倍数为抗体效价或滴度。

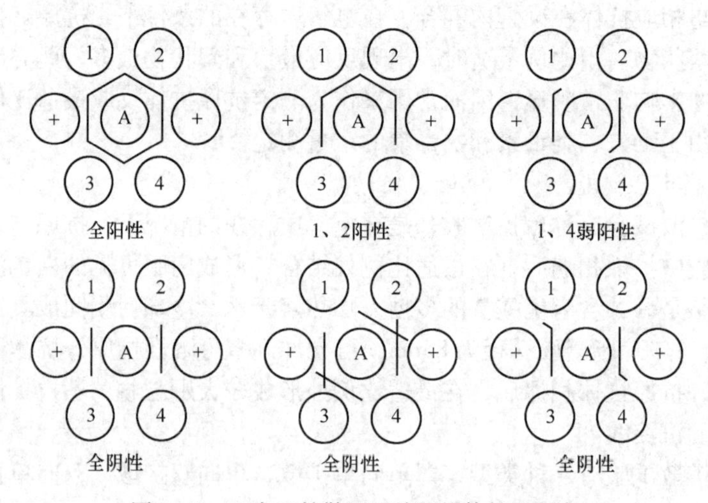

图7-3　双向双扩散用于检测抗体结果判定

A—抗原　+—阳性血清　1、2、3、4—被检血清

目前，此法在兽医临床应用广泛，已普遍用于细菌、病毒鉴定及传染病的诊断和抗体的检测，如口蹄疫、禽白血病、鸡马立克病、鸡传染性法氏囊炎、禽流感、霉形体病、鸡传染性喉气管炎、伪狂犬病、牛地方性白血病、马传染性贫血和蓝舌病等。

4. 免疫电泳技术

免疫电泳技术是将凝胶扩散试验与电泳技术相结合的一种免疫检测技术。将琼脂扩散置于直流电场中进行，让电流来加速抗原与抗体的扩散并规定其扩散方向，在比例合适处形成可见的沉淀带。临床上应用比较广泛的有对流免疫电泳和火箭免疫电泳。

（1）对流免疫电泳　对流免疫电泳是在电场的作用下，利用抗原抗体相向扩散的原理，使抗原抗体在电场中定向移动，限制了双向双扩散时抗原、抗体向多方向的自由扩散，可以提高试验的敏感性，缩短反应时间。大部分抗原在碱性溶液中带负电荷，在电场中向正极移动，抗体带电荷弱，电泳时向负极移动，电泳时将抗体置于正极端，抗原置于负极端，通电后抗原抗体相向泳动，在两孔之间相遇形成沉淀线（图 7 -4）。试验时，在 pH 8.2 ~8.6 的巴比妥缓冲液制备 1% ~2% 的琼脂凝胶板上打孔，两孔为一组，孔径 3mm，抗原、抗体孔间距为 4 ~5mm。将抗原加入负极端孔内，抗体加入正极端孔内，用 2 ~4mA/cm 电流电泳 30 ~90min，观察结果，在两孔之间出现沉淀带的为阳性反应。沉淀带出现的位置与抗原抗体的泳动速度及含量有关，当二者含量相当时所形成的沉淀带在两孔之间，呈一直线。若二者含量和泳动速度差异较大，则沉淀带位于对应孔附近，呈月牙形。当抗原或抗体含量过高时，可使沉淀带溶解。有时抗原含量极微，沉淀带不明显，在这种情况下可将琼脂板放到 37℃ 温箱中保温数小时，以增加清晰度。对流免疫电泳技术敏感度高，简易快速，现已用于多种传染病的快速诊断，如口蹄疫、猪传染性水疱病等病毒病的诊断。

Ag　Ab　Ag　Ab

+　1　2　3　−　4　5　6

+

图 7 -4　对流免疫电泳示意图

Ag—抗原　Ab—抗体　+—阳性血清　-—阴性血清　1、2、3、4、5、6—被检血清

（2）火箭免疫电泳　火箭免疫电泳是辐射扩散和电泳技术相结合的一种血清学试验技术。其原理是抗原在直流电场的作用下在含有抗体的琼脂中定向泳动，抗原抗体发生特异性结合，在二者比例合适位置形成类似火箭样的沉淀峰。沉淀峰的高度与抗原的浓度成正比（图 7 -5）。

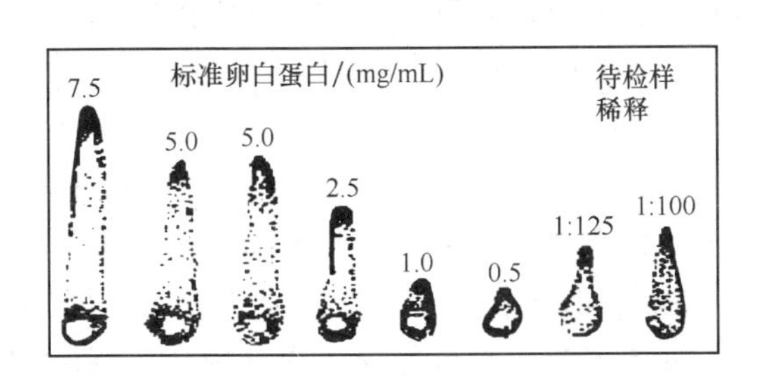

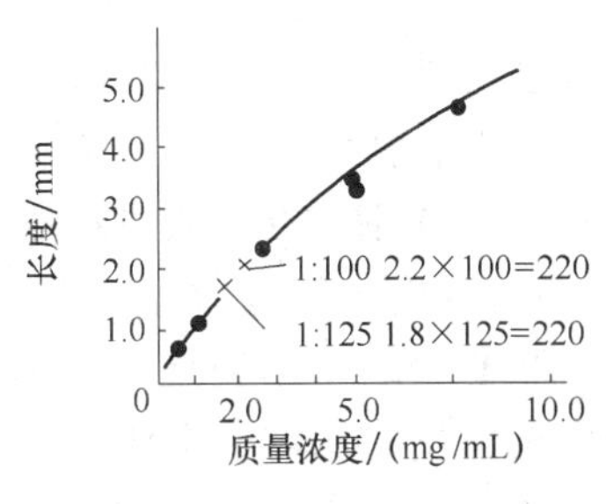

图 7 -5　火箭免疫电泳示意图

试验时，在冷却至56℃左右pH 8.2～8.6的巴比妥缓冲液琼脂中加入一定量的已知抗体，制成琼脂凝胶板。在板的负极端打一排孔，孔径3mm，孔距8mm，滴加待检抗原及已知抗原，以2～4mA/cm电流电泳1～5h。电泳时抗原在凝胶板中向正极泳动，其前峰与抗体接触，形成火箭状沉淀弧，随抗原继续向前移动，火箭状峰也不断向前移动，原来的沉淀弧由于抗原过量而重新溶解，最后抗原抗体达到平衡时形成稳定的火箭状弧。若抗原与抗体比例合适，则孔前出现顶端完全闭合的火箭状沉淀峰；抗原大量过剩时，不形成沉淀峰，或沉淀峰不闭合；抗原中等过剩时沉淀峰呈圆形；当二者比例不适当时，常不能形成火箭状沉淀峰。试验中由于抗体浓度不变，沉淀弧的高度与抗原浓度成正比，多用于检测抗原的量。

三、补体结合试验

（一）补体结合试验的概念

补体结合试验是利用可溶性抗原，如蛋白质、多糖、类脂、病毒等与相应抗体结合后，其抗原-抗体复合物可以结合补体，但这一反应肉眼不能察觉，如再加入致敏红细胞，即可根据是否出现溶血反应，判定反应系统中是否存在相应的抗原和抗体。参与补体结合反应的抗体称为补体结合抗体。补体结合抗体主要为IgG和IgM，IgE和IgA通常不能结合补体。本试验通常是利用已知抗原检测未知抗体。

（二）补体结合试验的原理

补体结合试验有溶菌和溶血两大系统，含抗原、抗体、补体、溶血素和红细胞5种成分。补体没有特异性，能与任何一组抗原-抗体复合物结合，如果与细菌及相应抗体形成的复合物结合，就会出现溶菌反应；而与红细胞及溶血素形成的致敏红细胞结合，就会出现溶血反应。试验时，首先将抗原、待检血清和补体按一定比例混匀，保温一定时间，然后再加入红细胞和溶血素，作用一定时间后，观察结果。不溶血为补体结合试验阳性，表示待检血清中有相应的抗体，抗原-抗体复合物结合了补体，加入溶血系统后，由于无补体参加，所以不溶血。溶血则为补体结合试验阴性，说明待检血清中无相应的抗体，补体未被抗原-抗体复合物结合，当加入溶血系统后，补体与溶血系统复合物结合而出现溶血反应（图7-6）。

（三）补体结合试验的应用

补体结合试验具有高度的特异性和敏感性，可以检测出微量的抗原和抗体，是诊断动物传染病及人畜共患病常用的诊断方法之一。临床常用于结核、副结核、鼻疽、牛肺疫、马传染性贫血、乙型脑炎、布鲁菌病、钩端螺旋体病、锥虫病等的诊断及流行性乙型脑炎病毒、口蹄疫病毒的鉴定与分型等。

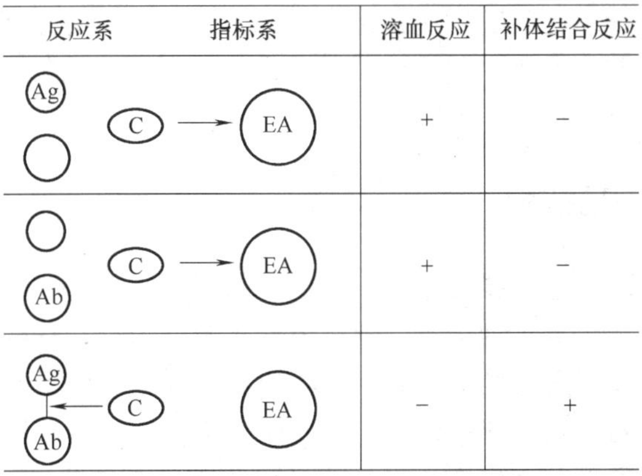

反应系	指标系	溶血反应	补体结合反应
Ag　C →	EA	+	−
Ab　C →	EA	+	−
Ag—Ab ← C	EA	−	+

图 7－6　补体结合反应原理示意图

Ag—抗原　Ab—抗体　C—补体　EA—致敏红细

四、中和试验

（一）中和试验的概念

病毒或毒素与相应抗体结合后，丧失了对易感动物、鸡胚和易感细胞的致病力，称为中和试验。本试验具有高度的特异性和敏感性，并有严格的量的关系。

（二）中和试验的种类及应用

1. 毒素和抗毒素的中和试验

由外毒素或类毒素刺激机体产生的抗体，称为抗毒素。抗毒素能中和相应的毒素，使其失去致病力。试验有体内中和试验和体外中和试验两种方法。

体内中和试验是将一定量的抗毒素与致死量或半数致死量的毒素混合，在恒温下作用一定时间后，接种实验动物，同时另设不加抗毒素的对照组。如果试验组的动物被保护，而对照组的动物死亡，则证明毒素被相应抗毒素中和。在兽医临床上，本方法常用于魏氏梭状芽孢杆菌和肉毒梭状芽孢杆菌毒素的定型。

体外中和试验是进行细胞培养试验及溶血毒素中和试验等。

2. 病毒的中和试验

病毒免疫动物所产生的抗体，能与相应病毒结合，使其感染性降低或消失，从而丧失致病力。试验有体内中和试验和体外中和试验两种方法。

体内中和试验又称保护试验，是先给实验动物接种已知疫苗或抗血清，间隔一定时间后，用一定量病毒攻击，视动物是否得到保护来判定结果。常用于疫苗免疫原性的评价和抗血清的质量评价。

体外中和试验是将病毒悬液与抗病毒血清按一定比例混合，在一定条件下作用一段时间，然后接种易感动物、鸡胚或易感细胞。根据接种后动物、鸡胚是否得到保护，细胞是否有病变来判定结果。其中最常用的是细胞中和试验，常用于口蹄疫、猪水疱病、蓝舌病、牛黏膜病、牛传染性鼻气管炎、鸡传染性喉气管炎等病毒性传染病的诊断。

五、免疫标记技术

（一）免疫标记技术的概念

抗原与抗体能特异性地结合，但抗体、抗原分子小，在含量低时形成的抗原-抗体复合物是不可见的。而有一些物质即使在含量极微时仍能用某种特殊的理化测试仪器将其检测出来。如将这些物质标记在抗体或抗原分子上，它就能追踪抗原或抗体并与之结合，通过化学或物理的手段使不可见的反应放大、转化为可见的、可测知的、可描记的光、色、电、脉冲等信号。免疫标记技术就是指用荧光素、酶、放射性同位素等易于检测的物质标记在抗体或抗原上，利用抗原抗体特异结合的原理检测相应抗原或抗体所在部位及含量的一种血清学方法。现常用的免疫标记技术主要有荧光抗体技术、酶标记抗体技术和同位素标记抗体技术，它们的敏感性和特异性大大超过常规血清学方法，现已广泛用于传染病的诊断、病原微生物的鉴定、分子生物学中基因表达产物的分析等领域。其中酶标记抗体技术最为简便，应用较广。这里主要介绍荧光抗体技术和酶标记抗体技术。

（二）荧光抗体技术

1. 荧光抗体技术的概念

荧光抗体技术又称免疫荧光技术，是指用荧光色素对抗体或抗原进行标记，再与相应抗原或抗体结合，然后在荧光显微镜下观察荧光以分析、示踪相应的抗原或抗体的方法。本法既有免疫学的特异性和敏感性，又有借助显微镜观察的直观性与精确性，已广泛应用于细菌、病毒、原虫等的鉴定和传染病的快速诊断。

2. 荧光抗体技术的原理

荧光素在 10^{-6} 的超低浓度时，仍可被特殊的短波光源激发，在荧光显微镜下可观察到荧光。试验中将荧光染料标记在抗体或抗原上，制成荧光抗体或抗原，此标记过程不影响抗体或抗原的免疫活性，与相应的抗原或抗体相遇后形成带有荧光的抗原-抗体复合物，在荧光显微镜下可观察到其发出的荧光。

3. 荧光色素

能够产生明显荧光并能作为染料使用的有机物称为荧光色素或荧光染料。目前广泛用于标记抗体或抗原的荧光色素主要有异硫氰酸荧光黄（FITC）、四乙基罗丹明（RB 200）、四甲基异硫氰酸罗丹明（TMRITC）等。其中应用最多的是异硫氰酸荧光黄。FITC 为黄色结晶，在碱性条件下能与 IgG 结合制成荧光抗体，在荧光显微镜下发出黄绿色荧光。最常用的是以荧光色素标记抗体或抗抗体，用于检测相应的抗原或抗体。

4. 荧光抗体染色方法

（1）标本的制备 标本片制作的要求首先是保持抗原的完整性，并尽可能减少形态变化，抗原位置保持不变，同时还必须注意使抗原-抗体标记复合物易于接受激发光源，以便观察和记录。为了满足这些要求，标本厚度要薄，固定方法得当。根据被检样品的性质不同可采取不同的制备方法。细菌培养物、感染动物的组织或血液、脓汁、粪便和尿沉渣等，可制备涂片或压印片，感染组织还可制备冰冻切片或低温石蜡切片。对于病毒，也可用生长在盖玻片上的单层细胞培养物作标本。标本的固定常用丙酮和95%乙醇。固定后的标本应随即用PBS反复冲洗，干燥后即可染色。

（2）染色方法 荧光抗体染色方法有多种类型，常用的有直接法和间接法两种。

①直接法：是将荧光染料直接与提纯的免疫球蛋白结合，制成荧光抗体，以直接检测相应未知抗原的方法。试验时先将待检病料制成冰冻切片或涂片，细菌材料可以制成涂片，自然干燥，病毒抗原通常用冷丙酮固定，细菌抗原加热固定即可。制好标本后直接滴加相应荧光抗体于标本区，置湿盒内，于37℃作用染色30~60min后取出，用0.01mol/L PBS（pH 7.2~7.4）充分漂洗3次，每次3~5min，再用蒸馏水漂洗2次，每次1~2min，吹干，然后滴加缓冲甘油封片，即可于荧光显微镜下观察（图7-7）。直接法应设标本自发荧光对照，阳性标本对照和阴性标本对照。该法的优点是简便、特异性高、非特异性荧光染色少。缺点是敏感性偏低，且每检一种抗原就需要制备一种荧光抗体。

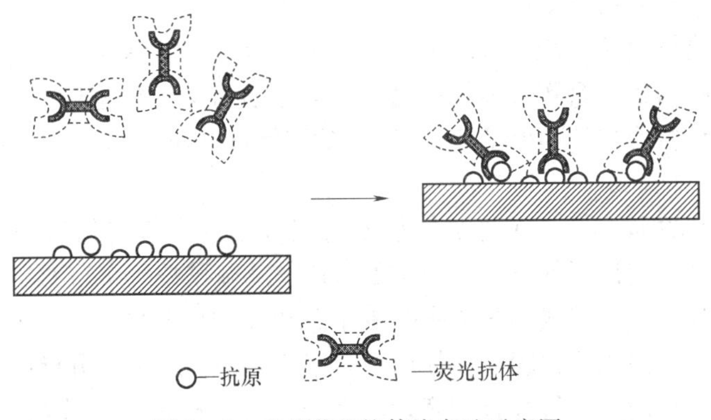

图7-7 直接荧光抗体染色法示意图

②间接法：是将荧光染料标记在抗抗体上，制成荧光二抗，用于检测抗原或抗体的试验方法。先将已知未标记的抗体加到未知抗原上或用未知未标记抗体加到已知抗原上，再加相应的荧光抗抗体，如抗原与抗体发生反应，则抗体被固定，并与荧光抗抗体结合，发出荧光，从而可鉴定未知的抗原或抗体。试

验时，于标本区滴加未标记的相应抗体，置湿盒内，于37℃温箱作用30～60min；取出后以0.01mol/L PBS（pH 7.2～7.4）充分漂洗3次，每次3～5min，再用蒸馏水漂洗2次，每次1～2min，吹干；然后滴加荧光抗抗体，置湿盒内，于37℃温箱染色30min；再如前漂洗、吹干，滴加缓冲甘油封片、镜检。

间接法比直接法敏感，由于抗体蛋白质分子具有多个抗原决定簇，可结合多个荧光抗体分子，起到放大作用，所以其敏感性比直接法高5～10倍。而且本法对一种动物而言，只需制备一种荧光抗抗体，即可用于多种抗原或抗体的检测。

（3）荧光显微镜检查　标本滴加缓冲甘油后用盖玻片封盖即可在荧光显微镜下观察。荧光显微镜不同于光学显微镜，它的光源是高压汞灯或溴钨灯，并有一套位于集光器与光源之间的激发滤光片，它只让一定波长的紫外光及少量可见光通过。此外，还有一套位于目镜内的屏障滤光片，只让激发的荧光通过，而不让紫外光通过，以保护眼睛并能增加反差。用FITC标记抗体染色标本在荧光显微镜的蓝紫光或紫外光的照射下，抗原所在部位发出黄绿色荧光。

5. 荧光抗体技术的应用

（1）细菌学诊断　利用免疫荧光抗体技术可直接检出或鉴定新分离的细菌，具有较高的敏感性和特异性。链球菌、致病性大肠杆菌、沙门菌属、李斯特菌、巴氏杆菌、布鲁菌、炭疽杆菌、马鼻疽杆菌、猪丹毒杆菌和钩端螺旋体等均可采用免疫荧光抗体染色进行检测和鉴定。动物的粪便、黏膜拭子涂片、病变组织的触片或切片以及尿沉渣等均可作为检测样本，经直接法检出目的菌，具有很高的诊断价值。对含菌量少的标本，可采用滤膜集菌法，然后直接在滤膜上进行免疫荧光染色。

荧光抗抗体间接染色法检测抗体，可用于流行病学调查、早期诊断和临床诊断。如钩端螺旋体IgM抗体的检测，可作为早期诊断或近期感染的指征；用间接法检出结核分枝杆菌的抗体，可以作为对结核病的活动性和化疗监控的重要手段。

（2）病毒病诊断　用荧光抗体技术直接检出患畜病变组织中的病毒，已成为病毒感染快速诊断的重要手段。如猪瘟、鸡新城疫等可取感染组织做成冰冻切片或触片，用直接或间接免疫荧光染色可检出病毒抗原，一般可在2h内作出诊断报告。猪流行性腹泻在临诊上与猪传染性胃肠炎十分相似，将患病小猪小肠冰冻切片用猪流行性腹泻病毒的特异性荧光抗体作直接免疫荧光检查，即可对猪流行性腹泻进行确诊。

对含病毒较低的病理组织，需先用细胞培养短期培养增殖后，再用荧光抗体检测病毒抗原，可提高检出率。某些病毒（如猪瘟病毒、猪圆环病毒）在细胞培养上不出现细胞病变，也可应用免疫荧光作为病毒增殖的指征。应用间接免疫荧光染色法检测血清中的病毒抗体，也常作为诊断和流行病学调查用，尤以 IgM 型抗体的检出可供早期诊断和作为近期感染的指征。

(3) 其它　荧光抗体技术已广泛应用于淋巴细胞 CD 分子和膜表面免疫球蛋白(IgM)的检测，从而为淋巴细胞的分类和亚型鉴定提供研究手段。

(三) 酶标记抗体技术

酶标记抗体技术是根据抗原抗体反应的特异性和酶催化反应的高敏感性建立起来的一种免疫检测技术。以底物是否被酶催化分解显色来指示抗原或抗体的存在及位置，以显色的深浅来反映待测样品中的抗原或抗体的含量。本法具有特异性强、敏感性高等优点，可以对抗原或抗体进行定位、定性、定量的检测。

1. 酶标记抗体技术的原理

通过化学方法可以将酶与抗体相结合，酶标记后的抗体仍然保持着与相应抗原结合的活力及酶的催化活力。酶标抗体与抗原结合后形成酶标抗原－抗体复合物，复合物上的酶在遇到相应的底物时催化底物呈现颜色反应(图 7－8)。

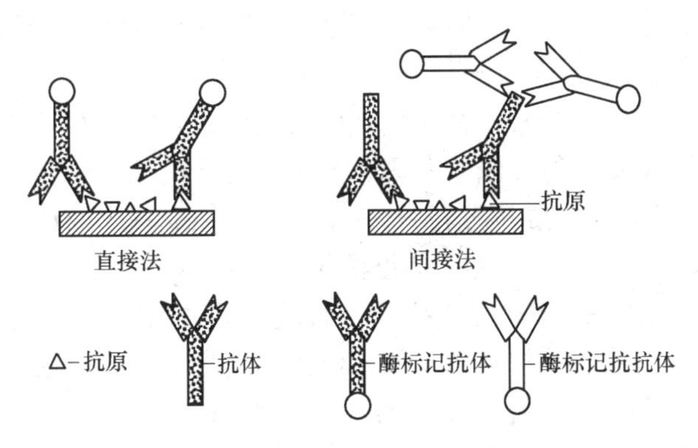

图 7－8　酶标记抗体法示意图

酶标记抗体技术的基本程序如下：

(1) 酶的偶联　将酶分子与抗原或抗体分子共价结合，这种结合既不改变抗体的免疫反应活力，也不影响酶的催化活力。

(2) 免疫结合　将此种酶标记的抗体(抗抗体)与存在于组织细胞或吸附在固相载体上的抗原(抗体)发生特异性结合，并洗下未结合的物质。

(3) 显色　滴加底物溶液后，底物在酶作用下水解呈色；或者底物不呈色，但在底物水解过程中由另外的供氢体提供氢离子，使供氢体由无色的还原型变为有色的氧化型，呈现颜色反应。因而可通过底物的颜色反应来判定有无相应的免疫反应发生。颜色反应的深浅与标本中相应抗原(抗体)的量成正比。此种有色产物可用肉眼或在光学显微镜或电子显微镜下看到，或用分光光度计加以测定。

这样，就将酶化学反应的敏感性和抗原抗体反应的特异性结合起来，用以在细胞或亚细胞水平上示踪抗原或抗体的所在部位，或在微克、纳克水平上测定它们的量。

2. 用于标记的酶

用于标记的酶主要有辣根过氧化物酶（HRP）、碱性磷酸酶、葡萄糖氧化酶等，其中以辣根过氧化物酶应用最广泛，其次是碱性磷酸酶。辣根过氧化物酶广泛分布于植物界，辣根中含量最高。HRP 是由无色的酶蛋白和深棕色的铁卟啉构成的一种糖蛋白，相对分子质量为 40 000。HRP 的作用底物是过氧化氢，常用的供氢体有邻苯二胺（OPD）和 3，3，-二氨基联苯胺（DAB），二者作为显色剂。因为它们能在 HRP 催化 H_2O_2 生成 H_2O 的过程中提供氢，而自己生成有色产物。OPD 氧化后形成可溶性产物，呈橙色，最大吸收波长为 492nm，可用肉眼判定。OPD 不稳定，须现用现配，常作为酶联免疫吸附试验中的显色剂。OPD 有致癌性，操作时应予注意。DAB 反应后形成不溶性的棕色物质，可用光学显微镜和肉眼观察，适用于各种免疫酶组织化学染色法。HRP 可用戊二醛交联法或过碘酸盐氧化法将其标记于抗体分子上制成酶标抗体。生产中常用的酶标抗体技术有免疫酶组织化学染色法和酶联免疫吸附试验两种。

3. 免疫酶组织化学染色技术

免疫酶组织化学染色技术又称免疫酶染色法，是将酶标记的抗体应用于组织化学染色，以检测组织、细胞及固相载体上抗原或抗体的存在及其分布位置的技术。临床可用于细胞或亚细胞水平上示踪抗原或抗体的位置。

（1）标本制备和处理　用于免疫酶染色的标本有组织切片（冷冻切片或低温石蜡切片）、组织压印片、涂片以及细胞培养的单层细胞盖片等。这些标本的制备和固定与荧光抗体技术相同，但尚要进行一些特殊处理。

用酶结合物作细胞内抗原定位时，由于组织和细胞内含有内源性过氧化酶，可与标记在抗体上的过氧化物酶在显色反应上发生混淆。因此，在滴加酶结合物之前通常将制片浸于 0.3% H_2O_2 中室温处理 15～30min，以消除内原酶。应用 1%～3% H_2O_2 甲醇溶液处理单纯细胞培养标本或组织涂片，低温条件下作用 10～15min，可同时起到固定和消除内原酶的作用，效果比较好。

组织成分对球蛋白的非特异性吸附所致的非特异性背景染色，可用 10% 卵蛋白作用 30min 进行处理，用 0.05% 吐温 20 和含 1% 牛血清白蛋白（BSA）的 PBS 对细胞培养标本进行处理，同时可起到消除背景染色的作用。

（2）染色方法　可采用直接法、间接法、抗抗体搭桥法、杂交抗体法、酶抗酶复合物法、增效抗体法等多种染色方法，其中直接法和间接法最常用。反应中每加一种反应试剂，均需于 37℃ 作用 30min，然后以 PBS 反复洗涤 3 次，以除去未结合物。

①直接法：以酶标抗体处理标本，然后浸入含有相应底物和显色剂的反应液中，通过显色反应检测抗原-抗体复合物的存在。

②间接法：标本首先用相应的特异性抗体处理，再加酶标记的抗抗体，然

后经显色揭示抗原－抗体－抗抗体复合物的存在。

（3）显色反应 免疫酶组化染色中的最后一环是用相应的底物使反应显色。不同的酶，所用底物和供氢体不同。同一种酶和底物如用不同的供氢体，则其反应物的颜色也不同。如辣根过氧化物酶，在组化染色中最常用 DAB，用前应以 0.05% mol/L，pH 7.4～7.6 的 Tris－HCl 缓冲液配成 50～75mg/100mL 溶液，并加少量（0.01%～0.03%）H_2O_2 混匀后加于反应物中置室温 10～30min，反应产物呈深棕色；如用甲萘酚，则反应产物呈红色；用 4－氯－1－萘酚，则呈浅蓝色或蓝色。

（4）标本观察 显色后的标本可在普通显微镜下观察，抗原所在部位 DAB 显色呈棕黄色。也可用常规染料作反衬染色，使细胞结构更为清晰，有利于抗原的定位。本法优于荧光抗体技术之处在于不须应用荧光显微镜，且标本可以长期保存。

4. 酶联免疫吸附试验

酶联免疫吸附试验（ELISA）是应用最广、发展最快的一项新型检测技术。其基本过程是将抗原（或抗体）吸附于固相载体，在载体上进行免疫酶反应，底物显色后用肉眼、酶标仪判定结果。

（1）固相载体 ELISA 常用的固相载体有聚苯乙烯微量滴定板、聚苯乙烯球珠等。聚苯乙烯微量滴定板（48 孔或 96 孔板）是目前最常用的载体，小孔呈凹形，空底呈平面，操作简便，适合于大批样品的检测。新板在应用前一般无须特殊处理可直接使用或用蒸馏水冲洗干净，自然干燥后备用。多为一次性使用，如用已用过的微量滴定板，需进行特殊处理。用于 ELISA 的另一种载体是聚苯乙烯珠，由此建立的 ELISA 又称微球 ELISA。珠的直径为 0.5～0.6cm，表面经过处理以增强其吸附性能，并可制成不同颜色。聚苯乙烯珠可预先吸附或偶联上抗原或抗体，制成商品珠，检测时将小球放入特制的凹孔板或小管中，加入待检标本将小珠浸没进行反应，最后在底物显色后比色测定。本法现已有半自动化装置，用以检验抗原或抗体，效果良好。

（2）包被 将抗原或抗体吸附于固相载体表面的过程称载体的致敏或包被。用于包被的抗原或抗体必须能牢固地吸附在固相载体的表面，并保持其免疫活性。大多数蛋白质可以吸附于载体表面，但吸附能力不同。可溶性物质或蛋白质抗原，如病毒蛋白、细菌脂多糖、脂蛋白、变性的 DNA 等均较易包被；较大的病毒、细菌或寄生虫等难于吸附，需要将它们用超声波打碎或用化学方法提取抗原成分，才能供试验用。用于包被的抗原或抗体需纯化，纯化抗原和抗体是提高 ELISA 敏感性与特异性的关键。抗体最好用亲和层析和 DEAE 纤维素离子交换层析方法提纯。有些抗原含有多种杂蛋白，须用密度、梯度、离心等方法除去，否则易出现非特异性反应。包被的蛋白质数量通常为 1～10μg/mL。高 pH 和低离子强度缓冲液有利于蛋白质包被，通常用 0.1mol/L pH 9.6 的碳酸盐缓冲液作包被液。包被时间一般采用 4℃冰箱过夜，也有经 37℃ 2～

3h 达到最大反应强度。包被后的滴定板可置于4℃冰箱，可贮存3周。如真空塑料封口，于－20℃冰箱可贮存更长时间。

（3）洗涤　在ELISA试验进行的整个过程中，需进行多次洗涤，目的是防止重叠反应，避免引起非特异吸附现象，因此洗涤必须充分。通常采用含助溶剂吐温20（最终质量分数为0.05%）的PBS作洗涤液。洗涤时，先将前次加入的溶液倒空，在滤纸上拍干，然后加入洗涤液反复洗涤3次，每次5min，倒空，并用滤纸吸干。

（4）试验方法　ELISA试验的核心是利用抗原抗体的特异性吸附，在固相载体上一层层地叠加，可以是两层、三层甚至多层。整个反应都必须在抗原抗体结合的最适条件下进行。每层试剂均稀释于最适合抗原抗体反应的稀释液（0.01～0.05mol/L pH 7.4的PBS中加吐温20至0.05%，10%犊牛血清或1% BSA）中，加入后置4℃过夜或37℃ 1～2h。每加一层反应后均需充分洗涤。阳性、阴性应有明显区别。阳性血清颜色深，阴性血清颜色浅，二者吸收值的比值最大时的浓度为最适浓度，试验方法主要有以下几种：

①间接法：用于测定抗体。用抗原包被固相载体，然后加入待检血清样品，经孵育一定时间后，若待检血清中含有特异性的抗体，即与固相载体表面的抗原结合形成抗原－抗体复合物。洗涤除去其它成分，再加上酶标记的抗抗体，反应后洗涤，加入底物，在酶的催化作用下底物发生反应，产生有色物质。样品中含抗体越多，出现颜色越快越深。

②夹心法：又称双抗体法，用于测定大分子抗原。将纯化的特异性抗体包被于固相载体，加入待检抗原样品，孵育后洗涤，再加入酶标记的特异性抗体，洗涤除去未结合的酶标抗体结合物，最后加入酶的底物，显色，颜色的深浅与样品中的抗原含量成正比。

③双夹心法：用于测定大分子抗原。此法是采用酶标抗抗体检测多种大分子抗原，它不仅不必标记每种抗体，还可提高试验的敏感性。将抗体（如豚鼠免疫血清Ab1）吸附在固相载体上，洗涤除去未吸附的抗体，加入待测抗原（Ag）样品，使之与固相载体上的抗体结合，洗涤除去未结合的抗原，加入不同种动物制备的特异性相同的抗体（如兔免疫血清Ab2），使之与固相载体上的抗原结合，洗涤后加入酶标记的抗Ab2抗体（如羊抗兔球蛋白Ab3），使之结合在Ab2上。结果形成Ab1－Ag－Ab2－Ab3－HRP复合物。洗涤后加底物显色，呈色反应的深浅与样品中的抗原量成正比。

④酶标抗原竞争法：用于测定小分子抗原及半抗原。用特异性抗体包被固相载体，加入含待测抗原的溶液和一定量的酶标记抗原共同孵育，对照仅加酶标抗原，洗涤后加入酶底物。被结合的酶标记抗原的量由酶催化底物反应产生有色产物的量来确定。待检溶液中抗原越多，被结合的酶标记抗原的量越少，显色就越浅。可用不同浓度的标准抗原进行反应并绘制出标准曲线，根据样品的OD值求出检测样品中抗原的含量。

⑤PPA－ELISA：是以 HRP 标记葡萄球菌蛋白 A（SPA）代替间接法中的酶标抗抗体进行的 ELISA。因 SPA 能与多种动物的 IgG Fc 片段结合，可用 HRP 标记制成酶标记 SPA，而代替多种动物的酶标抗抗体，该制剂有商品供应。

此外，还有酶－抗酶抗体法、酶标抗体直接竞争法、酶标抗体间接竞争法等。

（5）底物显色　与免疫酶组织化学染色法不同，本法必须选用反应后的产物为水溶性色素的供氢体，最常用的为邻苯二胺（OPD），产物呈棕色，可溶，敏感性高，但对光敏感，因此要避光进行显色反应。底物溶液应现用现配。底物显色以室温 10～20min 为宜。反应结束，每孔加浓硫酸 50μL 终止反应。也常用四甲基联苯胺（TMB）作为供氢体，其产物为蓝色，用氢氟酸终止（如用 H_2SO_4 终止，则为黄色）。

（6）结果判定　ELISA 试验结果可用肉眼观察，也可用 ELISA 测定仪测样本的光密度（OD）值。每次试验都需设阳性和阴性对照，肉眼观察时，如样本颜色反应超过阴性对照，即判为阳性。用 ELISA 测定仪来测定样本的光密度（OD）值，所用波长随底物供氢体不同而异，如以 OPD 为供氢体，测定波长为 492nm，TMB 为 650nm（氢氟酸终止）或 450nm（硫酸终止）。结果可按下列方法表示：

①以 P/N 比值表示：样本的 OD 值与一组阴性样本 OD 值均值之比即为 P/N 比值，样本的 P/N 值≥2 或 3 倍，即判为阳性。

②用阳性“＋”与阴性“－”表示：若样本的 OD 值超过规定吸收值判为阳性，否则为阴性（规定吸收值＝一组阴性样本的平均吸收值＋2 或 3 倍标准差）。

③以终点滴度（即 ELISA 效价，简称 ET）表示：将样本倍比稀释，测定各稀释度的 OD 值，高于规定吸收值（或 P/N 值大于 2 或 3 倍）的最高稀释度即仍出现阳性反应的最大稀释度，即为样本的 ELISA 滴度或效价。

5. 斑点－酶联免疫吸附试验（Dot－ELISA）

斑点－酶联免疫吸附试验，是近几年创建的一项免疫酶新技术，不仅保留了常规 ELISA 的优点，而且还弥补了抗原或抗体对载体包被不牢等缺点，以其独特的优势，广泛应用于猪瘟、猪伪狂犬病、猪细小病毒病、牛副结核病、马传染性贫血等多种传染病的抗原和抗体的检测以及杂交瘤细胞的筛选。其原理是以纤维素薄膜为固相载体，在膜上进行免疫酶反应。先将抗原或抗体吸附在纤维素膜的表面，通过相应的抗体或抗原和酶标记物的一系列反应，形成酶标记抗原－抗体复合物，加入底物后，结合物上的酶催化底物使其水解、氧化成另一种带色物质，沉着于抗原－抗体复合物吸附部位，呈现出肉眼可见的颜色斑点，试验结果可通过颜色斑点的出现与否和色泽深浅进行判定。

6. 酶标抗体技术的应用

酶标抗体技术具有敏感、特异、简便、快速、易于标准化和商品化等优点，是当前应用最广、发展最快的一项新技术。目前已广泛应用于多种细菌病和病毒病的诊断和检测，且多数是利用商品化的试剂盒进行操作的，如猪传染性胃肠炎、牛副结核病、牛结核病、鸡新城疫、牛传染性鼻气管炎、猪伪狂犬病、蓝舌病、蓝耳病、猪瘟、口蹄疫等传染病的诊断和抗体检测。

实训十一　凝 集 试 验

一、目标

熟练掌握平板凝集和试管凝集试验的操作方法，能正确地判定平板凝集和试管凝集试验的结果。

二、仪器与材料

恒温箱、玻璃板、微量移液器及滴头、毛细吸管、试管架、凝集管、牙签或火柴棍、虎红平板凝集抗原、布鲁菌试管凝集抗原、布鲁菌标准阳性血清和阴性血清、0.5%石炭酸生理盐水、被检血清、被检牛等。

三、内容与方法（以布鲁菌病诊断为例）

（一）被检血清的采取

于牛颈静脉无菌操作采血7～10mL，盛于灭菌试管内，立即摆成斜面使其凝固。凝固后将试管置于冷暗处，待血清析出。经过10～12h，将析出的血清用毛细吸管吸于另一灭菌小瓶中，标明血清号及动物号。

（二）虎红平板凝集试验

（1）取一长方形洁净玻璃板，用玻璃铅笔划分成$4cm^2$的方格，将玻璃板上各格标记被检血清号，然后加相应血清0.03mL。

（2）在受检血清旁滴加抗原0.03mL。

（3）用牙签或火柴杆搅动血清和抗原，使之混合。

（4）每次试验用两个格分别滴加阳性血清和阴性血清各0.03mL，分别加抗原0.03mL，用来作阳性血清和阴性血清对照。

（5）在对照标准阳性血清（+）、标准阴性血清（-）反应正常的前提下，被检血清在4min内出现肉眼可见的大的凝集片或小的颗粒状物，液体透明判为阳性（+），无任何凝集物，呈均匀粉红色者判为阴性（-）。

本法操作简便，容易掌握和判断，适用于普查筛选。筛选出的阳性反应血清，再做试管凝集试验，以试管凝集的结果为被检血清的最终判定。

（三）试管凝集试验

（1）每份血清用5支小试管，另取对照管3支，共8支，置于试管架上。如待检血清多时，对照只需做一份。

（2）按表6-1所示操作，先加入0.5%石炭酸生理盐水，第1管加入2.4mL，第2管不加，3~6管各加入0.5mL，然后另取吸管吸取被检血清0.1mL，加入第1管中，并反复吸吹3次，将血清与生理盐水充分混合均匀，吸出0.5mL弃之不用，再分别吸出0.5mL加入第2管、第3管，在第3管混合后吸出0.5mL加入第4管，依此类推至第5管，混匀后吸出0.5mL弃去。第6管不加血清，第7管中加1:25稀释的布鲁菌阳性血清0.5mL，第8管中加1:25稀释的布鲁菌阴性血清0.5mL。

（3）在2~8管中分别加入用0.5%石炭酸生理盐水稀释20倍的布鲁菌抗原0.5mL（第1管不加此抗原），加完后，充分振荡，放入37℃恒温箱中24h，取出观察并记录结果。

（4）结果判定 应在标准阳性血清、阴性血清和石炭酸生理盐水对照反应正常的前提下进行。根据被检血清各管中上层液体的透明度及凝集块的形状来判定凝集反应的强度，以产生明显凝集（++）的血清最高稀释度为其效价。

“++++”：大凝集块，液体透明，为100%凝集；“+++”：凝集片明显，液体较透明，为75%凝集；“++”：凝集片可见，液体不太透明，为50%凝集；“+”：液体混浊，少量细菌凝集，为25%凝集；“-”：液体均匀混浊，无凝集。

（5）判定标准 牛于1:100倍稀释度，出现“++”以上的凝集现象判为阳性反应。于1:50倍稀释度，出现“++”以上的凝集现象判为可疑反应。

表7-1 牛布鲁菌试管凝集试验操作 单位：mL

试管号	1	2	3	4	5	6 抗原 对照	7 阳性血清 对照（1:25）	8 阴性血清 对照（1:25）
0.5%石炭酸生理盐水	2.4	-	0.5	0.5	0.5	0.5	—	—
被检血清	0.1	0.5	0.5	0.5	0.5	—	0.5	0.5
		弃0.5				弃0.5		
（1:20）抗原	—	0.5	0.5	0.5	0.5	0.5	0.5	0.5
血清稀释倍数	1:25	1:50	1:100	1:200	1:400	不凝集	凝集	不凝集

可疑反应牛，经3～4周后再采血重新检查，仍为可疑反应判为阳性反应。

实训十二 沉淀试验

一、目标

熟练掌握环状沉淀和琼脂扩散试验的操作方法，能正确地判定环状沉淀和琼脂扩散试验的结果。

二、仪器与材料

沉淀试验用小试管、毛细吸管、漏斗、滤纸、乳钵、剪刀、大试管、生理盐水、0.5%石炭酸生理盐水、炭疽沉淀素血清、炭疽标准抗原、疑似被检材料（脾、皮张等）、琼脂平板、琼扩打孔器、移液管、鸡马立克病琼扩抗原、鸡马立克病标准阳性血清和阴性血清、被检血清等。

三、内容与方法

（一）环状沉淀试验（以炭疽杆菌环状沉淀试验为例）

1. 待检抗原的制备

（1）热浸法 取疑为炭疽死亡动物的脾脏或肝脏1.0g，置于乳钵内剪碎、研磨，加入5～10mL生理盐水使之混合，用移液管移至试管内，水浴煮沸30min，冷却后用滤纸过滤，得到清亮的液体即为待检抗原。

（2）冷浸法 如被检病料为皮张、兽毛等，先将检样121.3℃ 30min高压灭菌，然后剪成小块并称重，加约5倍的0.5%石炭酸生理盐水，置室温或4℃冰箱内浸泡18～24h，滤纸过滤，使之透明即为待检抗原。

2. 操作方法

（1）取3支沉淀管，用滴管或1mL注射器吸取炭疽沉淀素徐徐注入斜置的沉淀管内，达到管高的1/3处，加时注意勿使液面产生气泡。

（2）取其中一支沉淀管，用毛细滴管吸取待检抗原沿管壁徐徐加入，使其层积在炭疽沉淀素血清上，达到管高的2/3处，加时注意不要发生气泡或者将其摇动，随即直立沉淀管，静置试管架上。另2支沉淀管各用1支毛细滴管同上法分别加入炭疽标准抗原和生理盐水，作标准抗原对照和生理盐水对照（图7－9）。

3. 结果判定

在5～10min内判定结果。两液面的交界处出现乳白色沉淀环判为阳性反应。标准抗原对照管出现乳白色沉淀环，生理盐水对照管无沉淀环。

此法可用于诊断牛、羊、马的炭疽，但不能用于诊断猪炭疽，因猪患炭疽

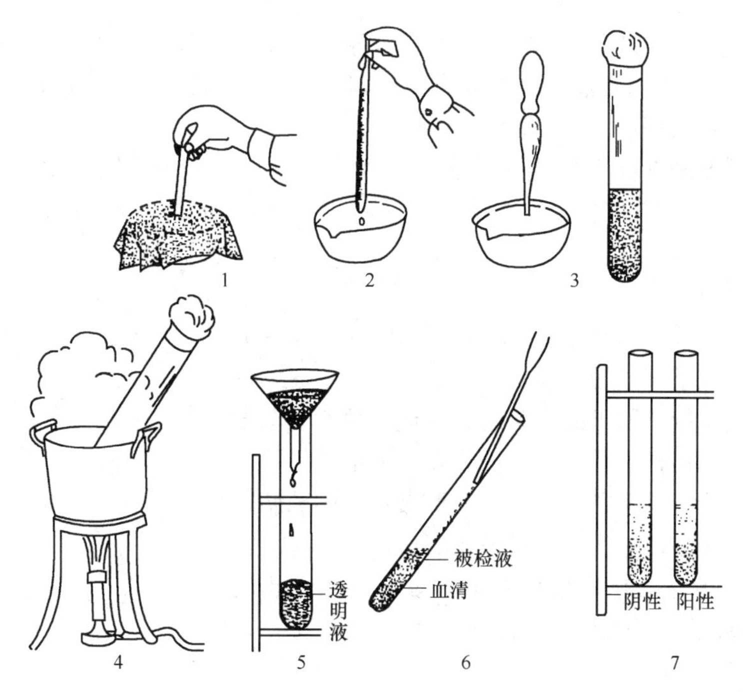

图 7－9 炭疽沉淀反应操作方法图解

1—研碎 2—加 5～10 倍盐水 3—将乳剂装入试管内

4—煮沸 30min 5—滤过 6—层积法 7—结果

时，用此法诊断常为阴性。

4. 注意事项

（1）待检抗原必须清亮，如不清亮，可离心后取上清液，也可冷藏后使脂类物质上浮，用吸管吸取底层的液体待检。

（2）必须进行对照观察，以免出现假阳性。

（3）炭疽杆菌是人畜共患的病原微生物，试验中一定严格按照要求操作，避免散布病原及造成人员感染。

（二）琼脂扩散试验（以鸡马立克病的检验为例）

1. 琼脂板的制备

（1）pH 7.4 0.01mol/L 的 PBS 液或 pH 8.6 的硼酸缓冲液

①pH 7.4 0.01mol/L 的 PBS 液：$Na_2HPO_4 \cdot 12H_2O$ 2.9g，KH_2PO_4 0.3g，NaCl 8.0g，蒸馏水加至 1 000mL，混合后充分溶解即成。

②pH 8.6 的硼酸缓冲液：四硼酸钠 8.8g、硼酸 4.65g，蒸馏水加至 1 000mL，混合后充分溶解即成。

（2）1% 琼脂板 琼脂粉 1.0g，pH 7.4 0.01mol PBS 液或 pH 8.6 硼酸缓冲液 100mL，2% 叠氮钠（NaN_3）1.0mL，NaCl 8.0g。

将以上成分混合，煮沸 30min，中间振荡数次，待琼脂融化均匀后倒入平皿内，使其厚度为2.5～3mm。直径120mm平皿注入琼脂液27～28mL，直径90mm平皿注入琼脂液15～18mL，待琼脂冷凝后加盖，倒置平皿，防止水分蒸发，在4℃冰箱中可保存1周左右。

也可根据待检血清样品的多少采用大、中、小3种不同规格的玻璃板。10cm×16cm的玻璃板，注入琼脂液40mL；6cm×7cm的注入11mL；3.2cm×7cm的注入6mL。

2. 操作方法

（1）打孔　按图打孔（图7－10），一般由1个中心孔和6个周边孔组成。孔径4mm，孔距4mm。将图案放在带有琼脂的平皿或玻璃板下面，照图案在固定的位置用打孔器打孔。目前多采用组合打孔器直接打孔，孔图呈梅花形。用针头挑出孔内的琼脂，注意勿伤边缘或使琼脂层脱离平皿底部。

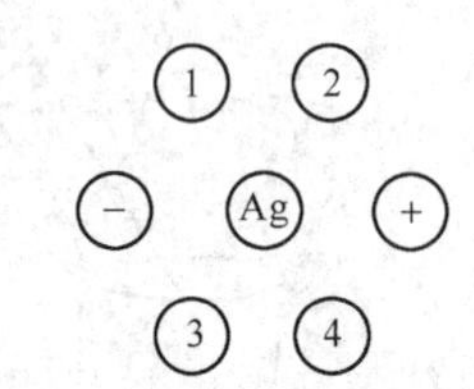

图7－10　打孔、加样图

Ag—抗原　+—阳性血清

1、2、3、4—被检血清

（2）封底　在酒精灯火焰上缓缓加热至孔底边缘的琼脂刚刚要熔化为止。以此封闭孔的底部，以防侧漏。

（3）编号、加样　按规定图形编号，中间孔加入鸡马立克病琼扩抗原；外周孔加入标准阳性血清及被检血清。每孔均以加满为度，不要溢出。

（4）扩散　加样完毕，平皿加盖，待孔中抗原、血清吸收半量后，将平皿轻轻倒置，放入湿盒内，以防水分蒸发。放置15～30℃条件下，逐日（24h、48h、72h）观察3d，记录结果。

3. 结果判定

将琼脂板置日光灯或侧强光下观察，若标准阳性血清孔与抗原孔之间出现一条清晰的白色沉淀线，则试验成立。

（1）阳性　当标准阳性血清孔与抗原孔之间有明显致密的沉淀线时，被检血清孔与抗原孔之间形成沉淀线或标准阳性血清的沉淀线末端向毗邻的被检血清孔内侧偏弯者，此被检血清判为阳性。

（2）阴性　被检血清孔与抗原孔之间不形成沉淀线或标准阳性血清孔与抗原孔之间的沉淀线向毗邻的被检血清孔直伸或向其外侧偏弯者，此被检血清判为阴性。

4. 注意事项

（1）制备的琼脂板放在4℃冰箱冷却后打孔，效果为佳。

（2）溶化的琼脂倒入平皿时，注意使整个平板厚薄均匀一致，不要产生气泡。在冷却过程中，不要移动平板，以免造成琼脂表面不平坦。

（3）封底要掌握好时间，不要过热。

（4）加样以加满为度，切勿溢出。

（5）加样后的琼脂板，切勿马上倒置以免液体流出，待孔中液体吸收一半后再倒置于湿盒内。

实训十三 荧光抗体技术

一、目标

熟练掌握荧光抗体染色技术的操作方法，能正确地判定实验结果，会运用此方法对猪瘟等常见动物传染病进行检测。

二、仪器与材料

猪瘟病猪扁桃体或肾脏、猪瘟荧光抗体、载玻片、盖玻片、丙酮、缓冲甘油、猪瘟荧光抗体、冰冻切片机、荧光显微镜、PBS 缓冲液等。

三、内容与方法（以猪瘟直接荧光抗体染色为例）

1. 组织片的制作

取疑似猪瘟病的猪扁桃体与肾脏组织块，用冰冻切片机制成 5～7μm 厚的冰冻组织切片，粘于载玻片上，空气中自然干燥，立刻在室温下放入纯丙酮固定 15min，取出用 PBS 缓冲液漂洗 3～4 次，自然干燥或用电扇吹干后染色。如不能及时染色，可用塑料纸包好，放入低温冰箱中保存。

此外，也可做组织触片。将小块组织用滤纸将创面血液吸干，然后用玻片轻压创面，使之粘上 1～2 层细胞，自然干燥或用电扇吹干，固定后染色。

2. 荧光抗体染色

（1）用 PBS 液将猪瘟荧光抗体稀释至工作浓度。

（2）滴加猪瘟荧光抗体于固定的组织切片上，以覆盖为度，放湿盒内置 37℃温箱中反应 30min。

（3）取出标本片，用 PBS 缓冲液浸洗 3 次，每次 3min，然后置室温中，待半干时以缓冲甘油封片，立即置荧光显微镜下观察。

（4）使用猪瘟抗血清作染色抑制对照试验　方法是将组织切片固定后滴加猪瘟高免血清，37℃湿盒内反应 30min，用 PBS 缓冲液浸洗 3 次，每次 3min，干燥，用猪瘟荧光抗体染色，以下操作同前。结果应为阴性。

3. 结果判定

（1）阳性反应　扁桃体隐窝上皮或肾曲小管上皮细胞的胞质内呈明亮的黄绿色荧光，细胞形态清晰。

（2）阴性反应　无荧光或荧光微弱，细胞形态不清晰。

4. 注意事项

（1）可疑急性猪瘟病例，活体采取扁桃体效果最佳。

（2）被检脏器必须新鲜，如不能及时检查，最好做冰冻切片，在冰箱内冷冻保存。

（3）试验中所用载玻片应为无自发荧光的石英玻璃或普通优质玻璃，用前应浸泡于无水乙醇和乙醚等量混合液中，用时取出用绸布擦净。

（4）观察标本片，需在较暗的室内进行，当高压汞灯点燃 3 ~ 5min 后再开始检查。

（5）一般标本在高压汞灯下照射超过 3min 即有荧光减弱现象。标本片染完后应当天观察。

（6）荧光显微镜每次观察时间以 1 ~ 2h 为宜。超过 1.5h 灯泡发光强度下降，荧光强度随之减弱。

附：试剂的配制方法

1. pH 7.2 的 0.01mol/L PBS 液

氯化钠 8.0g，氯化钾 0.2g，无水磷酸二氢钾 0.2g，无水磷酸氢二钠 1.15g，蒸馏水 1 000mL。将以上成分溶于水，另加 0.1g 硫柳汞防腐。

2. 缓冲甘油

优质纯甘油 9 份和碳酸盐缓冲液（0.5mol/L 碳酸钠 1 份与 0.5mol/L 碳酸氢钠 3 份混合即成）1 份混合即成。

实训十四　酶联免疫吸附试验

一、目标

熟练掌握酶联免疫吸附试验的基本原理和操作方法。熟练应用酶联免疫吸附试验技术检测猪瘟抗体。

二、仪器与材料

96 孔聚苯乙烯反应板、微量加样器、恒温箱、滴管、滤纸、微量混合器、酶标仪、包被液、PBS 液，PBS - T 液，封闭液、底物溶液、终止液、兔抗猪酶标抗体、猪瘟阳性血清、猪瘟阴性血清、猪瘟病毒、被检血清等。

三、内容与方法（以间接 ELISA 检测猪瘟抗体为例）

1. 抗原包被

用包被稀释液稀释猪瘟病毒抗原至 1μg/mL，用微量移液器每孔加样 100μL，置湿盒内 37℃包被 2 ~ 3h 或 4℃冰箱过夜。

2. 洗涤

取出酶标板，甩干包被液，用微量移液器向包被后的酶标板内每孔加0.05%吐温的PBS液300μL，室温下轻微摇动5min，用干净吸水纸吸干或在桌面上轻轻拍干，重复洗涤3次。

3. 封闭

每孔加封闭液（含5%脱脂乳的PBS）300μL，37℃封闭2h。

4. 洗涤

同步骤2。

5. 加待检血清

用微量移液器向每孔加入100μL PBS，然后在酶标板的第1孔加100μL待检血清，以微量加样器反复吹吸几次混匀后，吸100μL至第2孔，依次倍比稀释至第12孔，剩余的100μL弃去，置湿盒内37℃作用2h。

6. 洗涤

同步骤2。

7. 加酶标抗体

用封闭液将兔抗猪酶标抗体稀释至工作浓度（1∶2 000倍稀释），每孔100μL，37℃作用2h。

8. 洗涤

同步骤2。

9. 加底物显色

新配制的OPD－H_2O_2底物显色液每孔加100μL，室温避光显色10～15min。

10. 终止反应

用2mol/L的H_2SO_4每孔50μL终止反应。

11. 结果判定

肉眼观察液体呈黄色或棕褐色者为阳性反应，无色者为阴性反应。也可用酶标仪检测样品的光密度（OD）值，选用492nm的波长比色，被检血清OD值高于标准阴性血清平均OD值2.1倍以上者为阳性反应（P/N≥2.1），否则为阴性反应。

注意：每块反应板均需在最后一排的后3孔设立阳性对照、阴性对照和空白对照。

附：试剂的配制方法

1. 包被稀释液（0.05mol/L碳酸钠－碳酸氢钠缓冲液，pH 9.6）

Na_2CO_3 1.5g、$NaHCO_3$ 2.9g，加蒸馏水至1 000mL，调pH至9.6。

2. 洗涤液（0.01mol/L PBS液）

NaCl 8.0g、KH_2PO_4 0.2g、$Na_2HPO_4 \cdot 12H_2O$ 2.9g、KCl 0.2g，溶于1 000mL蒸馏水，调pH至7.4。

3. PBS－T 洗涤液

PBS 1 000mL、吐温 20 0.5mL，充分摇匀即成。

4. 封闭液（5% 脱脂乳的 PBS）

10mL PBS－T，加 0.5g 脱脂乳混匀即成。

5. OPD－H_2O_2 底物显色液

A 液：0.1mol/L 柠檬酸溶液（柠檬酸 19.2g 加蒸馏水至1 000mL）。

B 液：0.2mol/L Na_2HPO_4 溶液（$Na_2HPO_4 \cdot 12H_2O$ 71.7g 加蒸馏水至 1 000mL）。

临用前取 A 液 4.86mL，B 液 5.14mL 混合，加入 OPD 4mg，待充分溶解后加入 30% H_2O_2 50mL。

6. 终止液（2mol/L H_2SO_4 溶液）

蒸馏水 600mL、浓硫酸 100mL（缓慢滴加并不断搅拌），加蒸馏水至 900mL。

1. 名词解释

血清学试验、带现象、凝集试验、间接凝集试验、沉淀试验、免疫电泳技术、补体结合试验、中和试验、免疫荧光技术、免疫酶技术、ELISA。

2. 血清学试验有何特点？试验中为什么要设对照试验？

3. 简述直接凝集试验与间接凝集试验的区别。

4. 简述沉淀试验的类型及应用。

5. 简述琼脂双向双扩散的原理及应用。

6. 简述免疫电泳技术的原理、方法及应用。

7. 简述补体结合试验的原理。

8. 简述免疫荧光技术的原理、方法及应用。

9. 简述免疫酶标记技术的原理及应用。

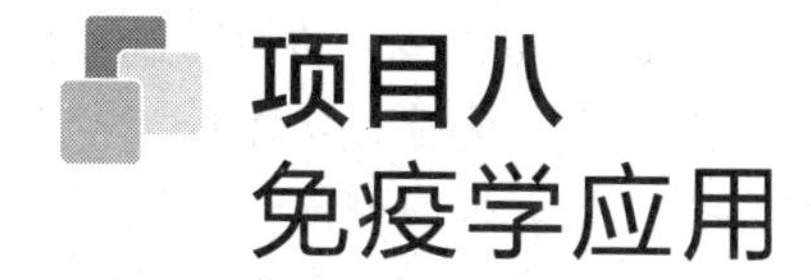

项目八 免疫学应用

【知识目标】

了解疫苗的种类，掌握疫苗和血清的使用方法及注意事项；了解免疫诊断试剂的类型及实际应用；理解生物制品在免疫预防、诊断和治疗上的应用。

【技能目标】

能正确应用常用疫苗及血清；具有正确指导和合理利用生物制品进行传染病诊断、预防与治疗的能力。

任务一 | 生物制品及其应用

一、生物制品的概念

生物制品是以微生物、寄生虫及其组分或代谢产物以及动物或人的血液、组织等材料为原料，通过生物学、生物化学及生物工程学的方法加工制成的，用于传染病或其它相关疾病的预防、诊断和治疗的生物制剂。狭义的生物制品包括疫苗、免疫血清和诊断液，而广义的生物制品还包括各种微生态制剂、血液制剂、肿瘤免疫及自身免疫病等非传染性疾病的免疫诊断、治疗及预防制剂，以及提高动物机体非特异性免疫力的免疫增强剂等。

二、生物制品的种类及应用

兽医临床常用的生物制品主要有疫苗、免疫血清、诊断液。

（一）疫苗

疫苗是由病原微生物、寄生虫及其组分或代谢产物所制成的用于人工主动免疫的生物制品。动物通过接种疫苗，可刺激机体产生针对某种病原微生物的特异性免疫应答，从而抵抗特定病原微生物或寄生虫的感染，达到预防疾病发生的目的。现代疫苗除了用于预防动物传染病、寄生虫病外，还可用于预防非传染性疾病，如自身免疫性疾病、肿瘤等；并出现了一些生理调控性疫苗，如促进生长疫苗及控制生殖疫苗等。

疫苗不同于一般药物，一般药物主要用于患病动物，治疗已经发生的疾病或者减轻发病症状，而疫苗主要用于健康动物，通过调动机体的主动免疫预防健康动物发生疾病；一般药物多来源于天然动植物或化学合成，而疫苗多为生物制品。

1. 疫苗的种类

（1）灭活疫苗　即通常所说的死疫苗或死苗，包括普通灭活苗、自家灭活苗、组织灭活苗。

普通灭活苗即选择抗原性强的菌株或毒株，大量培养后，用理化方法灭活制成，通常要加入免疫佐剂以提高其免疫力，兽医临床使用的灭活疫苗大部分都是普通灭活疫苗；自家灭活苗即从患病动物自身病灶中分离出来的病原体，经培养、灭活后制成的疫苗再用于动物本身的免疫，适用于治疗慢性、反复发作、用抗生素治疗无效的细菌或病毒感染，如葡萄球菌感染症；组织灭活苗即利用病、死动物的含病原微生物的脏器制成乳剂，灭活脱毒后制成的疫苗，该苗制法简单，成本低廉，在没有特效疫苗的情况下，可作为一种应急措施，在疫病流行区控制疫病的发展可起到很好的作用。

灭活疫苗的优点是研究周期短，出现新疫情时可迅速研制相应疫苗进行免疫；疫苗所含病原微生物已经灭活，不能在动物体内繁殖，安全，无全身性副作用，不会出现毒力增强或返祖现象；多制成油乳剂，受外界环境影响小，便于保存和运输；易制成多价苗和多联苗。缺点是抗原不能在体内繁殖，接种剂量大，免疫保护期短，生产成本高，需要加入佐剂以增强免疫效果，常需要多次免疫，免疫方法只能为注射等。

（2）活疫苗　简称活苗，又称弱毒苗，包括强毒苗、弱毒苗和异源苗3种。

强毒苗是应用最早的疫苗，如我国古代民间预防天花所使用的天花患者痂皮，其中就含有强毒。使用强毒苗进行免疫具有非常大的风险，免疫接种强毒苗本质上就是散毒的过程，因此在现代生产过程中基本不用。弱毒苗是目前应用比较广泛的活疫苗，它是利用人工诱变获得的弱毒株、筛选的天然弱毒株或失去毒力的无毒株制成的疫苗，所含抗原虽然具有生命力，但其毒力已经下降甚至消失，且仍保持良好的免疫原性，如鸡新城疫Ⅱ系弱毒苗。异源疫苗是用具有共同保护性抗原的不同种病毒制成的疫苗，如火鸡疱疹病毒疫苗用于预防鸡的马立克病、鸽痘病毒疫苗用于预防鸡痘等。

活苗的优点是能在动物体内进行一定的繁殖，免疫剂量小，可以刺激机体产生一定的全身免疫反应和局部免疫反应；免疫力持久，保护期长，有利于清除局部野毒；生产成本低，产量高，不需要加入佐剂；可应用多种免疫途径，免疫成本低等。缺点是具有一定散毒的风险，疫苗毒株在自然环境或动物体内持续繁殖，有毒力增强或返祖的可能；存在不同抗原互相干扰的现象，难以制成联苗；多制成冻干苗，保存和运输条件要求较高等。

（3）代谢产物疫苗　又称类毒素疫苗，是利用细菌的代谢产物如毒素、酶等成分制成的疫苗。如利用破伤风毒素、白喉毒素、肉毒梭状芽孢杆菌毒素经0.3%～0.4%甲醛溶液灭活后制成的类毒素疫苗具有良好的免疫原性，可作为主动免疫制剂预防破伤风、白喉和肉毒梭状芽孢杆菌感染。另外，致病性大肠杆菌肠毒素、多杀性巴氏杆菌攻击毒素及链球菌的扩散因子等都可以制成代谢产物疫苗。

（4）亚单位疫苗　亚单位疫苗是利用微生物的一种或几种亚细胞结构制成的疫苗。致病性微生物经过理化方法处理后，去除毒性物质及致病成分，提取有效抗原物质或有效免疫成分，通过化学合成或生物合成，制成亚单位疫苗，这种疫苗只含抗原成分，因此无不良反应，使用安全，效果较好，但研制过程较长，生产工艺复杂，成本较高。如猪口蹄疫亚单位疫苗、流感病毒血凝素疫苗等。

（5）生物技术疫苗　生物技术疫苗是利用生物技术制备的分子水平的疫苗，包括基因工程亚单位疫苗、合成肽疫苗、抗独特型抗体疫苗、基因工程活疫苗及 DNA 疫苗。

基因工程亚单位疫苗是利用 DNA 重组技术将编码病原微生物抗原的基因导入受体菌或细胞中进行原核或真核表达，提取表达产物制成的疫苗，如大肠杆菌菌毛基因工程疫苗等。

合成肽疫苗是利用化学合成方法人工合成病原微生物的保护性抗原多肽，并将多肽连接到大分子载体上制成的疫苗。一个大分子载体可以连接多种多肽，因此本种疫苗容易制成多价苗或联苗。

抗独特型抗体疫苗是利用第一抗体中的独特抗原决定簇制备的具有抗原的“内影像”结构的第二抗体制成的疫苗。该抗体具有模拟抗原的特性，可以诱导机体产生体液免疫和细胞免疫，适用于目前尚不能培养或难以培养的病毒及直接用病原体制备存在潜在风险的疾病的防控。

基因工程活疫苗包括基因缺失苗、重组活载体疫苗及非复制性疫苗 3 类。基因缺失苗是利用基因工程技术将毒株毒力相关基因切除而构建的疫苗。该苗安全性好，免疫保护力强，适于局部接种，可诱导黏膜免疫，是比较理想的疫苗，如猪伪狂犬病基因缺失苗。重组活载体疫苗是利用基因工程技术将保护性抗原基因转移到载体上，载体进入体内后表达保护性抗原制成的疫苗。如以腺病毒为载体的乙肝疫苗。非复制性疫苗与重组活载体疫苗相似，载体病毒接种后只产生顿挫感染，不能完成复制过程，同时又能表达目的抗原，产生有效的免疫保护。

（6）寄生虫疫苗　寄生虫多有复杂的抗原结构和生活史，抗原成分复杂而多变，因此到目前为止理想的寄生虫疫苗不多。目前，国际上推出并收到良好免疫效果的有抗球虫活疫苗和犬钩虫疫苗，一些国家还相继研制出了旋毛虫虫体组织佐剂苗、猪全囊虫匀浆苗及弓形虫佐剂苗等寄生虫疫苗。

（7）单（价）疫苗　单（价）疫苗是指利用同一种微生物菌（毒）株或同一种微生物中的单一血清型菌（毒）株培养物制备的疫苗。单（价）疫苗对单一血清型微生物引起的疾病具有免疫保护力，但是仅对多血清型微生物所引起疾病中的对应血清型有免疫保护作用，而不能使免疫动物获得完全的保护力，如猪肺疫氢氧化铝灭活疫苗由6:B血清型的多杀性巴氏杆菌强毒株灭活制成，对A型多杀性巴氏杆菌引起的猪肺疫不具备免疫保护作用。

（8）多（价）疫苗　多（价）疫苗是利用同一种微生物中多种血清型菌（毒）株制备的疫苗。可以使免疫动物获得完全的免疫保护，如口蹄疫A、O型鼠化弱毒疫苗等。

（9）多联（混合）疫苗　多联（混合）疫苗是利用不同种微生物，按照免疫学原理组合后制备的疫苗。根据制备疫苗时组合的微生物多少不同可分为二联苗、三联苗、四联苗、五联苗、六联苗等，如猪瘟－丹毒－肺疫三联活疫苗、犬瘟热－细小病毒二联活疫苗等。混合疫苗接种动物后可以对相应疾病产生保护作用，减少了接种次数，具有一针防多病的优点。

2. 疫苗使用的注意事项

（1）疫苗的质量　应选择正规生物制品厂家产品的疫苗，购买及使用前应检查是否过期、外观包装是否有破损、封口是否严密及物理性状（色泽、外观、透明度、有无异物等）与说明书是否相符等。

（2）疫苗的运输和保存　疫苗运输过程和保存过程要按照规定的条件进行，否则会引起疫苗质量的下降甚至造成免疫失败。疫苗运输中要防止高温、暴晒和冻融，活疫苗运输可用带冰块的保温瓶或保温箱运送，运送过程中要避免高温和阳光直射，北方地区要防止气温低而造成的冻结及温度高低不定引起的冻融，切忌于衣袋内运送疫苗。

疫苗需低温保存。灭活苗保存于2～15℃的阴暗环境中；冻干活疫苗多要求在－15℃的阴暗环境中保存，温度越低，保存时间越长；而活湿苗，只能现制现用，在0～8℃下仅可短期保存；冻结苗应在－70℃以下的低温条件下保存。

（3）制定合理的免疫程序　目前，还没有适用于所有地区及各养殖场的固定免疫程序，应根据当地实际情况和各养殖场区的具体情况制定合理的免疫程序。制定免疫程序时需要充分考虑本地区疫病流行情况、动物种类和用途、动物的年龄、母源抗体水平、饲养管理水平及疫苗的种类、性质、免疫途径等条件，保证每种疫苗在适当的时机、以适当的途径接种，才能起到良好的免疫效果。通过血清学试验进行抗体检测，可以为确定免疫程序提供参考依据。

（4）疫苗型别与疫病型别一致　某些传染病的病原具有多种血清型，并且各种血清型之间无交互免疫性，所以对这些传染病的预防需要选择与当地流行疫病型别相同的疫苗或多价苗，如口蹄疫、禽流感、鸡传染性支气管炎的免疫就应注意对型免疫或使用多价苗。

（5）动物体质　注意被免疫动物的体质、年龄及是否妊娠等，如果不是受到传染的威胁，一般抵抗力较差的动物可暂时不注苗，特别是可能存在风险的弱毒疫苗。在疫病流行区应逐头测温和观察症状，正常无病的动物可立即注射疫苗，已有症状的动物应迅速隔离后注射抗血清，不能注射疫苗，否则会激发传染病，但无抗血清又有全群覆没的危险时也可以进行全群注射，俗称“顶风上苗”。

（6）选择合理的免疫途径　疫苗常用的接种途径有皮下注射、肌内注射、饮水、点眼、滴鼻、气雾、刺种等，不同的疫苗应根据需要选择适当的途径。选择免疫途径时要考虑病原体侵入机体的门户和定殖部位、疫苗的种类和特点。自然感染途径不仅可调动全身的体液免疫和细胞免疫，而且可诱发局部黏膜免疫，尽快发挥免疫防御作用。但有些疫苗必须经特定途径免疫，才能引起良好的免疫作用，如禽痘疫苗用刺种接种，新城疫Ⅰ系疫苗用肌内注射等。一般皮下注射和肌内注射免疫确实、吸收快，但需逐只注射，工作量大，而且动物的应激反应比较大；饮水免疫时抗原在外界和体内损失比较多，故疫苗用量大，但在大型鸡群中，可大大减少工作量，对鸡群的应激也小。饮水免疫时应注意免疫前要适当停水，适当加大疫苗用量，只有活疫苗才适于饮水免疫；点眼、滴鼻效果较好，疫苗抗原刺激眼部的哈德尔氏腺和呼吸道、消化道的黏膜免疫系统，呈现的局部免疫作用受血清抗体影响较小，而且能在感染初期起到免疫保护作用；气雾免疫是用气雾发生器使疫苗雾化，通过口、鼻、眼吸收疫苗，气雾免疫的效果与雾滴大小有关。气雾免疫可减少工作量和鸡的应激，但雾滴对呼吸道的应激作用常常诱发潜在的霉形体病，其刺激作用与雾滴大小成反相关，故可通过预防用药和调节雾滴大小来减少霉形体病的发生。

（7）免疫剂量、接种次数及时间间隔　在一定剂量范围内，疫苗剂量与免疫效果成正相关。剂量过低对机体刺激强度不够，不能产生足够强烈的免疫反应；而剂量增加到一定程度之后，免疫效果不增加，反而引起免疫抑制，称为免疫麻痹。因此，疫苗的剂量应按照规定使用，不得任意增减。疫苗使用时在初次应答之后，间隔一定时间重复免疫可刺激机体产生再次应答和回忆应答，可产生较高的抗体水平使免疫持久。因此生产中使用疫苗常进行2～3次的连续接种，间隔时间视疫苗种类而定，细菌或病毒疫苗免疫产生快，间隔7～10d；类毒素引起免疫反应较慢，间隔至少4～6周。

（8）疫苗的稀释及使用　某些疫苗稀释时需要稀释剂，必须选择符合要求的稀释剂来稀释疫苗，除马立克病毒疫苗等个别疫苗要用专用的稀释剂以外，一般用于滴鼻、点眼、刺种、涂肛及注射接种的疫苗可用灭菌的生理盐水或灭菌的蒸馏水作为稀释剂；饮水免疫时稀释剂最好用蒸馏水或去离子水及深井水，但不能用含消毒剂的自来水；气雾免疫时稀释剂可用蒸馏水或去离子水，如果稀释水中含有盐类，雾滴喷出后，由于水分蒸发盐类浓度增高会使疫苗病毒死亡，可以在饮水或气雾的稀释剂中加入0.1%的脱脂奶粉或山梨糖醇保护疫苗免疫原性。

稀释疫苗时首先应将疫苗瓶盖消毒，然后用注射器把少量的稀释剂注入疫苗瓶中充分摇振，使疫苗完全溶解后再加入其余量的稀释剂。如果疫苗瓶过小不能装入全部的稀释剂，应把疫苗吸出来注于另一无菌容器内，再用稀释剂把原疫苗瓶冲洗若干次，把全部疫苗都洗下来。疫苗应于临用前才由冰箱中取出，稀释后应尽快使用，一般疫苗稀释后应在2~4h内用完，过期作废。使用疫苗要做好消毒灭菌工作，接种疫苗使用的注射器、针头等要清洗灭菌后再使用。注射器和针头尽量做到每只动物换一个，绝不能一个针头连续注射；并用清洁的针头吸疫苗。接种完毕，所有的用具及剩余疫苗应灭菌处理。

(9) 药物的干扰　在使用活菌苗前后10d内不宜使用抗生素及其它抗微生物药物，也不能饲喂含抗生素的饲料，以免导致免疫失败。

(10) 防止不良反应的发生　使用疫苗时，应注意被免疫动物的年龄、体质和特殊的生理时期。幼龄动物应选用毒力弱的疫苗免疫，如新城疫的首次免疫用Ⅳ系而不用Ⅰ系，鸡传染支气管炎首次免疫用H_{120}而不用H_{52}；对体质较弱或正患病的动物应暂缓接种；对妊娠动物或产蛋期的家禽使用弱毒的活疫苗，可能导致胎儿的发育障碍和产蛋下降，因此生产中应在母畜配种前、家禽开产前做好各种疫病的免疫工作，必要时可选用灭活疫苗，以防引起流产和产蛋下降等不良后果。

免疫后应注意观察动物状态和反应，有些疫苗使用后会出现短时间的轻微反应，如发热、局部淋巴结肿大等属正常反应；如出现剧烈或长时间的不良反应，应及时治疗。

(二) 免疫血清

动物反复多次免疫同一种抗原物质后，机体血清中含有大量的特异抗体，采取其血液分离得到的血清，称为免疫血清，又称高免血清或抗血清，主要用于治疗和紧急预防接种。免疫血清注入机体后可立即发挥人工被动免疫作用，但这种免疫力维持时间较短，一般为2~3周。在临床上应用较多的免疫血清是抗病毒血清和抗毒素血清，如抗小鹅瘟血清、抗炭疽血清、抗猪瘟血清、破伤风抗毒素等。

1. 免疫血清的分类

根据制备免疫血清所用的抗原物质不同，免疫血清可分为抗菌血清、抗病毒血清和抗毒素血清。

根据制备免疫血清所使用的动物不同，免疫血清可分为同种血清和异种血清，用同种动物制备的血清称为同种血清，用不同种动物制备的血清称为异种血清。

抗菌血清和抗毒素血清通常用大动物制备，如用牛制备的抗猪丹毒血清，用马制备的破伤风抗毒素均为异种血清；抗病毒血清常用同种动物制备，如用猪制备抗猪瘟血清，用鸡制备抗新城疫血清等。同种血清虽然产量有限但注射后不引起机体应答反应，比异种血清免疫期长。家禽还常用卵黄抗体制剂来进行人工被动免疫，例如鸡群爆发传染性法氏囊病时用卵黄抗体进行接种，可起到良好的防制效果。

2. 免疫血清使用的注意事项

免疫血清应保存于2～8℃遮光环境中，冻干制品应保存在－15℃遮光环境中，使用过程中应注意以下几点：

（1）尽早使用　抗毒素血清和抗病毒血清具有中和外毒素及中和病毒的作用，这些作用仅限于尚未与细胞结合的外毒素和病毒，对已经和组织细胞结合及进入细胞内部发挥致病作用的毒素和病毒无效，因此在应用免疫血清治疗时应尽早使用，而且越早用效果越好。

（2）疗程够剂量足　应用免疫血清治疗时虽然起效快、疗效高，但是抗体在机体内会逐渐衰减，免疫力维持时间较短，因此在使用时必须注意疗程应足够长、剂量要足，必要时可多次使用以达到理想的效果。剂量的选择应充分考虑动物的体重、年龄及使用目的等因素，一般大动物用量为10～20mL、中等动物5～10mL、家禽2～3mL。

（3）途径适当　使用免疫血清正确的途径是注射，绝对不能经口给药。注射时应尽量选择吸收快、不良反应小的注射方式。静脉注射吸收最快，但易引起过敏反应，应用时要注意预防，静脉注射时血清应预热至30℃左右再进行注射；肌内注射或皮下注射也是常用的注射方式，虽然作用速度比静脉注射慢，但是不易引起过敏反应，需要注意的是皮下注射和肌内注射量较大时应尽量分点注射，以增加吸收速度和减少局部刺激。

（4）防止过敏反应　使用异种血清治疗时可能会引起过敏反应，要注意预防，最好使用提纯品。给大动物注射异种血清时可采用脱敏疗法，如发生过敏性休克可使用肾上腺素、氨茶碱等抢救，一般过敏可使用苯海拉明、扑尔敏、维生素C及钙制剂缓解和消除过敏症状。

（三）诊断液

诊断液又称诊断试剂，是指利用微生物、寄生虫及其代谢产物或者含有其特异抗体的血清制成的专供传染病、寄生虫病或其它疾病以及机体免疫状态诊断用的生物制品，包括诊断抗原和诊断抗体。

诊断抗原包括血清学试验抗原和变态反应抗原。血清学试验抗原包括各种凝集反应抗原，如鸡白痢全血平板凝集反应抗原、鸡支原体病全血平板凝集反应抗原、猪伪狂犬乳胶凝集抗原、布鲁菌试管凝集反应抗原、布鲁菌虎红平板凝集反应抗原等；沉淀反应抗原，如炭疽环状沉淀反应抗原、马传染性贫血琼脂扩散试验抗原等；补体结合反应抗原，如鼻疽补体结合反应抗原、马传染性贫血补体结合反应抗原等。应该注意的是，在各种类型的血清学试验中，同种微生物的抗原会因试验类型不同而有所差异，所以在选择诊断抗原时，应根据所要进行的试验类型选择诊断抗原的种类。变态反应抗原用于已感染疫病的机体，此种抗原可以刺激机体发生迟发型变态反应，从而判断机体的感染情况，如用于检测结核杆菌感染的结核菌素，检测布鲁菌感染的布鲁菌水解素等。

诊断抗体包括诊断血清和诊断用特殊抗体。诊断血清是用抗原免疫动物制成的，类似于高免血清，如鸡白痢血清、马流产血清、炭疽沉淀素血清、魏氏梭状芽孢杆菌定型血清、大肠杆菌和沙门菌的因子血清等。诊断用特殊抗体是为了便于诊断动物疫病而生产的具有一定特殊性质的抗体，如单克隆抗体、荧光抗体、酶标抗体、同位素标记抗体等。

任务二 | 免疫诊断和免疫防治

一、免疫诊断

免疫诊断是应用免疫学的理论、技术和方法诊断各种疾病及检测机体免疫状态的一种诊断方法。免疫诊断技术可应用于检查免疫器官和功能发生改变的疾病，如免疫缺陷病、自身免疫病；也可应用于检查传染性疾病、肿瘤和其它疾病；结合分子生物学技术，免疫诊断技术还可以应用于检测机体内分泌系统的情况，如内分泌疾病、妊娠诊断等。可在体内和体外进行。免疫诊断技术具有特异性强、灵敏度高、简便快捷等优点，目前已广泛应用于兽医临床诊断动物疾病、监测抗体水平及妊娠诊断等方面。

（一）疫病诊断

对畜禽疫病进行诊断是免疫诊断技术在兽医临床应用最主要的方面之一。动物疫病是指由病原微生物、寄生虫在动物机体内生长繁殖引起的机体的病理变化及病理损伤，这些病原微生物一方面在体内生长繁殖，一方面刺激机体产生特异性抗体，通过免疫诊断技术检测到动物体内的病原或特异性抗体对诊断动物疫病具有确定性意义。动物临床应用的疫病诊断技术包括血清学诊断和变态反应性诊断。

1. 血清学诊断

血清学诊断是利用血清学试验检测患病动物的组织或血清，定量或定性地检测病原微生物或寄生虫的抗原，确定它们的血清型及亚型或检测相应的抗体，从而对疾病作出确定的诊断。通过血清学诊断不但可以确定动物个体的病理发展阶段和免疫应答能力，而且能够结合统计学原理分析全群动物的抗体水平和疾病发展情况。常用的血清学诊断技术包括凝集试验、沉淀试验、中和试验等。

2. 变态反应性诊断

变态反应性诊断是利用变态反应原理，通过已知微生物或寄生虫抗原在动物体局部引发的变态反应，确定动物机体是否已被感染相应的微生物或寄生虫的诊断方法。兽医临床应用较多的是利用细胞介导的迟发型变态反应原理诊断牛结核分枝杆菌、马鼻疽杆菌、布鲁菌等胞内寄生菌的感染。如结核菌素皮内试验等。

（二）妊娠诊断

利用免疫诊断技术进行动物妊娠诊断是一个较新的应用领域。动物妊娠期间体内激素水平会发生改变，产生一些新的激素从尿液排出，以此激素作为抗原或制成抗激素抗体吸附到乳胶颗粒上，利用间接凝集试验或间接凝集抑制试验检测妊娠动物尿液标本中是否有相应激素的存在，进行早期妊娠诊断。另外，目前还有商品化的基于间接 ELISA 方法研制生产的猪早孕检测试剂盒和猪早孕胶体金检测试纸，为临床妊娠诊断提供了更加简便快捷的方法。

二、免疫防治

免疫学应用的一个重要方面是免疫预防和免疫治疗，即通过人工主动免疫和人工被动免疫进行动物疾病的预防和治疗。机体针对病原体的免疫分为先天性免疫和获得性免疫两种，先天性免疫是动物在种族进化过程中建立起来的天然防御能力，是动物与生俱来的，可以通过人工方式提高或降低，但不能完全消失；获得性免疫是动物在个体发育过程中受到病原体及其代谢产物刺激而产生的特异性免疫力，具有高度的特异性，并可以通过人工主动免疫、人工被动免疫、天然主动免疫和天然被动免疫的方式获得。免疫防治过程就是利用免疫学的原理和方法建立或提高动物机体对疫病的抵抗力及治疗已经发生的动物疫病。

（一）免疫预防

免疫预防最主要的应用途径是利用人工主动免疫，给动物接种疫苗刺激机体免疫系统进行免疫应答，产生针对特定病原的特异性免疫力。所接种的物质主要是各种疫苗制品，包括微生物疫苗、寄生虫疫苗及类毒素等，虽然具有一定的诱导期，如弱毒疫苗需要 4 ~ 7d、灭活疫苗需要 7 ~ 14d，但是人工主动免疫产生的免疫力持久，免疫期长，有回忆反应，某些疫苗接种后可获得终生免疫，是目前畜禽生产中最主要的预防动物疫病的方法。另外，人工被动免疫、天然被动免疫及免疫增强剂也是免疫预防的重要方法。对于有潜在发病风险的动物群体，紧急情况下可以注射高免血清、康复动物血清、单克隆抗体及卵黄抗体等生物制剂以使动物迅速获得保护力；为了提高初生动物的抵抗力，可以在配种前给母畜注射疫苗，使新生动物通过胎盘、初乳或卵黄获得较高水平的母源抗体；为了提高动物的抗病力，可以给动物饲喂含多糖、寡糖等免疫增强剂的饲料。

（二）免疫治疗

免疫治疗主要是给动物使用高免血清、免疫球蛋白、卵黄抗体及单克隆抗体等生物制品，使动物迅速获得对某种病原体的免疫力，达到治疗目的。注射免疫血清可以使机体迅速获得免疫力，抗体进入体内立即发挥作用，中和病毒及毒素，无诱导期。如猪瘟病毒高免血清可以治疗猪瘟，鸡新城疫高免血清可以治疗鸡新城疫，抗犬瘟热病毒血清可以治疗犬瘟热，破伤风抗毒素可以治疗破伤风等。但是上述这些生物制品所含的抗体在体内会逐渐减少，免疫维持时间较短，一般治疗成本较高。

1. 名词解释

生物制品、疫苗、基因工程疫苗、多（价）疫苗、合成肽疫苗、单（价）疫苗、免疫血清、诊断液。

2. 简述活疫苗和死疫苗的优缺点。
3. 简述疫苗使用的注意事项。
4. 免疫血清的用途及使用注意事项有哪些？
5. 免疫学在兽医上有何应用？

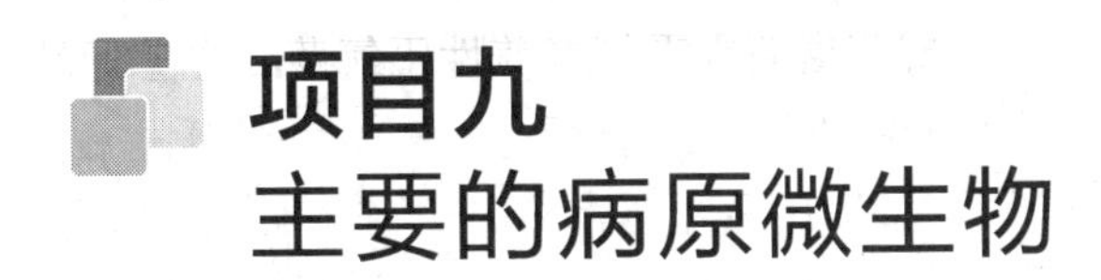

项目九 主要的病原微生物

【知识目标】

了解常见病原细菌和病毒的生物学特性，掌握常见病原细菌和病毒的微生物学诊断方法；熟悉常见细菌和病毒的致病性。

【技能目标】

能对常见病原细菌进行涂片、染色镜检，能将不同材料中的细菌进行分离培养并认识其形态及染色特性；能应用血清学方法检验常见的动物病毒。

任务一 | 常见的病原细菌

一、葡萄球菌

葡萄球菌广泛分布于空气、饮水、饲料、地面及物体表面，人及动物的皮肤、黏膜、肠道、呼吸道及乳腺中也有其存在，是最常见的化脓性细菌之一，主要引起各种化脓性疾病、败血症或脓毒血症，80%以上的化脓性疾病由本菌引起，污染食品时则可引起食物中毒。

（一）主要生物学特性

1. 形态与染色特性

葡萄球菌呈球形或卵圆形，直径0.4～1.2μm，为不规则排列，但在脓汁或液体培养基中常呈双球或短链排列。无芽孢，无鞭毛，有的形成荚膜或黏液层。革兰染色阳性，但衰老的菌株有时呈阴性。

2. 培养特性

葡萄球菌为需氧或兼性厌氧菌，在普通培养基上生长良好，若加入血液或葡萄糖，生长更为繁茂。在固体培养基上形成圆形隆起、表面光滑、边缘整齐、湿润的菌落，不同菌株产生不同色素。致病性葡萄球菌在血液琼脂平板上形成明显的β溶血环。在普通肉汤中生长迅速，初呈均匀混浊生长，培养2～3d后可形成很薄的菌环，在管底则形成多量黏稠沉淀，振荡后，沉淀物上升，旋即消散。

3. 生化特性

葡萄球菌多数菌株能分解葡萄糖、乳糖、麦芽糖，产酸而不产气，氧化酶阴性。致病性葡萄球菌在厌氧条件下能分解甘露醇，还可产生血浆凝固酶，非致病性葡萄球菌无此作用，在鉴别上具有重要意义。

4. 抗原构造

葡萄球菌细胞壁上的抗原构造比较复杂，含有多糖及蛋白质两类抗原。

（1）多糖抗原　具有型特异性，金黄色葡萄球菌的多糖抗原为A型，化学组成为磷壁酸中的核糖醇残基。表皮葡萄球菌的为B型，化学成分为甘油残基。

（2）蛋白抗原　所有人源菌株都含有葡萄球菌蛋白A（SPA），来自动物源的则很少。SPA是一种单链多肽，能与几乎所有哺乳动物的免疫球蛋白的FC片段非特异性结合，结合后的IgG仍能与相应抗原进行特异性反应。这一现象已广泛用于免疫学诊断。

5. 分类

根据产生色素和生化反应不同，可将葡萄球菌分为金黄色葡萄球菌、表皮葡萄球菌和腐生葡萄球菌3种。其中，金黄色葡萄球菌产生金黄色色素，凝固酶阳性，能分解甘露醇，致病性强；表皮葡萄球菌产生白色和柠檬色色素，凝固酶阴性，不分解甘露醇，一般不致病；腐生葡萄球菌无致病性。

6. 抵抗力

葡萄球菌对外界环境的抵抗力强于其它无芽孢细菌，在干燥的脓汁或血液中可存活2～3个月，80℃ 30min才能杀死，煮沸可迅速被杀死，消毒剂中3%～5%石炭酸、70%乙醇、1%～3%龙胆紫对此菌都有良好的消毒效果。1:20 000洗必泰、消毒净、新洁尔灭、1:10 000度米芬可在5min内杀死本菌。对磺胺类、青霉素、金霉素、红霉素、新霉素等敏感，但易产生耐药性。

（二）致病性

致病性葡萄球菌能产生多种酶和毒素，主要有溶血毒素、杀白细胞素、凝血浆酶、肠毒素等，可引起畜禽各种化脓性疾病，如创伤感染、脓肿和蜂窝织炎，牛及羊的乳房炎，鸡关节炎，猪、羊皮炎等。若细菌扩散至血液，可引起败血症或脓毒败血症。

葡萄球菌产生的肠毒素可引起人的食物中毒。该毒素耐热力强，煮沸30min不易被破坏，随污染的食物进入人的消化道，经1～6h潜伏期，引起呕吐及腹泻等症状。大多数动物对其有很强的抵抗力。

（三）微生物学诊断

不同病型应采取不同的病料，如化脓性病灶取脓汁或渗出液，乳腺炎取乳汁，败血症取血液，中毒取剩余食物、呕吐物或粪便等。

1. 直接涂片镜检

取病料直接进行涂片、革兰染色、镜检，如见有大量典型的葡萄球菌可初步诊断。但此菌在脓汁中常呈单在、成双或短链状，不易确认，应进一步做培养检查。

2. 分离培养

将病料接种于血液琼脂平板，培养后观察。根据其菌落特征、色素形成情况、有无溶血、菌落涂片染色镜检及甘露醇发酵试验、溶血性试验等结果进行鉴定。必要时可做动物接种试验。

3. 肠毒素检查

发生食物中毒时，可将从剩余食物或呕吐物中分离到的葡萄球菌接种到普通肉汤中，于30% CO_2 条件下培养40h，离心沉淀后取上清液，100℃ 30min加热后，幼猫静脉或腹腔内注射，15min到2h内出现寒战、呕吐、腹泻等急性症状，表明有肠毒素存在。用ELISA或DNA探针可快速检出肠毒素。

二、链球菌

链球菌是一类常见的化脓性细菌，在自然界分布广泛，水、尘埃、动物体表、消化道、泌尿生殖道黏膜、乳汁等都有其存在，有些是非致病菌，有些构成人和动物的正常菌群，有些可致人或动物的各种化脓性疾病、肺炎、乳腺炎、败血症等。

（一）主要生物学特性

1. 形态与染色特性

链球菌呈圆形或卵圆形，直径0.5～1.0μm，为链状或成双排列，一般致病性链球菌的链比较长，非致病性链球菌的链比较短，肉汤中培养的链球菌常呈长链排列。个别菌株有鞭毛，幼龄培养物可形成荚膜，无芽孢。革兰染色阳性。

2. 培养特性

链球菌为需氧或兼性厌氧菌，对营养要求较高，在加有血液、血清、腹水、葡萄糖等的培养基中才能良好生长。血液琼脂平板上，长成直径0.1～1.0mm、灰白色、表面光滑、边缘整齐的小菌落，多数致病菌株可形成不同的溶血现象。在血清肉汤中生长，初呈均匀混浊，后呈长链的细菌沉于试管底部，上部培养基透明。

3. 分类

根据链球菌在血液琼脂平板上的溶血现象不同，可分成3类。

（1）甲型（α）溶血性链球菌　菌落周围有1~2mm宽的草绿色不完全溶血环，此绿色物质可能是细菌产生的过氧化氢使血红蛋白氧化成正铁血红蛋白的氧化产物。本型链球菌致病力不强。

（2）乙型（β）溶血性链球菌　能产生强烈的链球菌溶血素，在菌落周围形成2~4mm的透明溶血环，故称为溶血性链球菌，其致病力强，能引起人、畜多种疾病。

（3）丙型（γ）链球菌　不产生溶血素，菌落周围无溶血环，又称非溶血性链球菌。一般无致病性，常存在于乳汁和粪便中。

4. 抗原性

链球菌的抗原结构比较复杂，包括属特异、群特异及型特异3种抗原。属特异性抗原，又称P抗原，与葡萄球菌属有交叉；群特异性抗原，又称C抗原，是存在于链球菌细胞壁中的多糖成分，依此可将乙型溶血性链球菌分为A、B、C、D、E、F、G、H、K、L、M、N、O、P、Q、R、S、T、U 19个血清群；型特异性抗原，又称表面抗原，是链球菌细胞壁的蛋白质抗原，位于C抗原的外层，其中包括M、T、R、S 4种不同性质的抗原成分，M抗原与致病性及免疫原性有关。M抗原主要见于A群链球菌。根据M抗原的不同，可将A群链球菌分为60多个血清型。非A群链球菌又具有类M蛋白结构。

5. 抵抗力

链球菌的抵抗力不强，60℃ 30min即被杀死，乙型溶血性链球菌对青霉素、氯霉素、四环素和磺胺类药物等都很敏感。青霉素是治疗链球菌感染的首选药物。

（二）致病性

链球菌可产生多种酶和外毒素，如透明质酸酶、蛋白酶、链激酶、脱氧核糖核酸酶、核糖核酸酶、溶血素、红疹毒素及杀白细胞素等。溶血素有2种：溶血素O和S，在血液琼脂平板上所出现的溶血现象即为溶血素所致。红疹毒素是A群链球菌产生的一种外毒素，该毒素由蛋白质组成，具有抗原性，对细胞或组织有损害作用，还有内毒素样的致热作用。

不同血清群的链球菌所致动物的疾病也不同。C群的某些链球菌，常引起猪的急性或亚急性败血症、脑膜炎、关节炎及肺炎等；D群的某些链球菌可引起小猪心内膜炎、脑膜炎、关节炎及肺炎等；E群主要引起猪淋巴结脓肿；L群可致猪的败血症、脓毒败血症。我国流行的猪链球菌病是一种急性败血型传染病，病原体属C群。现已证明人也可以感染猪链球菌病。

（三）微生物学诊断

根据不同的疾病，采取相应的病料，如脓汁、乳汁、血液等。

1. 直接涂片镜检

取病料涂片，经革兰染色后镜检，如发现革兰阳性呈链状排列的球菌，可初步诊断。在链球菌败血症羊、猪等动物组织涂片中，链球菌常成双排列，有荚膜，以瑞氏染色或姬姆萨染色比革兰染色更清楚。

2. 分离培养

将病料接种于血液琼脂平板上，培养后观察菌落特征和溶血现象。必要时可进一步根据生化特性加以诊断。此外，还可应用血清学试验确定链球菌的群及型。

三、大肠杆菌

大肠杆菌是动物肠道的正常菌群，一般不致病，并能合成 B 族维生素和维生素 K，产生大肠菌素，抑制致病性大肠杆菌生长，对机体有利。但致病性大肠杆菌能使畜、禽发生大肠杆菌病。

（一）主要生物学特性

1. 形态与染色特性

大肠杆菌为两端钝圆的直杆菌，长 2.0 ~ 3.0μm、宽 0.4 ~ 0.7μm，散在或成对。大多数菌株有周身鞭毛，除少数菌株外，通常无可见荚膜，但常有微荚膜，不形成芽孢。对碱性染料有良好的着色性，菌体两端偶尔略深染，应注意与巴氏杆菌经美蓝或瑞氏染色呈现的两极着色相区别。革兰染色阴性。

2. 培养特性

大肠杆菌为需氧或兼性厌氧菌，在普通培养基上生长良好。在液体培养基中，呈均匀混浊生长，管底有黏性沉淀，液面管壁有菌环，培养物常有特殊的粪臭味。在营养琼脂平板上生长 18 ~24h 后，形成圆形隆起、光滑、湿润、半透明、灰白色、边缘整齐或不太整齐（运动活泼的菌株）、中等偏大的菌落。在肠道菌鉴别培养基上形成特征性菌落，如在麦康凯琼脂上形成红色菌落；伊红 - 美蓝琼脂上形成黑色带金属光泽的菌落；SS 琼脂上一般不生长或生长较差，生长者呈红色；远藤氏琼脂上形成带金属光泽的红色菌落；三糖铁琼脂斜面上，斜面和底层均呈黄色，底层有气泡，不产生硫化氢。一些致病性菌株在绵羊血平板上可产生 β 溶血。

3. 生化特性

大肠杆菌生化特性活泼，能发酵多种糖类，如葡萄糖、麦芽糖、甘露醇等，产酸产气，大多数菌株可迅速发酵乳糖，仅极少数迟发酵或不发酵，约半数菌株不分解蔗糖。吲哚和甲基红试验均为阳性，V - P 试验和柠檬酸盐利用试验均为阴性，几乎都不产生硫化氢，不分解尿素。

4. 抗原类型

大肠杆菌抗原主要有“O 抗原”、“K 抗原” 和 “H 抗原” 3 种。它们是本菌血清型分型及鉴定的依据。

O 抗原是存在于菌细胞壁上的多糖抗原，对热稳定，目前已确定的大肠杆菌O抗原有173种。每个菌株只含一种O抗原，其种类用阿拉伯数字表示。可用单因子抗O血清作玻片或试管凝集试验进行鉴定。

K抗原是存在于被膜或微荚膜中，个别存在于菌毛中的一种对热不稳定的多糖或蛋白质抗原，目前已确定有80种。具有K抗原的菌株不能被其相应的抗O血清凝集，称为O不凝集性。根据耐热性不同，K抗原又分成L、A和B 3型，菌株不同，K抗原的存在及含量也不同。

H抗原是一类不耐热的鞭毛蛋白抗原，目前已确定有56种，有鞭毛的菌株一般只含有一种H抗原，其种类用阿拉伯数字表示。H抗原能刺激机体产生高效价凝集抗体。

大肠杆菌的血清型通常用抗原结构式表示，按O∶K∶H形式排列。如O_{111}∶K_{58}（B）∶H_{12}，表示该菌具有O抗原111，B型K抗原58，H抗原为12。

5. 抵抗力

大肠杆菌对热的抵抗力较其它肠道杆菌强，加热60℃ 15min仍有部分细菌存活。在自然界生存力较强，土壤、水中可存活数周至数月。5%石炭酸、3%来苏儿等5min内可将其杀死。对磺胺类、链霉素、庆大霉素、卡那霉素、新霉素、多黏菌素、金霉素等敏感，但大肠杆菌耐药菌株多，临床上应先进行抗生素药物敏感试验选择适当的药物以提高疗效。某些化学药品如胆酸盐、亚硒酸盐、煌绿等对大肠杆菌有较强的选择性抑制作用。

（二）致病性

大多数大肠杆菌在正常条件下是不致病的共栖菌，存在于人和动物的肠道内，在特定条件下可致大肠杆菌病。但少数大肠杆菌与人和动物的大肠杆菌病密切相关，它们是病原性大肠杆菌，在正常情况下，极少存在于健康机体内。根据毒力因子与发病机制的不同，可将与动物疾病有关的病原性大肠杆菌分为5类：产肠毒素大肠杆菌（ETEC）、产类志贺毒素大肠杆菌（SLTEC）、肠致病性大肠杆菌（EPEC）、败血性大肠杆菌（SEPEC）及尿道致病性大肠杆菌（UPEC）。其中，研究最清楚的是前两种。

产肠毒素大肠杆菌是一类致人和幼畜（初生仔猪、犊牛、羔羊及断奶仔猪）腹泻最常见的病原性大肠杆菌，其致病力主要由黏附性菌毛和肠毒素两类毒力因子构成，二者密切相关且缺一不可。初生幼畜被ETEC感染后常因剧烈水样腹泻和迅速脱水而死亡，发病率和死亡率均很高。

产类志贺毒素大肠杆菌是一类在体内或体外生长时可产生类志贺毒素（SLT）的病原性大肠杆菌。产类志贺毒素大肠杆菌可致猪的水肿病，以头部、肠系膜和胃壁浆液性水肿为特征，常伴有共济失调、麻痹或惊厥等神经症状，发病率低但致死率很高。

（三）微生物学诊断

根据感染情况采取相应的病料。对幼畜腹泻及猪水肿病可采取粪便，注意在病畜腹泻急性期及在抗生素治疗前采取，死后采取各段小肠内容物、黏膜刮取物以及相应肠段的肠系膜淋巴结等；对败血症病例可无菌采取病变内脏组织及血液等。

1. 分离培养

将上述病料分别在麦康凯平板或伊红美蓝平板上划线分离培养。如为败血症病料可直接在血琼脂或麦康凯平板上划线分离培养。培养后观察菌落的形成及特征，并涂片染色镜检。

2. 生化试验

挑取麦康凯平板上的红色菌落或血平板上呈 β 溶血（仔猪黄痢与水肿病菌株）的典型菌落几个，分别转到三糖铁培养基和普通琼脂斜面作初步生化鉴定，将符合大肠杆菌结果的培养物进行纯培养，并进一步进行生化实验鉴定。

3. 动物试验

取分离菌的纯培养物接种实验动物，观察实验动物的发病情况，并作进一步细菌学检查。

4. 血清学试验

将三糖铁培养基上符合大肠杆菌的生长物或普通琼脂斜面纯培养物作 O 抗原鉴定，进一步通过对毒力因子的检测便可确定其属于何类致病性大肠杆菌；也可以作血清型鉴定。

四、沙门菌

沙门菌种类繁多，目前已发现 2 000 多个血清型，且不断有新的血清型出现，是一群寄生于人和动物肠道内的革兰阴性无芽孢直杆菌。绝大多数沙门菌对人和动物有致病性，能引起人和动物的多种不同的沙门菌病，并且是人类食物中毒的主要病原之一，在医学、兽医和公共卫生方面均十分重要。

（一）主要生物学特性

1. 形态与染色特性

沙门菌的形态和染色特性与大肠杆菌相似，革兰染色阴性。除鸡白痢沙门菌和鸡伤寒沙门菌无鞭毛不运动外，其余均有周鞭毛，个别菌株可偶尔出现无鞭毛的变种，一般无荚膜，不形成芽孢。

2. 培养特性

沙门菌培养特性与大肠杆菌相似。只有鸡白痢、鸡伤寒等沙门菌在普通琼脂培养基上生长较差，形成较小的菌落。在远藤氏琼脂、麦康凯琼脂等肠道杆菌鉴别或选择性培养基上，大多数菌株因不发酵乳糖而形成无色菌落，可与大肠杆菌区别。如远藤琼脂和麦康凯琼脂培养时形成无色透明或半透明的菌落；SS 琼脂上产生 H_2S 的致病性菌株，菌落中心呈黑色，而大肠杆菌在这些培养基上均形成有色菌落。

3. 生化特性

沙门菌发酵葡萄糖、麦芽糖和甘露醇，产酸产气，不发酵乳糖和蔗糖。不分解尿素，吲哚试验和 V – P 试验阴性，甲基红试验和柠檬酸盐利用试验阳性。

4. 抗原构造

沙门菌具有“O 抗原”、“H 抗原”、“Vi 抗原”3 种抗原。

O 抗原是存在于菌体表面的耐热多糖抗原，100℃ 2h 不被破坏。一个菌体可有几种 O 抗原成分，通常以小写阿拉伯数字来表示。将具有共同 O 抗原的沙门菌归为一群，可将沙门菌分为 A、B、C、D、E 等 34 组，对人和动物致病的沙门菌绝大多数在 A ~ E 群。沙门菌经乙醇处理破坏鞭毛抗原后的菌液，即为血清学反应用的 O 抗原，与 O 血清作凝集反应时，经过较长时间，可以出现颗粒状不易分散的凝集现象。

H 抗原是鞭毛蛋白抗原，共有 63 种，60℃ 30 ~ 60min 或经乙醇处理后被破坏。H 抗原分为第 1 相和第 2 相两种，其中第 1 相 H 抗原仅少数沙门菌具有，称为特异相，用小写英文字母表示，如 a、b、c、d 等；第 2 相 H 抗原为多种沙门菌共有，称为非特异相，除少数用小写英文字母表示外均用阿拉伯数字表示，如 1、2、3、4 等。只含 1 相鞭毛抗原的沙门菌称为单相菌，同时具有第 1 相和第 2 相鞭毛抗原的沙门菌称为双相菌。

5. 抵抗力

沙门菌的抵抗力中等，与大肠杆菌相似，不同的是亚硒酸盐、煌绿等染料对本菌的抑制作用小于大肠杆菌，故常用其制备选择培养基，有利于分离粪便中的沙门菌。沙门菌在水中能存活 2 ~ 3 周，在粪便中可活 1 ~ 2 个月。对热的抵抗力不强，60℃ 15min 即可杀死，5% 的石炭酸、0.1% 的升汞、3% 的来苏儿 10 ~ 20min 内即被杀死。

（二）致病性

沙门菌是一种重要的人畜共患病的病原。沙门菌的毒力因子有多种，其中主要的有脂多糖、肠毒素、细胞毒素及毒力基因等。本菌常侵害幼龄动物，引发败血症、胃肠炎及其它组织局部炎症，对成年动物则往往引起散发性或局限性沙门菌病，发生败血症的怀孕母畜可表现为流产，在一定条件下也能引起急性流行性暴发。

与畜、禽有关的沙门菌主要有：鼠伤寒沙门菌，可引起各种畜禽、犬、猫及实验动物的副伤寒，表现为胃肠炎或败血症，也可引起人类的食物中毒；肠炎沙门菌，主要引起畜禽的胃肠炎及人类肠炎和食物中毒；猪霍乱沙门菌，主要引起幼猪和架子猪的败血症以及肠炎；鸡白痢沙门菌，可引起雏鸡急性败血症，多侵害 20 日龄以内的幼雏，日龄较大的雏鸡可表现为白痢，发病率和死亡率相当高。对成年鸡主要感染生殖器官，呈慢性局部炎症或隐性感染，该菌可通过种蛋垂直传播。

（三）微生物学诊断

根据病型不同采取不同的病料，如粪便、肠内容物、阴道分泌物、血液或病变的组织器官等。

1. 分离培养

对未污染的被检组织可直接在普通琼脂、血琼脂或麦康凯、伊红美蓝、SS等鉴别培养基平板上划线分离培养；对已污染的被检材料如饮水、粪便、饲料、肠内容物和已败坏组织等，需在增菌培养基如亮绿－胆盐－四硫磺酸钠肉汤、四硫磺酸盐增菌液等增菌后再进行分离。

2. 生化试验

挑取鉴别培养基上的可疑菌落纯培养，进行生化特性鉴定。

3. 因子血清凝集试验

必要时可取纯培养物与沙门菌因子血清作玻片凝集试验以鉴定血清型。

此外，用ELISA、对流免疫电泳、核酸探针和PCR等方法可进行快速诊断。

五、多杀性巴氏杆菌

多杀性巴氏杆菌是引起多种畜禽巴氏杆菌病（又称出血性败血症）的病原体，主要引起动物出血性败血症或传染性肺炎。本菌分布广泛，正常存在于多种健康动物的口腔和咽部黏膜，当动物处于应激状态，机体抵抗力低下时，细菌侵入体内，大量繁殖并致病，发生内源性传染，是一种条件性致病菌。

（一）主要生物学特性

1. 形态与染色特性

巴氏杆菌呈球杆状，两端钝圆，大小为0.2～0.4μm×0.5～2.5μm，多单在。新分离的强毒菌株有荚膜，但经培养后荚膜迅速消失，无鞭毛，不形成芽孢。革兰染色阴性，病料用瑞氏或美蓝染色时，可见典型的两极着色。

2. 培养特性

巴氏杆菌为需氧或兼性厌氧菌，对营养要求较严格，在普通培养基上生长得较差，在加有血液、血清或微量血红素的培养基中生长良好。在血清琼脂平板上培养24h，长成淡灰白色、边缘整齐、表面光滑、闪光的露珠状小菌落。在血琼脂平板上，长成水滴样小菌落，无溶血现象。在血清肉汤中，初期呈轻度混浊生长，后期上层清朗，管底出现黏稠沉淀，表面形成菌环。

3. 生化特性

巴氏杆菌可分解葡萄糖、果糖、蔗糖、甘露糖和半乳糖，产酸不产气，多数菌株可发酵甘露醇，一般不发酵乳糖。靛基质试验阳性，MR和V－P试验均为阴性，不液化明胶，产生硫化氢。

4. 抗原与血清型

巴氏杆菌主要以其荚膜抗原和菌体抗原区分血清型，前者有6个型，后者有16个型。1984年，Carter提出本菌血清型的标准定名：以阿拉伯数字表示菌体抗原型，大写英文字母表示荚膜抗原型。我国分离的禽多杀性巴氏杆菌以5:A为多，其次为8:A；猪的以5:A和6:B为主，8:A和2:D次之；羊的以6:B为多；家兔的以7:A为主，其次是5:A。C型菌是犬、猫的正常栖居菌，E型主要引发牛、水牛的流行性出血性败血症（仅见于非洲），F型主要发现于火鸡。

5. 抵抗力

巴氏杆菌抵抗力不强。在无菌蒸馏水和生理盐水中很快死亡。在阳光中曝晒1min，在56℃ 15min或60℃ 10min可被杀死。厩肥中可存活1个月，埋入地下的病死鸡尸，经4个月仍残留活菌。在干燥空气中2~3d可死亡。3%石炭酸、3%甲醛溶液、10%石灰乳、2%来苏儿、0.5%~1%氢氧化钠等5min可杀死本菌。对链霉素、磺胺类及许多新的抗菌药物敏感。冻干菌种在低温中可保存长达26年。

（二）致病性

巴氏杆菌对多种动物都有致病性，自然情况下，家畜中猪最易感，可致猪肺疫；禽类中以鸭最易感，其次是鸡、鹅，可引起禽霍乱。牛、羊、马、兔等可发生出血性败血症。

本病最急性型主要呈出血性败血症变化；亚急性型于黏膜、关节等部位出现出血性炎症等；慢性型则呈现萎缩性鼻炎（猪、羊）、关节炎及局部化脓性炎症等。实验动物中小鼠和家兔最易感。

（三）微生物学诊断

1. 涂片镜检

采取新鲜病料（渗出液、心血、肝、脾、淋巴结、骨髓等）涂片或触片，用碱性美蓝或瑞氏染色液染色，镜检，如发现典型的巴氏杆菌，结合流行病学及剖检，即可作初步诊断。但慢性病例或腐败材料不易发现典型菌体，需进行分离培养和动物试验。

2. 分离培养

取上述病料同时接种血琼脂和麦康凯琼脂平板，麦康凯培养基上不生长，血琼脂平板上生长良好且无溶血性，挑取菌落涂片镜检，为革兰阴性的球杆菌。将此菌接种在三糖铁培养基上可生长，并使底部变黄。必要时可进一步作生化试验鉴定。

3. 动物试验

用病料研磨制成1:10乳剂或24h肉汤培养液0.2~0.5mL，皮下注射小鼠、家兔或鸽，动物多于24~48h死亡。由于健康动物呼吸道内常可带菌，所以应参照患畜的生前临床症状和剖检变化，结合分离菌株的毒力试验，作出最后诊断。

4. 血清学试验

若要鉴定荚膜抗原和菌体抗原型，则要用抗血清或单克隆抗体进行血清学试验，以鉴定菌体抗原和荚膜抗原。检测动物血清中的抗体，可用试管凝集、间接凝集、琼脂扩散试验或 ELISA。

六、布鲁菌

布鲁菌是多种动物和人布鲁菌病的病原，不仅危害畜牧生产，而且严重损害人类健康，因此在医学和兽医学领域都极为重视。

（一）主要生物学特性

1. 形态与染色特性

布鲁菌呈球形、球杆形或短杆形，新分离菌趋向球形。大小为 0.5 ~ 0.7μm×0.6 ~ 1.5μm，多单在，很少成双、短链或小堆状。不形成芽孢和荚膜，无鞭毛，不运动。革兰染色阴性，姬姆萨染色呈紫色。但常用的染色方法是科兹洛夫斯基染色法，布鲁菌呈红色，其它杂菌呈绿色。

2. 培养特性

布鲁菌为专性需氧菌，对营养要求较高，在含有肝浸液、血液、血清及葡萄糖等培养基上生长良好，其中牛型流产布鲁菌、马尔他布鲁菌初次培养时须在含 5% ~ 10% CO_2 中才能生长。其它型菌培养时不需 CO_2。在 37℃、pH 6.6 ~ 7.4 发育最佳。但在人工培养基上移种几次后，即能适应大气环境。本菌生长缓慢，初次培养 5 ~ 10d 才能看到菌落。血清肝汤琼脂培养 2 ~ 3d 后，形成湿润、闪光、无色、圆形、隆起、边缘整齐的小菌落。血液琼脂培养 2 ~ 3d 后，形成灰白色、不溶血的小菌落。

3. 抗原结构

布鲁菌抗原结构非常复杂，各种布鲁菌的菌体表面含有两种抗原物质，即 M（羊布鲁菌抗原）和 A 抗原（牛布鲁菌抗原）。这两种抗原在各个菌株中含量均不相同。如羊布鲁菌以 M 抗原为主，A: M 约为 1: 20；牛布鲁菌以 A 抗原为主，A: M 约为 20: 1；猪布鲁菌介于两者之间，A: M 约为 2: 1。

4. 分类

布鲁菌根据生物学特性、抗原构造等，可分成 6 种。分别是羊布鲁菌（又称马尔他布鲁菌）、牛布鲁菌（又称流产布鲁菌）、猪布鲁菌、犬布鲁菌、沙林鼠布鲁菌和绵羊布鲁菌。

5. 抵抗力

布鲁菌在自然界中抵抗力较强。在污染的土壤和水中可存活 1 ~ 4 个月，皮毛上存活 2 ~ 4 个月，鲜乳中 8d，粪便中 120d，流产胎儿中至少 75d，子宫渗出物中 200d。在直射阳光下可存活 4h。但对湿热的抵抗力不强，60℃加热

30min 或 75℃加热 5min 即被杀死，煮沸立即死亡。

布鲁菌对消毒剂的抵抗力不强，2% 石炭酸、来苏儿、氢氧化钠溶液或 0.1%升汞，可于 1h 内杀死本菌；5%新鲜石灰乳 2h 或 1% ~2% 甲醛溶液 3h 可将其杀死；0.5%洗必泰或 0.01%度米芬、消毒净或新洁尔灭，5min 内可杀死本菌。

（二）致病性

布鲁菌可产生毒性较强的内毒素。各种动物感染后，一般无明显临床症状，病变多局限于生殖器官，主要表现为流产、睾丸炎、附睾丸炎、乳腺炎、子宫炎、关节炎、后肢麻痹、跛行或鬐甲瘘等。

布鲁菌的侵袭力很强，可通过健康的皮肤与黏膜进入机体。不同种别的布鲁菌各有一定的宿主动物，例如我国流行的 3 种布鲁菌中，马尔他布鲁菌的自然宿主是绵羊和山羊，也能感染牛、猪、人及其它动物；流产布鲁菌的自然宿主是牛，也能感染骆驼、绵羊、鹿等动物和人；猪布鲁菌的自然宿主是猪，也能感染驯鹿等。

人与病畜及流产材料接触，饮用病畜的乳和乳制品后，可引起感染，发生波状热、关节痛、全身乏力，并形成带菌免疫。在上述 3 型布鲁菌中，以马尔他布鲁菌对人的致病作用最大、猪布鲁菌次之、流产布鲁菌最小。由马尔他布鲁菌和猪布鲁菌引起的感染，不仅临床症状比较重，而且治疗较难，容易复发。

（三）微生物学诊断

布鲁菌病常表现为慢性或隐性感染，其诊断和检疫主要依靠血清学检查及变态反应检查。细菌学检查仅用于发生流产的动物和其它特殊情况。

1. 细菌学检查

取流产胎儿的胃内容物、肺、肝和脾以及流产胎盘和羊水等作为病料，直接涂片，做革兰和科兹洛夫斯基染色镜检。必要时选择适宜培养基进行细菌的分离培养和动物接种。

2. 血清学检查

（1）凝集试验　家畜感染本病 4 ~5d 后，血清中开始出现 IgM，随后产生 IgG，其凝集效价逐渐上升，特别是在母畜流产后的 7 ~15d 增高明显。

平板凝集反应简单易行，适合现场大群检疫。试管凝集反应可以定量，特异性较高，有助于分析病情。如在间隔 30d 的两次测试中均为阳性结果，且第二次效价高，说明感染处于活动状态。本试验已作为国际上诊断布鲁菌病的重要方法。

（2）补体结合反应　家畜自然感染本菌后，通常于 7 ~14d 内血液中即会出现补体结合抗体 IgG，保持时间一般比较长，而且敏感性和特异性都较高，在布鲁菌病诊断上有重要价值。

（3）全乳环状反应　是用已知的染色抗原检测牛乳中相应抗体的方法。

患病奶牛的牛乳中常有凝集素，它与染色抗原凝集成块后，被小脂滴带到上层，故乳脂层为有染色的抗原抗体结合物，下层呈白色，即为乳汁环状反应阳性。此法操作简单，适用于奶牛群的检测。

3. 变态反应检查

皮肤变态反应一般在感染后的20~25d出现，因此不宜作早期诊断。本法适于动物的大群检疫，主要用于绵羊和山羊，其次为猪。检测时，将布鲁菌水解素0.2mL注射于羊尾根皱襞部或猪耳根部皮内，24h及48h后各观察反应1次。若注射部发生红肿，即判为阳性反应。此法对慢性病例的检出率较高，且注射水解素后无抗体产生，不妨碍以后的血清学检查。

凝集反应、补体结合反应、变态反应出现的时间各有特点，即动物感染布鲁菌后，首先出现凝集反应，消失较早；其次出现补体结合反应，消失较晚；最后出现变态反应，保持时间也较长。在感染初期，凝集反应常为阳性，补体结合反应为阳性或阴性，变态反应则为阴性。到后期慢性或恢复阶段，凝集反应和补体结合反应均转为阴性，仅变态反应呈现阳性。因此有人主张，为了彻底消除各类病畜，应同时使用3种方法综合诊断。

七、炭疽杆菌

炭疽杆菌是引起人类、各种家畜和野生动物炭疽病的病原。因本菌能引起感染局部皮肤等处发生黑炭状坏死，故称为炭疽病。

（一）主要生物学特性

1. 形态及染色特性

炭疽杆菌为革兰阳性粗大杆菌，长3~8μm、宽1~1.5μm，菌体两端平切，无鞭毛。在动物体内菌体单在或3~5个菌体形成短链，在菌体相连处有清晰的间隙，呈竹节状。在猪体内形态较为特殊，菌体常为弯曲或部分膨大，多单在或二、三相连。人工培养基中形成长链。在动物体或含有血清的培养基上形成荚膜，在培养基上或外界形成芽孢，芽孢椭圆形，位于菌体中央，芽孢不大于菌体。

2. 培养特性

炭疽杆菌为需氧菌，但在厌氧的条件下也可生长。可生长温度范围为15~40℃，最适生长温度为30~37℃。最适pH 7.2~7.6。营养要求不高，普通培养基中即可良好生长。

在普通琼脂上培养24h后，强毒菌株形成灰白色不透明、大而扁平、表面干燥、边缘呈卷发状的粗糙（R）型菌落，无毒或弱毒菌株形成稍小而隆起、表面光滑湿润、边缘比较整齐的光滑（S）型菌落。在血液、血清琼脂平板上或在碳酸氢钠琼脂上，置于5% CO_2 环境中培养，强毒株可形成圆形凸起、光滑湿润、有光泽的黏液（M）型菌落，无毒菌株和类炭疽仍保持其粗糙型特点。在血琼脂上一般不溶血，但个别菌株也可轻微溶血。

普通肉汤培养基中培养24h后，上部液体仍清朗透明，液面无菌膜或菌环形成，管底有白色絮状沉淀，若轻摇试管，则絮状沉淀徐徐上升，卷绕成团而不消散。

在明胶穿刺培养中，细菌除沿穿刺线生长外，整个生长物似倒立的雪松状。经培养2～3d后，明胶上部逐渐液化呈漏斗状。

在含青霉素0.5IU/mL的培养基中，幼龄炭疽杆菌细胞壁的肽聚糖合成受到抑制，形成原生质体互相连接成串，称为“串珠反应”。若培养基中青霉素含量加至10IU/mL，则完全不能生长或轻微生长。这是炭疽杆菌所特有的，可与其它需氧芽孢杆菌鉴别。

3. 生化特性

炭疽杆菌能分解葡萄糖，产酸不产气，不分解阿拉伯糖、木糖和甘露醇。能水解淀粉、明胶和酪蛋白。V－P试验阳性，不产生吲哚和H_2S，能还原硝酸盐，触酶阳性。

4. 抗原构造

已知炭疽杆菌有荚膜抗原、菌体抗原、保护性抗原和芽孢抗原4种主要抗原成分。

（1）荚膜抗原　仅见于有毒株，与毒力有关。由D－谷氨酰多肽构成，是一种半抗原，可因腐败而被破坏，失去抗原性。此抗原的抗体无保护作用，但其反应性较特异，据此建立各种血清型鉴定方法，如荚膜肿胀试验及荧光抗体法等，均呈较强的特异性。

（2）菌体抗原　是存在于细菌细胞壁及菌体内的半抗原，此抗原与细菌毒力无关，性质稳定，即使经煮沸或高压蒸汽处理，其抗原性也不被破坏，这是Ascoli沉淀反应加热处理抗原的依据。此法特异性不高，与其它需氧芽孢杆菌能发生交叉反应。

（3）保护性抗原（PA）　是一种胞外蛋白质抗原成分，在人工培养条件下亦可产生，为炭疽毒素的组成成分之一，具有免疫原性，能使机体产生抗本菌感染的保护力。

（4）芽孢抗原　是芽孢的外膜、中层、皮质层一起组成的炭疽芽孢的特异性抗原，具有免疫原性和血清学诊断价值。

5. 抵抗力

炭疽杆菌繁殖体的抵抗力不强，60℃ 30～60min或75℃ 5～15min即可被杀死。常用消毒药均能在较短时间内将其杀死。对青霉素、链霉素等多种抗生素及磺胺类药物高度敏感，可用于临床治疗。在未解剖的尸体中，细菌可随腐败而迅速崩解死亡。

芽孢的抵抗力特别强，在干燥状态下可长期存活。需经煮沸15～25min，121℃高压蒸汽灭菌5～10min或160℃干热1h方被杀死。

实验室干燥保存40年以上的炭疽芽孢仍有活力。干燥皮毛上附着的芽孢，也可存活10年以上。牧场如被芽孢污染，传染性常可保持20～30年。常用的消毒剂是：新配的20%石灰乳或20%漂白粉作用48h，0.1%升汞作用40min或4%高锰酸钾作用15min。炭疽芽孢对碘特别敏感，0.04%碘液10min即可将其破坏，但有机物的存在对其作用有很大影响。除此之外，过氧乙酸、环氧乙烷、次氯酸钠等都有较好的效果。

（二）致病性

炭疽杆菌可引起各种家畜、野兽和人类的炭疽病，牛、绵羊、鹿的易感性最强，马、骆驼、猪、山羊等次之，犬、猫、食肉兽则有相当大的抵抗力，禽类一般不感染。实验动物中，小白鼠、豚鼠、家兔和仓鼠最敏感，大鼠则有抵抗力。

炭疽杆菌的毒力主要与荚膜和毒素有关。在入侵机体生长繁殖后，形成荚膜，从而增强细菌抗吞噬能力，使之易于扩散，引起感染乃至败血症。炭疽杆菌产生的毒素有水肿毒素、致死毒素两种，其毒性作用主要是直接损伤微血管的内皮细胞，增强微血管的通透性，改变血流循环动力学，损害肾脏功能，干扰糖代谢，血液呈高凝状态，易形成感染性休克和弥散性血管内凝血，最后导致机体死亡。

（三）微生物学诊断

疑似炭疽病畜尸体严禁解剖。只能自耳根部采取血液，取血后应立即用烙铁将创口烙焦，或用浸透0.2%升汞的棉球将其覆盖，严防污染并注意自身防护。必要时可切开肋间采取脾脏。皮肤炭疽可采取病灶水肿液或渗出物，肠炭疽可采取粪便。若已错剖畜尸，则可采取脾、肝等进行检验。

1. 细菌学检查

（1）涂片镜检　病料涂片以碱性美蓝、瑞氏染色或姬姆萨染色法染色镜检，如发现有典型的炭疽杆菌，即可作出初步诊断。材料不新鲜时菌体易消失。

（2）分离培养　取病料接种于普通琼脂或血液琼脂，37℃培养18～24h，观察有无典型的炭疽杆菌菌落。同时涂片作革兰染色镜检。

（3）动物感染试验　将被检病料或培养物用生理盐水制成1∶5乳悬液，皮下注射小鼠0.1mL或豚鼠、家兔0.2～0.3mL。动物通常于注射后24～36h（小鼠）或2～3d（豚鼠、家兔）死于败血症，剖检可见注射部位皮下呈胶样浸润及脾脏肿大等病理变化。取血液、脏器涂片镜检，当发现竹节状有荚膜的大肠杆菌时，即可诊断。

2. 血清学检查

（1）Ascoli沉淀反应　由Ascoli于1902年创立，是用加热抽提待检炭疽菌体多糖抗原与已知抗体进行的沉淀试验。在一支小玻璃管内把疑为炭疽病死亡动物尸体组织的浸出液与特异性炭疽沉淀素血清重叠，如在二液接触面产生灰白色沉淀环，即可诊断。本法适用于各种病料、皮张，甚至严重腐败污染的尸体材料，方法简便，反应清晰，故应用广泛。但此反应的特异性不高，因而使用价值受到一定影响。

(2) 间接血凝试验　此法是将炭疽抗血清吸附于炭粉或乳胶上，制成炭粉诊断或乳胶诊断血清。然后采用玻片凝集试验的方法，检查被检样品中是否含有炭疽芽孢。若被检样品每毫升含炭疽芽孢 7.8 万个以上，可判为阳性反应。

(3) 协同凝集试验　此法可快速检测炭疽杆菌或病料中的可溶性抗原。将炭疽标本的高压灭菌滤液滴于玻片上，加 1 滴含阳性血清的协同试验试剂，混匀后，于 2min 内呈现肉眼可见凝集者，即为阳性反应。

此外，还可应用串珠荧光抗体法、琼脂扩散试验等检测从动物体内分离出的细菌；也可应用酶标葡萄球菌 A 蛋白间接染色法和荧光抗体间接染色法等，检测动物体内的炭疽荚膜抗体进行诊断。

八、猪丹毒杆菌

猪丹毒杆菌存在于猪、羊、鸟类和其它动物体表、肠道等处，是猪丹毒的病原体。

（一）主要生物学特性

1. 形态与染色特性

猪丹毒杆菌为纤细的小杆菌，菌体直或稍弯，大小为 0.2 ~ 0.4μm × 0.8 ~ 2.5μm。在病料中单在、成双或成丛排列，慢性病猪心脏疣状物中的细菌多为长丝状。无鞭毛，无荚膜，不形成芽孢。革兰染色阳性。

2. 培养特性

猪丹毒杆菌为微需氧菌或兼性厌氧。最适温度为 30 ~ 37℃，最适 pH 7.2 ~ 7.6。对营养的要求较高，在普通琼脂培养基和普通肉汤中生长不良，如加入 0.5% 吐温 80、1% 葡萄糖或 5% ~ 10% 血液、血清则生长良好。在血琼脂平板上经 37℃ 24h 培养可形成湿润、光滑、透明、灰白色、露珠样的小菌落，并形成狭窄的绿色溶血环（α 溶血环）。在麦康凯培养基上不生长。在肉汤中轻度混浊，不形成菌膜和菌环，有少量颗粒样沉淀，振荡后呈云雾状上升。明胶穿刺生长特殊，沿穿刺线横向四周生长，呈试管刷状，但不液化明胶。

3. 生化特性

猪丹毒杆菌在加有 5% 马血清和 1% 蛋白胨水的糖培养基中可发酵葡萄糖、果糖和乳糖，产酸不产气，不发酵甘露醇、山梨醇、蔗糖等。产生 H_2S，不产生靛基质、不分解尿素。MR 及 V - P 试验均为阴性。明胶培养基穿刺培养 6 ~ 10d，呈试管刷状生长，不液化明胶。

4. 抗原结构

猪丹毒杆菌抗原结构复杂，具有耐热抗原和不耐热抗原。根据其对热、酸的稳定性，又可分为型特异性抗原和种特异性抗原。用阿拉伯数字表示型号，用英文小写字母表示亚型，目前已将其分为25个血清型和1a、1b和2a、2b亚型。大多数菌株为1型和2型，从急性败血症分离的菌株多为1a亚型，从亚急性及慢性病病例分离的则多为2型。

5. 抵抗力

猪丹毒杆菌是无芽孢杆菌中抵抗力较强的，尤其对腐败和干燥环境有较强的抵抗力。在干燥环境中能存活3周，在饮水中可存活5d，在污水中可存活15d，在深埋的尸体中可存活9个月，在熏制腌渍的肉品中可存活3个月，肉汤培养物封存于安瓿中可存活17年。但对热和直射日光较敏感，70℃经5～15min可完全杀死。对消毒剂抵抗力不强，0.5%甲醛溶液数十分钟可杀死，用10%石灰乳或0.1%过氧乙酸涂刷墙壁和喷洒猪舍是目前较好的消毒方法。本菌可耐0.2%苯酚，对青霉素很敏感。

（二）致病性

猪丹毒杆菌经消化道感染，进入血流，而后定殖在局部或引起全身感染。由于神经氨酸酶的存在有助于菌体侵袭宿主细胞，故认为其可能是毒力因子。

猪丹毒杆可使3～12月龄猪发生猪丹毒，3～4周龄的羔羊发生慢性多发性关节炎。禽类也可感染，鸡与火鸡感染后呈衰弱和下痢；鸭可出现败血症，并侵害输卵管。小鼠和鸽子最易感，感染实验时皮下注射2～5d内呈败血症死亡。人多因皮肤创伤感染，发生“类丹毒”。

（三）微生物学诊断

1. 直接涂片镜检

可采取高热期病猪耳静脉血作涂片，染色、镜检。死后可采取心血及新鲜肝、脾、肾、淋巴结等制成涂片，革兰染色镜检。慢性心内膜炎病例，可用心脏瓣膜增生涂片，镜检。如发现典型的猪丹毒杆菌，即可初步诊断。

2. 分离培养

将病料接种于血液琼脂平板，经24～48h培养，观察有无针尖状菌落，并在周围呈α溶血，挑取菌落涂片染色镜检，观察形态，进一步做明胶穿刺及生化反应鉴定。

3. 动物试验

取病料制成乳剂给小白鼠皮下注射0.2mL，鸽子胸肌注射1mL，若病料中有猪丹毒杆菌，则接种的动物于2～5d内死亡。死后取病料涂片染色镜检或接种于血液琼脂平板，根据菌落特征及细菌形态进行确诊。

4. 血清学诊断

可用凝集试验、协同凝集试验、免疫荧光法进行诊断。

九、厌氧性病原梭状芽孢杆菌

厌氧性病原梭状芽孢杆菌是一群革兰阳性的厌氧大肠杆菌，主要存在于土壤、污水和人畜肠道中，均能形成芽孢且芽孢直径一般大于菌体，致使菌体形如梭状。本群的细菌有 80 多种，其中多为非病原菌，常见的病原菌约 11 种，多为人畜共患病病原。病原梭状芽孢杆菌在适宜环境中均能产生强烈外毒素，是其主要的致病因素。

（一）破伤风梭状芽孢杆菌

破伤风梭状芽孢杆菌又称破伤风杆菌，是人畜共患破伤风（强直症）的病原菌。存在于土壤与粪便中，也寄居在健康动物和人的肠道中，污染受伤的皮肤或黏膜，产生强烈的毒素，引起人和动物发病。

1. 主要生物学特性

（1）形态与染色特性　破伤风梭状芽孢杆菌为两端钝圆、细长、正直或略弯曲的杆菌，大小为 0.5 ~ 1.7μm × 2.1 ~ 18.1μm，长度变化大。多单在，有时成双，偶有短链，在湿润琼脂表面上，可形成较长的丝状。大多数菌株具有周鞭毛而能运动，无荚膜。芽孢呈圆形，位于菌体一端，横径大于菌体，呈鼓槌状。幼龄培养物为革兰阳性，但培养 24h 以后往往出现阴性染色者。

（2）培养特性　本菌为严格厌氧菌，接触氧后很快死亡。最适生长温度为 37℃。最适 pH 7.0 ~ 7.5。营养要求不高，在普通培养基中即能生长。在血琼脂平板上生长，可形成直径 4 ~ 6mm 的菌落，菌落扁平、半透明、灰色，表面粗糙无光泽，边缘不规则，常伴有狭窄的 β 溶血环。在一般琼脂表面不易获得单个菌落，扩展成薄膜状覆盖在整个琼脂表面上，边缘呈卷曲细丝状。在厌氧肉肝汤中生长稍微混浊，有细颗粒状沉淀，有咸臭味，培养 48h 后，在 30 ~ 38℃适宜温度下形成芽孢，温度超过 42℃时芽孢形成减少或停止。20% 胆汁或 6.5% NaCl 可抑制其生长。

（3）抗原与变异　本菌具有不耐热的鞭毛抗原，用凝集试验可分为 10 个血清型，其中第Ⅵ型为无鞭毛不运动的菌株，我国常见的是第Ⅴ型。各型细菌都有一个共同的耐热菌体抗原，均能产生抗原性相同的外毒素，此外毒素能被任何一个型的抗毒素中和。

（4）抵抗力　本菌繁殖体抵抗力不强，但其芽孢的抵抗力极强。芽孢在土壤中可存活数十年，湿热 105℃ 25min、120℃ 20min 可杀死。干热 150℃ 1h 以上可杀死芽孢，5% 石炭酸、0.1% 升汞作用 15h 可杀死芽孢。

2. 致病性

破伤风梭状芽孢杆菌主要产生两种外毒素，一种为强直性痉挛毒素，主要作用于神经系统，使动物出现特征性的强直症状；另一种为溶血毒素，可使红细胞崩解。各种动物对破伤风毒素的感受性，以马最易感，猪、牛、羊和犬次之，人很敏感；实验动物中以小鼠和豚鼠感受性最强。

在有氧的环境中，破伤风梭状芽孢杆菌生长繁殖受到抑制。在深而窄的创口内易形成厌氧环境，使细菌在局部大量生长繁殖，产生毒素而致病。

3. 微生物学诊断

通常根据破伤风特征性的临床症状即可做出诊断。微生物学诊断可采取创伤部位的分泌物或坏死组织进行细菌学检查。

（1）分离鉴定　采集动物创伤感染处病料，接种厌气肉肝汤，置37℃培养5～7d后分离。取上述肉肝汤培养物，在65℃水浴中加热30min，杀死无芽孢细菌，然后接种于血液琼脂平板，只接半面，厌气培养2～3d，用放大镜观察，从生长区的边缘移植，即可获得破伤风梭状芽孢杆菌纯培养。然后将纯培养物进行染色镜检，生化鉴定。

（2）动物试验　破伤风梭状芽孢杆菌有不产生毒素的菌株，而毒素是其致病因子，因此须对分离菌株进行毒素检测。

小鼠是最适合试验破伤风毒素的实验动物。用小鼠两只，一只皮下注射破伤风抗毒素0.5mL（1 500IU/mL），另一只不注射，于1h后分别于后腿肌内注射分离菌培养物上清液0.25mL。几天后，未注射抗毒素的小鼠出现破伤风症状，即从注射的后腿僵直逐渐发展到尾巴僵直，最后出现全身肌肉伸展，脊柱向侧面弯曲，前腿麻痹，最终死亡。注射破伤风抗毒素的小鼠不发病。

（二）魏氏梭状芽孢杆菌

魏氏梭状芽孢杆菌又称产气荚膜杆菌，在自然界分布极广，可见于土壤、污水、饲料、食物、粪便以及人畜肠道中。在一定条件下，也可引起多种严重疾病。

1. 主要生物学特性

（1）形态与染色特性　魏氏梭状芽孢杆菌为两端钝圆的粗大杆菌，大小为0.6～2.4μm×1.3～19.0μm，单在或成双，革兰染色阳性。无鞭毛，不运动。偏端芽孢呈椭圆形，芽孢直径不比菌体大，但在一般条件下罕见形成芽孢，必须在无糖培养基中才能形成芽孢。多数菌株可形成荚膜。

（2）培养特性　本菌对厌氧要求并不严，在普通平板上形成灰白色、不透明、表面光滑、边缘整齐的菌落。有些菌落中间有突起，外周有放射状条纹，边缘呈锯齿状。在血液琼脂平板上，多数菌株有双层溶血环，内环透明，外环淡绿。在牛乳培养基中，8～10h后能分解乳糖产酸，并使酪蛋白凝固，产生大量气体，冲开凝固的酪蛋白，气势凶猛，称为“暴烈发酵”，是本菌的特点之一。

（3）抵抗力　本菌在含糖的厌氧肉肝汤中，因产酸于几周内即可死亡，而在无糖厌氧肉肝汤中能生存数月。芽孢在90℃ 30min或100℃ 5min死亡，而食物中毒型菌株的芽孢可耐煮沸1～3h。

2. 致病性

魏氏梭状芽孢杆菌由消化道或伤口侵入机体，产生致死毒素、坏死毒素和溶血毒素等多种外毒素和酶，引起局部组织的分解、坏死、产气、水肿和全身中毒。

魏氏梭状芽孢杆菌的外毒素有 α、β、ε、ι、γ、δ、η、θ、κ、λ、μ 和 ν 12 种。根据产生外毒素的不同，可将本菌分成 A、B、C、D、E 5 型。每型菌产生一种重要毒素，一种或数种次要毒素。A 型菌主要产生 α 毒素，B、E 型主要产生 β 毒素，D 型产生 ε 毒素。α 毒素最为重要，具有坏死、溶血和致死作用，β 毒素有坏死和致死作用。

魏氏梭状芽孢杆菌能引起人、畜多种疾病，A 型菌主要引起人气性坏疽和食物中毒，也可引起动物的气性坏疽，还可引起牛、羊、野山羊、驯鹿、仔猪、家兔等的肠毒血症或坏死性肠炎；B 型菌主要引起羔羊痢疾，还可引起驹、犊牛、羔羊、绵羊和山羊的肠毒血症和坏死性肠炎；C 型菌主要是羊猝狙的病原，也能引起羔羊、犊牛、仔猪、绵羊的肠毒血症和坏死性肠炎以及人的坏死性肠炎；D 型菌可引起羔羊、绵羊、山羊、牛以及灰鼠的肠毒血症；E 型菌可致犊牛、羔羊肠毒血症，但很少发生。实验动物以豚鼠、小鼠、鸽和幼猫最易感，家兔次之。

3. 微生物学诊断

（1）细菌检查　本菌 A 型所致气性坏疽及引起人食物中毒的微生物学诊断，主要依靠细菌分离鉴定。其余各型所致的各种疾病，均系细菌在肠道内产生毒素所致，细菌本身不一定侵入机体；同时，正常人、畜肠道中也有此菌存在，在非本菌致死的动物也很容易于死亡后被细菌侵染。因此，从病料中检出该菌，并不能说明它就是病原。所以细菌学检查只有当分离到毒力强大的细菌时，才具有一定的参考意义。

（2）毒素检查　肠内容物毒素检查是有效的微生物学诊断方法。具体方法是取回肠内容物，如采集量不够，可采空肠后段或结肠前段内容物，加适量灭菌生理盐水稀释，经离心沉淀后去上清液分成两份，一份不加热，一份加热（60℃ 30min），分别静脉注射家兔（1 ~ 3mL）或小鼠（0.1 ~ 0.3mL）。如有毒素存在，不加热组动物常于数分钟至十几小时内死亡，加热组动物不死亡。

（三）肉毒梭状芽孢杆菌

肉毒梭状芽孢杆菌最初于 1896 年由比利时学者 Van Ermengemcong 从腊肠中发现，所以又称腊肠杆菌。本菌是一种腐生性细菌，广泛分布于土壤、海洋和湖泊的沉淀物，哺乳动物、鸟类、鱼的肠道，饲料以及食品中。肉毒梭状芽孢杆菌不能在活的机体内生长繁殖，在有适当营养、厌氧环境中时，即可生长繁殖产生肉毒毒素，人、畜食入含有此毒素的食品、饲料或其它物品时，即可发生肉毒中毒症。

1. 主要生物学特性

（1）形态与染色特性 肉毒梭状芽孢杆菌多呈直杆状，多单在、偶见成双或短链排列。有周鞭毛，芽孢较大呈卵圆形，位于菌体近端，使菌体膨大，呈汤匙状或网球拍状，易于在液体和固体培养基上形成。革兰染色阳性。

（2）培养特性 本菌对营养要求不高，在普通培养基上可生长良好，但其培养特性极不规律，甚至同一菌株也变化无常。在血琼脂平板上，可形成直径1～6mm的扁平或中央隆起的不规则菌落，有β溶血。在疱肉培养基中生长良好，能消化肉渣，使之变黑并产生恶臭味。

（3）抵抗力 肉毒梭状芽孢杆菌繁殖体抵抗力中等，加热80℃ 30min或100℃ 10min能将其杀死。但芽孢抵抗力极强，不同型菌的芽孢抵抗力不同。多数菌株的芽孢，在湿热100℃ 5～7h、高压105℃ 100min或120℃ 2～20min、干热180℃ 15min可被杀死。本菌毒素的抵抗力也较强，尤其对酸在pH 3～6范围内毒性不减弱，但对碱敏感，在pH 8.5以上即被破坏。此外，0.1%高锰酸钾、加热80℃ 30min或100℃ 10min，均能破坏毒素。

2. 致病性

肉毒梭状芽孢杆菌可产生毒性极强的肉毒毒素，该毒素是目前已知毒素中毒性最强的一种，1mg纯化结晶的肉毒毒素能杀死2000万只小鼠，对人的致死量小于1μg。根据毒素抗原性的不同，目前可分为A、B、$C_α$、$C_β$、D、E、F、G 8个型，各型毒素之间抗原性不同，其毒素只能被相应型别的抗毒素所中和。

在自然条件下，家畜对肉毒毒素很敏感，其中马、骡的中毒多由$C_β$型或D型毒素引起；牛常由C、D型毒素引起；羊和禽类常由C型毒素引起；猪主要由A、B型毒素引起；人常由A、B、E、F型毒素引起。家畜中毒后，出现特征性临诊症状，引起运动肌麻痹，从眼部开始，表现为斜视，继而咽部肌肉麻痹，咀嚼吞咽困难，膈肌麻痹，呼吸困难，心力衰竭而死亡。

肉毒毒素对小鼠、大鼠、豚鼠、家兔、犬、猴等实验动物以及鸡、鸽等禽类都敏感，但易感程度在各种动物种属间、毒素型别之间都有或大或小的差异。

3. 微生物学诊断

肉毒梭状芽孢杆菌本身无致病力，主要检查其毒素。

（1）肉毒毒素检测 被检物若为液体材料，可直接离心沉淀；固体或半流体材料则可制成乳剂，于室温下浸泡数小时甚至过夜后再离心，取上清液分为两份，其中一份按1/10加入10%胰酶液混匀，于37℃作用60min，然后进行检测。

取上述两种处理的毒素液，分别腹腔注射小鼠2只，每只0.5mL，观察4d。若有毒素存在，小鼠一般多在注射后24h内发病、死亡。主要表现为竖毛、四肢瘫痪、呼吸呈风箱式，腰部凹陷，最终死于呼吸麻痹。

另外，还可以用毒素中和试验和间接血凝试验检测肉毒毒素。

（2）细菌分离鉴定　利用本菌芽孢耐热性强的特性，接种检验材料于疱肉培养基，于80℃加热30min，置30℃增菌培养5～10d，再移植于血琼脂和乳糖牛奶卵黄琼脂平板，35℃厌氧培养48h。挑选可疑菌落，涂片染色镜检并接种疱肉培养基，30℃培养5d，进行毒素检测及培养特性检查，以确定分离菌的型别。

十、分枝杆菌

在《伯杰氏细菌鉴定手册》（第九版）中，分枝杆菌属是作为分枝杆菌类唯一的属加以描述的。该属细菌的共同特点是：各成员均好氧，菌体平直或微弯细长，革兰染色阳性，并均具有抗酸染色的特性。细菌无鞭毛和芽孢，菌体内含有大量类脂质成分，对营养要求高，多数菌株生长缓慢。本属菌在自然界广泛分布，许多是人和动物的病原菌。对动物有致病性的主要是结核分枝杆菌、牛分枝杆菌、禽分枝杆菌和副结核分枝杆菌。

（一）主要生物学特性

1. 形态与染色特性

结核分枝杆菌为细长、直或稍弯的杆菌，单在或少数成丛，大小为0.2～0.5μm×1.5～4.0μm。牛分枝杆菌菌体短而粗，禽分枝杆菌最短，呈多形性。在陈旧的培养基或干酪性病灶内的菌体可见分枝现象。革兰染色阳性，但革兰染色时不易着色，经齐尼二氏法抗酸染色后，本菌为红色，背景及其它非抗酸菌为蓝色。

2. 培养特性

分枝杆菌为严格需氧菌，营养要求较高，最适温度为37～37.5℃，禽分枝杆菌可在42℃生长。3种分枝杆菌最适pH：结核分枝杆菌7.4～8.0，牛分枝杆菌5.9～6.9，禽分枝杆菌7.2。常用的培养基有罗杰二氏培养基（内含蛋黄、甘油、马铃薯、无机盐及孔雀绿等）、改良罗杰二氏培养基等。在上述培养基中，结核分枝杆菌需14～15h分裂1次，如加入5%～10% CO_2 或5%甘油可刺激结核分枝杆菌的生长，但5%甘油对牛分枝杆菌生长有抑制作用。菌落形成较慢，10～14d形成菌落。在固体培养基上形成黄色菌落，显著隆起，表面粗糙皱缩坚硬，不易破碎，类似菜花状；在液体培养基中，其表面形成厚皱菌膜，培养液一般保持清亮。

3. 抵抗力

分枝杆菌细胞壁含丰富的脂类而表现出较强的抵抗力。对干燥、寒冷及一般消毒药具有较强的抵抗力，但对湿热的抵抗力弱，60℃ 30min即失去活力。在水中存活5个月，在土壤中存活7个月，常用消毒剂需要4h才能被杀灭，但在70%乙醇及10%漂白粉中迅速死亡，碘化物消毒效果也十分有效，但无机酸、有机酸、碱性和季铵盐类消毒剂不能有效杀灭本菌。

本菌对链霉素、异烟肼、对氨基水杨酸和环丝氨酸等药物敏感，而对常用的磺胺类、青霉素及其它广谱抗生素均不敏感。

（二）致病性

牛分枝杆菌主要引起牛结核病，其它家畜、野生反刍动物、人、灵长目动物、犬、猫等肉食动物均可感染。实验动物中豚鼠、兔有高度敏感性，对小鼠有中等致病力，对家禽无致病性。禽分枝杆菌主要引起禽结核，也可引起猪的局限性病灶。结核分枝杆菌可使人、畜禽及野生动物发生结核病，山羊和家禽对结核分枝杆菌不敏感。牛分枝杆菌和人结核分枝杆菌毒力较强，禽分枝杆菌则较弱。

（三）微生物学诊断

1. 细菌学诊断

将病料结节切开，制成薄的涂片。乳汁以 2 000 ~ 3 000r/min 离心 40min，分别取脂肪层和沉淀层涂片。涂片干燥固定后经抗酸染色，如发现红色成丛杆菌时，可作出初步诊断。必要时进行细菌的分离培养和动物试验。

2. 变态反应诊断

本法是临床结核病检疫的主要方法。目前，所用的诊断液为提纯结核菌素（PPD），诊断方法为皮内试验。

目前也有应用间接血凝试验、荧光抗体、ELISA 试剂盒等血清学诊断方法，但变态反应诊断应用得最广泛。

任务二 | 常见的动物病毒

一、口蹄疫病毒

口蹄疫病毒（FMDV）是口蹄疫的病原体，能感染牛、羊、猪、骆驼等偶蹄动物，使患畜的口腔黏膜、舌及蹄部等发生特征性的水疱。本病传染性极强，发病率可达 100%，往往造成广泛流行，给畜牧生产带来巨大的经济损失，是当前各国最主要的家畜传染病之一。

（一）主要生物学特性

1. 形态与结构

口蹄疫病毒是单股 RNA 病毒，为微核糖核酸病毒科口蹄疫病毒属的成员。病毒粒子无囊膜，二十面体立体对称，呈球形或六角形，直径为 20 ~ 25nm。用感染细胞做超薄切片，在电子显微镜下可看到口蹄疫病毒在胞质内呈晶格状排列。

2. 抗原特性

口蹄疫病毒有 7 个不同的血清型，A、O、C、南非（SAT）1、南非（SAT）2、南非（SAT）3 及亚洲 1 型，各型之间无交互免疫作用，每一血清型又有若干个亚型。各亚型之间的免疫性也有不同程度的差异。

3. 抵抗力

直射日光能迅速使口蹄疫病毒灭活，但污染物品如饲草、被毛和木器上的病毒却可存活几周之久。厩舍墙壁和地板上干燥分泌物中的病毒至少可以存活 1 ~2 个月。病毒经 70℃ 10min、80℃ 1min、1% NaOH 1min 即被灭活，在 pH 为 3 的环境中可失去感染性。最常用的消毒液有 2% 氢氧化钠溶液、过氧乙酸和高锰酸钾等。

（二）致病性

在自然条件下，牛、猪、山羊和绵羊等偶蹄动物对口蹄疫病毒易感，水牛、骆驼、鹿等偶蹄动物也能感染，马和禽类不感染。实验动物中豚鼠最易感，但大部分可耐过，因此常用其作病毒的定型试验。人类偶可感染，且多为亚临床感染，也可出现发热、食欲差及口、手、脚产生水疱等。本病康复后可获得坚强的免疫力，能抵抗同型强毒的攻击，免疫期至少 1 年，但可被异型病毒感染。

（三）微生物学诊断

世界动物卫生组织（OIE）把口蹄疫列为 A 类疫病，我国也把口蹄疫定为 14 个一类疫病之一，诊断必须在指定的实验室进行。

1. 病毒的分离鉴定

送检的样品包括水疱液和水疱皮等，常用 BHK 细胞、HBRS 细胞等进行病毒的分离，做蚀斑试验，同时应用 ELISA 试剂盒诊断。如果样品中病毒的滴度较低，可用 BHK－21 细胞培养分离病毒，然后通过 ELISA 或中和试验加以鉴定。RT－PCR 可用于动物产品检疫，快速且灵敏。

2. 动物接种试验

采取水疱皮制成悬液，接种于豚鼠跖部皮内，注射部位出现水疱可确诊。

3. 血清学诊断

常用间接 ELISA 以及荧光抗体试验。对口蹄疫的诊断还必须确定其血清型，这对本病的防治是极为重要的，因为只有同型免疫才能起到良好的保护作用。应用补体结合试验、琼脂扩散试验等可对口蹄疫血清型作出鉴定。

二、狂犬病病毒

狂犬病病毒能引起人和各种家畜的狂犬病。本病在临床上特征性的症状为各种形式的兴奋和麻痹状态，病理组织学特征为脑神经细胞内形成包涵体即内基氏小体。

（一）主要生物学特性

1. 形态与结构

狂犬病病毒是单股 RNA 病毒，为弹状病毒科狂犬病病毒属的成员。病毒粒子呈子弹形，长 180nm，直径 75 ~ 80nm，具有囊膜及囊膜粒，圆柱状的核衣壳呈螺旋形对称。病毒在动物体内主要存在于中枢神经组织、唾液腺和唾液内。在自然条件下，能使动物感染的强毒株称野毒或街毒。街毒对兔的毒力较弱，如用脑内接种，连续传代后，对兔的毒力增强，而对人及其它动物的毒力降低，称为固定毒，可用于疫苗生产。感染街毒的动物在脑组织神经细胞可形成胞质包涵体即内基氏小体。

2. 抵抗力

狂犬病病毒能抵抗自溶及腐烂，在自溶的脑组织中可保持活力 7 ~ 10d。反复冻融、紫外线照射、蛋白酶、酸、胆盐、乙醚、升汞、70% 乙醇、季铵盐类消毒剂、自然光及热等处理都可迅速降低病毒活力，56℃ 15 ~ 30min 即可灭活病毒。

（二）致病性

各种哺乳动物对狂犬病病毒都有易感性。实验动物中，家兔、小鼠、大鼠均可用人工接种而感染，人也易感，鸽及鹅对狂犬病有天然免疫性。易感动物常因被疯犬、健康带毒犬或其它狂犬病患畜咬伤而发病。病毒通过伤口侵入机体，在伤口附近的肌细胞内复制，而后通过感觉或运动神经末梢及神经轴索上行至中枢神经系统，在脑的边缘系统大量复制，导致脑损伤，出现行为失控、兴奋继而麻痹的神经症状。本病的病死率几乎为 100%。

（三）微生物学诊断

在大多数国家仅限于获得认可的实验室及具有确认资格的人员才能作狂犬病的实验室诊断。常用的诊断方法如下。

1. 包涵体检查

取病死动物的海马角，用载玻片做成压印片。室温自然干燥，滴加数滴塞莱染色液（由 2% 亚甲蓝醇 15mL，4% 碱性复红 2 ~ 4mL，纯甲醇 25mL 配制而成），染 1 ~ 5s，水洗，干燥，镜检，阳性结果可见内基氏小体为樱桃红色。有 70% ~ 90% 的病犬可检出胞质包涵体，如出现阴性，应采用其它方法再进行检查。

2. 血清学诊断

免疫荧光试验是世界卫生组织推荐的方法，是一种快速、特异性很强的方法。还可采用琼扩试验、ELISA、中和试验、补体结合试验等进行诊断。必要时作病毒的分离和动物接种试验。

三、痘病毒

痘病毒可引起各种动物的痘病。痘病是一种急性和热性传染病，其特征是皮肤和黏膜发生特殊的丘疹和疱疹，通常取良性经过。各种动物的痘病中以绵羊痘和鸡痘最为严重，病死率较高。

（一）主要生物学特性

1. 形态与结构

引起各种动物痘病的痘病毒分属于痘病毒科、脊索动物痘病毒亚科的正痘病毒属、羊痘病毒属、猪痘病毒属和禽痘病毒属，均为双股 DNA 病毒，有囊膜，呈砖形或卵圆形。砖形粒子大小为长 220～450nm、宽 140～260nm、厚 140～260nm，卵圆形者长 250～300nm、直径为 160～190nm。是动物病毒中体积最大、结构最复杂的病毒。多数痘病毒在其感染的细胞内形成胞质包涵体，包涵体内所含病毒粒子又称原生小体。

2. 抵抗力

痘病毒对热的抵抗力不强。55℃ 20min 或 37℃ 24h 均可使病毒丧失感染力。对冷及干燥的抵抗力较强，冻干至少可以保存 3 年以上；在干燥的痂皮中可存活几个月。将痘病毒置于 50% 甘油中，－15～－10℃环境条件下可保存 3～4年。在 pH 为 3 的环境下，病毒可逐渐丧失感染能力。紫外线或直射阳光可将病毒迅速杀死。0.5% 甲醛溶液、3% 石炭酸、0.01% 碘溶液、3% 硫酸、3% 盐酸可于数分钟内使其丧失感染力。常用的碱溶液或乙醇 10min 也可以使其灭活。

（二）致病性

绵羊痘病毒是羊痘病毒属的病毒。病毒可通过空气传播，吸入感染，也可通过伤口和厩蝇等吸血昆虫叮咬感染。在自然条件下，只有绵羊发生感染，出现全身性痘疱，肺经常出现特征性干酪样结节，感染细胞的胞质中出现包涵体。各种绵羊的易感性不同，死亡率在 5%～50% 不等。有些毒株可感染牛和山羊，产生局部病变。鸡痘病毒是禽痘病毒属的代表种，在自然情况下，各种年龄的鸡都易感，但多见于 5～12 月龄的鸡，有皮肤型和白喉型两种病型。皮肤型是皮肤有增生型病变并结痂，白喉型则在消化道和呼吸道黏膜表面形成白色不透明结节甚至奶酪样坏死的假膜。康复动物能获得坚强的终生免疫力。

（三）微生物学诊断

痘病一般通过临床症状和发病情况即可作出正确诊断。如需确诊，可采取血清、痘疱皮或痘疱液进行微生物学及血清学诊断。

1. 原生小体检查

对无典型症状的病例，采取痘疹组织片，按莫洛佐夫镀银法染色后，在油镜下观察，可见有深褐色的球菌群样圆形小颗粒，单在、呈短链或成堆，即为原生小体。

2. 血清学诊断

将可疑病料做成乳剂并以此为抗原，同其阳性血清作琼脂扩散试验，如出现沉淀线，即可确诊。此外，还可用补体结合试验、中和试验等进行诊断。

3. 病毒分离鉴定

必要时可接种于鸡胚绒毛尿囊膜或采用划痕法接种于家兔、豚鼠等实验动物，观察鸡胚绒毛尿囊膜的痘斑或动物皮肤上出现的痘疹进行鉴定。

四、猪瘟病毒

猪瘟病毒（CSFV）只侵害猪，发病后死亡率很高，呈全球流行，给养猪业造成严重经济损失，是猪最重要的一种传染病。OIE 将本病列入 A 类传染病之一，并规定为国际贸易重点检疫对象。

（一）主要生物学特性

1. 形态与结构

猪瘟病毒是单股 RNA 病毒，为黄病毒科瘟病毒属的成员。病毒粒子呈球形，直径为 38 ~44nm，核衣壳为二十面体，有囊膜。本病毒只在猪源原代细胞如猪肾、睾丸和白细胞等或传代细胞如 PK -15 细胞、IBRS -2 细胞中增殖，但不能产生细胞病变。猪瘟病毒没有血清型的区别，只有毒力强弱之分。在强毒株、弱毒株或几乎无毒力的毒株之间，有各种逐渐过渡的毒株。近年来已经证实猪瘟病毒与牛病毒性腹泻病病毒有共同的可溶性抗原，二者既有血清学交叉反应，又有交叉保护作用。

2. 抵抗力

猪瘟病毒对理化因素的抵抗力较强，血液中的病毒 56℃ 60min 或 60℃ 10min 才能被灭活，室温能存活 2 ~5 个月，在冻肉中可存活 6 个月之久，病毒冻干后在 4 ~6℃条件下可存活 1 年。阳光直射 5 ~9h 可失活，1% ~2% 氢氧化钠或 10% ~20% 石灰水 15 ~60min 能杀灭病毒。猪瘟病料加等量含 0.5% 石炭酸的 50% 甘油生理盐水，在室温下能保存数周，可用于送检材料的防腐。猪瘟病毒在 pH 为 5 ~10 的条件下稳定，对乙醚、氯仿敏感，能被迅速灭活。

（二）致病性

猪瘟病毒除对猪有致病性外，对其它动物均无致病性。能一过性地在牛、羊、兔、豚鼠和小鼠体内增殖，但不致病。人工感染于兔体后毒力减弱，如我国的猪瘟兔化弱毒株，已用其作为制造疫苗的种毒。病猪或隐性感染猪是主要的传染来源，健康猪接触污染的饲料和饮水，通过消化道感染发病。此外，各种用具（如车辆、猪场人员的衣着等）都是传播媒介。

（三）微生物学诊断

1. 病毒分离鉴定

采取疑似病例的淋巴结、脾、扁桃体、血液等，用猪淋巴细胞或肾细胞分离培养病毒，因为不能产生细胞病变，通常用荧光抗体技术检查细胞质内病毒抗原。用 RT -PCR 可快速检测感染组织中的猪瘟病毒。

2. 血清学诊断

常用荧光抗体法、酶标抗体法或琼脂扩散试验等血清学实验来直接确诊病料中有无猪瘟病毒。

五、猪呼吸与繁殖综合征病毒

猪呼吸与繁殖综合征病毒（PRRSV）主要危害种公猪、繁殖母猪及仔猪，是猪呼吸与繁殖综合征的病原体。被感染猪表现为厌食、发热、耳发绀（故曾称为蓝耳病）、繁殖功能障碍和呼吸困难，给养猪场带来巨大经济损失。

（一）主要生物学特征

1. 形态与结构

猪呼吸与繁殖综合征病毒是单股 RNA 病毒，为动脉炎病毒科动脉炎病毒属的成员。病毒粒子为球状颗粒，直径为 50 ~ 70nm，核衣壳呈二十面体对称，有囊膜。

2. 抵抗力

猪呼吸与繁殖综合征病毒对乙醚、氯仿敏感，不耐热，56℃ 45min 或 37℃ 48h 可彻底灭活。在 pH 低于 5 或大于 2 的环境中，病毒感染性可损失 90% 以上。－70℃可保存 4 个月。

（二）致病性

猪呼吸与繁殖综合征病毒仅感染猪，不同年龄、性别和品种的猪均可感染，但易感性有一定差异。母猪和仔猪较易感，发病时症状较为严重。可造成母猪怀孕后期流产、死胎和木乃伊胎；仔猪呼吸困难，易继发感染，死亡率高；公猪精液品质下降。

（三）微生物学诊断

1. 病毒分离鉴定

采集病猪或流产胎儿的组织病料，哺乳仔猪的肺、脾、支气管淋巴结、血清等制成病毒悬液，接种于仔猪的肺泡巨噬细胞进行培养，观察细胞病变，再用 RT - PCR 或 ELISA 进一步鉴定。

2. 血清学诊断

适合于群体水平检测，而不适合于个体检测。常用方法有 ELISA、间接免疫荧光试验等。

六、犬瘟热病毒

犬瘟热病毒是引起犬瘟热的病原体。本病是犬、水貂及其它皮毛动物的高度接触性急性传染病。以双相热型、鼻炎、支气管炎、卡他性肺炎及严重的胃肠炎和神经症状为特征。

（一）主要生物学特性

1. 形态与结构

犬瘟热病毒是单股 RNA 病毒，为副黏病毒科副黏病毒亚科麻疹病毒属的成员。病毒粒子多数呈球形，有时为不规则形态，直径为 150 ~ 330nm，核衣壳呈螺旋对称排列。外有囊膜，囊膜表面存在放射状的囊膜粒。该病毒能在鸡胚绒毛尿囊膜上生长并产生病变，也能在鸡胚成纤维细胞上生长。

2. 抵抗力

犬瘟热病毒对理化因素抵抗力较强。病犬脾脏组织内的病毒 -70℃可存活 1 年以上，病毒冻干可以长期保存，而 4℃ 只能存活 7 ~ 8d，55℃ 可存活 30min，100℃ 1min 灭活。1% 来苏儿溶液中数小时不灭活；2% 氢氧化钠 30min 失去活性，3% 氢氧化钠中立即死亡；在 3% 甲醛溶液和 5% 石炭酸溶液中均能死亡。最适 pH 为 7 ~8，在 pH 为 4.4 ~10.4 条件下可存活 24h。

（二）致病性

犬瘟热病毒主要侵害幼犬，但狼、狐、豺、獾、鼬鼠、熊猫、浣熊、山狗、野狗、狸和水貂等动物也易感。患畜在感染后第 5 天于临床症状出现之前，所有的分泌物及排泄物均排毒，有时可持续数周。传播方式主要是直接接触及气雾。青年犬比老年犬易感，4 ~6 月龄的幼犬因不再有母源抗体的保护，最易感。雪貂对犬瘟热病毒特别敏感，自然发病的死亡率高达 100%，故常用雪貂作为本病的实验动物。人和其它家畜无易感性。

耐过犬瘟热的动物可以获得坚强的甚至终生的免疫力。犬瘟热病毒与麻疹病毒、牛瘟病毒之间存在共同抗原，能被麻疹病毒或牛瘟病毒的抗体所中和。

（三）微生物学诊断

因经常混合感染，诊断比较困难，确诊必须经过实验室检查。

1. 包涵体检查

刮取膀胱、胆囊、舌、眼结膜等处黏膜上皮，涂片，染色，镜检可见到细胞核呈淡蓝色，胞质呈玫瑰色，包涵体呈红色。

2. 动物接种

采取肝、脾、淋巴结等病料制成 1% 乳剂，接种 2 ~3 月龄断奶幼犬 5mL，一般在接种后 5 ~7d、长的在 8 ~12d 发病，且多在发病后 5 ~6d 死亡。

3. 血清学检查

可用荧光抗体技术、中和试验或 ELISA 等来确诊本病。

七、犬细小病毒

犬细小病毒（CPV）是犬细小病毒病的病原体。1978 年首次报道该病，我国在 20 世纪 80 年代初发现犬细小病毒。该病毒具有高度的稳定性，并经粪—口途径有效传播，所有犬科动物均易感，而且有很高的发病率与死亡率，所以犬细小病毒病能在全世界大流行。

（一）主要生物学特性

1. 形态与结构

犬细小病毒是单股DNA病毒，为细小病毒科细小病毒属成员。粪便中经负染的病毒粒子呈球形或六边形，直径约20nm，无囊膜。4℃下，犬细小病毒可凝集猪和恒河猴的红细胞，用此特性可作为鉴定犬细小病毒的参考指标。

2. 抵抗力

犬细小病毒对外界因素有强大的抵抗力，能耐受较高温度和脂溶剂处理，而不丧失其感染力。

（二）致病性

犬细小病毒主要感染犬，尤其2～4月龄幼犬多发。健康犬直接接触病犬或污染物而遭受传染。本病在临床上主要有心肌炎型和肠炎型两种类型。组织学检查可见局灶性心肌坏死，心肌细胞内形成核内嗜碱性包涵体。患犬白细胞减少，病程稍长的犬可见小肠和回肠增厚，浆膜表面具有颗粒样物，表现为胸腺萎缩、脾及淋巴结淋巴滤泡稀疏以及腺上皮细胞坏死。

犬感染3～5d后即可检出中和抗体，并达很高的滴度，免疫期较长。由母体初乳传给幼犬的免疫力可持续4～5周。

（三）微生物学检查

犬细小病毒病的检查除了注意临床上是否有明显的呕吐、腹泻与白细胞减少外，还应注意病犬的年龄，因刚断乳的幼犬最易感。要确诊本病有赖于病毒的分离鉴定和血清学检查。

1. 病毒分离鉴定

取发病早期的粪样，处理后取上清液，接种于原代犬胎肠细胞培养，用荧光抗体技术、电镜及HA－HI试验进一步鉴定。

2. 血清学诊断

最简便的方法是采集发病早期病犬的粪便直接作HA试验，若能凝集猪或恒河猴的红细胞即可基本确诊。HI试验主要用于检测血清或粪便中的抗体，适合于流行病学调查。对粪便样品负染后借助电镜观察，可做出快速诊断。还可用ELISA、荧光抗体试验等方法检测病毒。

八、新城疫病毒

新城疫病毒（NDV）是鸡和火鸡新城疫的病原体。新城疫又称亚洲鸡瘟或伪鸡瘟，此病具有高度传染性，死亡率在90%以上，对养鸡业危害极大。

（一）主要生物学特性

1. 形态与结构

新城疫病毒是RNA病毒，为副黏病毒科副黏病毒亚科腮腺炎病毒属成员。

病毒粒子有的近似球形，有的呈蝌蚪状，直径140~170nm，核衣壳螺旋对称，有囊膜。囊膜上的纤突有血凝素、神经氨酸酶和融合蛋白，它们在病毒感染过程中发挥重要作用。神经氨酸酶介导病毒对易感细胞的吸附作用；融合蛋白以无活性的前体形式存在，在细胞蛋白酶的作用下裂解活化，暴露出末端的疏水区导致病毒与细胞融合；新城疫病毒的血凝素，能使鸡、鸭、鸽、火鸡、人、豚鼠和小鼠等的红细胞出现凝集，这种血凝性能被特异的抗血清所抑制。该病毒只有1个血清型，但不同毒株的毒力有较大差异，根据毒力的差异可将新城疫病毒分成3个类型，强毒型、中毒型和弱毒型。

2. 抵抗力

新城疫病毒对外界环境抵抗力较强，pH 2~12的环境下1h不被破坏；在新城疫暴发后的2~8周，仍能从鸡舍内分离到病毒；在鲜蛋中经几个月，在冻鸡中经2年仍有病毒生存。易被紫外线灭活。常用消毒剂有2%氢氧化钠、3%~5%来苏儿、10%碘酊、70%乙醇等，30min内即可将病毒杀灭。

（二）致病性

新城疫病毒对不同宿主的致病力差异很大。鸡、火鸡、珍珠鸡、鹌鹑和野鸡对新城疫病毒都有易感性，其中鸡对新城疫病毒的易感性最高。而水禽如鸭、鹅可感染带毒，但不发病。新城疫病毒对鸡的致病作用主要由病毒株的毒力决定，鸡的年龄和环境条件也有影响。一般鸡越小，发病越急。本病一年四季均可发生，病鸡和带毒鸡是主要传染源。病鸡与健康鸡直接接触，经眼结膜、呼吸道、消化道、皮肤外伤及交配而发生感染。

（三）微生物学诊断

1. 病毒分离鉴定

采取病鸡脑、肺、肝和血液等，处理后取上清液，接种鸡胚尿囊腔，检查死亡胚胎病变。收集尿囊液，用0.5%鸡红细胞作血凝试验，若出现红细胞凝集，再用新城疫标准阳性血清作血凝抑制试验即可确诊。病毒分离试验只有在患病初期或最急性期才能成功。

2. 血清学诊断

采集发病鸡群急性期和康复期的双份血清，用血凝抑制试验测其抗体，若康复期比急性期抗体效价升高4倍以上，即可确诊。也可用病鸡组织压印片进行荧光抗体试验确诊，此方法更快、更灵敏。

九、禽流感病毒

禽流感病毒（AIV）是禽流感的病原体。禽流感又称欧洲鸡瘟或真性鸡瘟。高致病性禽流感已经被OIE定为A类传染病，我国把高致病性禽流感列为一类动物疫病。

（一）主要生物学特性

1. 形态与结构

禽流感病毒是单股RNA病毒，为正黏病毒科甲型流感病毒属的成员。典型病毒粒子呈球形，也有的呈杆状或丝状，直径80～120nm，核衣壳呈螺旋对称。外有囊膜，囊膜表面有许多放射状排列的纤突。纤突有两类，一类是血凝素（H）纤突，现已发现15种，分别以H_1～H_{15}命名；另一类是神经氨酸酶（N）纤突，已发现有9种，分别以N_1～N_9命名。H和N是流感病毒两个最为重要的分类指标，不同的H抗原或N抗原之间无交互免疫力，二者以不同的组合，产生多种不同亚型的毒株。H_5N_1、H_5N_2、H_7N_1、H_7N_7及H_9N_2是引起鸡禽流感的主要亚型。不同亚型的毒力相差很大，高致病力的毒株主要是H_5和H_7的某些亚型毒株。禽流感病毒能凝集鸡、牛、马、猪和猴的红细胞。

2. 抵抗力

禽流感病毒55℃ 60min或60℃ 10min即可失去活力。对紫外线、大多数消毒药和防腐剂敏感，在干燥的尘埃中能存活14d。

（二）致病性

禽流感宿主广泛，各种家禽和野禽均可以感染，但以鸡和火鸡最为易感。本病一年四季均可发生，受感染禽是最重要的传染源，病毒可通过粪便排出，并可在环境中长期存活。病毒可通过野禽传播，特别是野鸭。除候鸟和水禽外，笼养鸟也可带毒造成鸡群禽流感的流行，还可能通过蛋传播。该病以急性败血症死亡到无症状带毒等多种病症为特征。高致病力毒株引起的高致病性禽流感，其感染后的发病率和病死率都很高，对养鸡业威胁很大。

感染鸡在发病后的3～7d可检出中和抗体，在第2周时达到高峰，可持续18个月以上。

（三）微生物学诊断

1. 病毒分离鉴定

活禽可用棉拭子从病禽气管及泄殖腔采取分泌物或粪便，死禽采集气管、肝、脾等送检。处理病料，取上清液接种于9～11日龄SPF鸡胚尿囊腔，收集尿囊液，用HA测其血凝性。病毒分离呈阳性后，再对病毒进行血凝素和神经氨酸酶亚型鉴定和致病力测定。病毒鉴定的实验主要有ELISA试验、琼脂扩散试验、HI试验、神经氨酸酶抑制试验、RT－PCR及致病力测定试验。

2. 血清学诊断

血清学诊断主要有HI试验、琼脂扩散试验、免疫荧光试验等。

十、马立克病病毒

马立克病病毒（MDV）是鸡马立克病的病原体。鸡马立克病是一种传染性肿瘤疾病，以淋巴细胞增生和形成肿瘤为特征。马立克病传染性强、危害性大，已成为危害养鸡业的主要传染病之一。

（一）主要生物学特性

1. 形态与结构

马立克病病毒是双股 DNA 病毒，属于疱疹病毒科疱疹病毒甲亚科的成员，又称禽疱疹病毒 2 型。马立克病病毒在机体组织内以无囊膜的裸病毒和有囊膜的完整病毒两种形式存在。裸病毒为二十面体对称，直径为 85 ~ 100nm；有囊膜的完整病毒近似球形，直径为 130 ~ 170nm。其中，具有感染性的为有囊膜的完整病毒，主要存在于羽毛囊上皮细胞中。

马立克病病毒共分为 3 种血清型。致病性的马立克病病毒及其人工致弱的疫苗株均为血清 1 型；无毒力的自然分离株为血清 2 型；火鸡疱疹病毒（HVT）为血清 3 型，对火鸡可致产蛋下降，对鸡无致病性。

2. 抵抗力

有囊膜的感染性马立克病病毒有较大的抵抗力。随着病鸡皮屑的脱落，羽毛囊上皮细胞中的有囊膜的病毒会污染禽舍的垫草和空气，并借助它们进行传播。在垫草或羽毛中的病毒在室温下 4 ~ 8 个月和 4℃ 至少 10 年仍有感染性。禽舍灰尘中含有的病毒，在 22 ~ 25℃ 下至少几个月还具有感染性。

（二）致病性

马立克病病毒主要侵害雏鸡和火鸡，野鸡、鹌鹑和鹧鸪也可感染，但不发病。1 周龄内的雏鸡最易感，随着鸡日龄增长，对马立克病病毒的抵抗力也随之增强。发病后不仅引起大量死亡，耐过的鸡也会生长不良，马立克病病毒还对鸡体产生免疫抑制，这是疫苗免疫失败的重要因素之一。成鸡感染马立克病病毒，带毒而不发病，但会成为重要的传染源。马立克病病毒以水平方式传播。马立克病根据临床症状可分为 4 种类型，内脏型（急性型）、神经型（古典型）、眼型和皮肤型。致病的严重程度与病毒毒株的毒力、鸡的日龄和品种、免疫状况、性别等有很大关系。

（三）微生物学诊断

1. 病毒分离培养

采集病鸡的羽毛囊或脾脏，将脾脏用胰酶消化后制成细胞悬液，接种 4 ~ 5 日龄鸡胚卵黄囊或绒毛尿囊膜，也可接种鸡肾细胞进行病毒培养。若有马立克病病毒增殖，在鸡胚绒毛尿囊膜上可出现痘斑或在细胞培养物中形成蚀斑现象。

2. PCR 鉴定

PCR 方法具有很强的特异性和敏感性，适于马立克病的早期诊断。

3. 血清学诊断

用于马立克病诊断的血清学方法有琼脂扩散试验、荧光抗体试验和间接血凝试验等。其中最简单的方法是琼脂扩散试验，中间孔加阳性血清，周围插入被检鸡羽毛囊，出现沉淀线即为阳性。

十一、传染性法氏囊病病毒

传染性法氏囊病病毒（IBDV）是鸡传染性法氏囊病的病原体。本病是一种高度接触性传染病，以法氏囊淋巴组织坏死为主要特征。

（一）主要生物学特性

1. 形态与结构

传染性法氏囊病病毒是双股 RNA 病毒，为双股 RNA 病毒科禽双 RNA 病毒属的成员。病毒粒子直径 55 ~ 60nm，二十面体对称，无囊膜。该病毒有两个血清型，二者有较低的交叉保护，仅 1 型对鸡有致病性，火鸡和鸭为亚临床感染；2 型未发现有致病性。毒株的毒力有变强的趋势。

2. 抵抗力

传染性法氏囊病病毒对理化因素的抵抗力较强。耐热，56℃ 5 ~ 6h，60℃ 30 ~ 90min 仍有活力。但 70℃加热 30min 即被灭活。病毒在 -20℃贮存三年后对鸡仍有传染性，在 -58℃保存 18 个月后对鸡的感染滴度不下降，并能耐反复冻融和超声波处理。在 pH 为 2 环境中 60min 不灭活，对乙醚、氯仿、吐温和胰蛋白酶有一定抵抗力，在 3% 来苏儿、3% 石炭酸和 0.1% 升汞液中经 30min 可以灭活，但对紫外线有较强的抵抗力。

（二）致病性

传染性法氏囊病病毒的天然宿主只限于鸡。2 ~ 15 周龄鸡较易感，尤其是 3 ~ 5 周龄鸡最易感。法氏囊已退化的成年鸡呈现隐性感染。鸭、鹅和鸽不易感，鹌鹑和麻雀偶尔也可感染发病，火鸡只发生亚临床感染。病鸡是主要的传染源，粪便中含有大量的病毒，可污染饲料、饮水、垫料、用具、人员等，通过直接和间接接触传染。昆虫也可作为机械传播的媒介，带毒鸡胚可垂直传播。

（三）微生物学诊断

1. 病毒分离培养

采取病鸡法氏囊，处理后取上清液，接种鸡胚绒毛尿囊膜，接种后胚胎 3d 左右死亡，检查其病变。也可用雏鸡或鸡胚成纤维细胞进行培养，用中和试验或琼扩试验进一步鉴定。还可用 RT - PCR 等分子生物学技术进行快速诊断。

2. 血清学诊断

常用方法主要有琼扩试验、中和试验、ELISA 试验等。

十二、禽传染性支气管炎病毒

禽传染性支气管炎病毒是禽传染性支气管炎的病原体。该病是一种急性、高度接触性传染的呼吸道疾病，常因呼吸道、肾或消化道感染而死亡，给养鸡业带来严重危害。

（一）主要生物学特性

1. 形态与结构

禽传染性支气管炎病毒（IBV）是单股 RNA 病毒，为冠状病毒科冠状病毒属的成员。病毒粒子为多边形，但大多略呈球形，大小为 18～120nm。有囊膜，囊膜上有较长的棒状纤突，呈花瓣状。核衣壳螺旋状对称。能凝集鸡的红细胞，容易发生变异。病毒分为若干个血清型，已报道呼吸型禽传染性支气管炎病毒有 11 个血清型，肾型有 16 个血清型。

2. 抵抗力

多数禽传染性支气管炎病毒株经 56℃ 15min 和 45℃ 90min 被灭活。病毒不能在 -20℃保存，但感染的尿囊液在 -30℃下几年后仍有活性。感染的组织在 50% 甘油盐水中无须冷冻即可良好保存和运输。对乙醚和普通消毒剂敏感。

（二）致病性

禽传染性支气管炎病毒主要感染鸡，1～4 周龄的鸡最易感。该病毒传染力极强，特别容易通过空气在鸡群中迅速传播，数日内可传遍全群。雏鸡患病后死亡率较高，蛋鸡产蛋量减少且蛋质下降。

感染后第 3 周产生大量中和抗体，康复鸡可获得约一年的免疫力。雏鸡可从免疫的母体获得母源抗体，这种抗体可保持 14d，以后逐渐消失。

（三）微生物学检查

1. 病毒分离鉴定

采集感染初期的气管拭子或感染 1 周以上的泄殖腔拭子，经处理后接种于鸡胚尿囊腔，至少盲传 4 代，根据死亡鸡胚特征性病变，可证明有病毒存在。可用中和试验、琼脂扩散试验、ELISA 等进一步鉴定。目前，RT - PCR 或 cDNA 探针也已使用。

2. 血清学诊断

常用方法有中和试验、免疫荧光试验、琼扩试验、HI 试验、ELISA 等。

十三、减蛋综合征病毒

减蛋综合征病毒（EDSV）是减蛋综合征的病原体，该病最早报道于 1976 年。在临床上主要表现为群发性产蛋下降，以产薄壳蛋、退色蛋或畸形蛋为特征。该病在世界范围内已成为引起产蛋损失的主要原因。

（一）主要生物学特性

1. 形态与结构

减蛋综合征病毒是双股 DNA 病毒，为腺病毒科禽腺病毒属的成员。病毒粒子无囊膜，核衣壳为二十面立体对称，直径 70～80nm。减蛋综合征病毒能凝集多种禽类如鸡、鸭、鹅、鸽等的红细胞。

2. 抵抗力

对乙醚、氯仿不敏感，能抵抗较宽的 pH 范围。室温下至少可以存活 6 个月，70℃经 20min 或 0.3% 甲醛溶液处理 24h 可完全灭活，但 56℃经 3h 仍保持感染性。

（二）致病性

减蛋综合征病毒能引起鸡的减蛋综合征。本病的自然宿主主要是鸭和鹅，但发病一般仅见于产蛋鸡。各种日龄和品系的鸡均可感染，产褐壳蛋鸡尤为易感。在性成熟前病毒潜伏于感染鸡的输卵管、卵巢、咽喉等部位，感染鸡无临床症状且很难查到抗体；开产后，病毒被激活，并在生殖系统大量增殖。本病可水平传播，也可垂直传播。

（三）微生物学诊断

1. 病毒分离培养

采集病死鸡的输卵管、变形卵泡、无壳软蛋等病料，匀浆处理后取上清液，接种于 10～12 日龄鸭胚尿囊腔培养。收集尿囊液，用血凝试验测其血凝性。若有血凝性，进一步进行病毒鉴定，也可用鸡胚成纤维细胞分离该病毒。

2. 电镜观察

将尿囊液负染后用电镜观察，可见典型的腺病毒样形态。

3. 血清学诊断

用 HA－HI 试验对分离到的病毒进行鉴定，若此病毒能被减蛋综合征的标准阳性血清所抑制，而不被 NDV、AIV、IBV 和支原体标准阳性血清所抑制，可判为阳性。也可用琼脂扩散试验、ELISA、中和试验和荧光抗体技术等进行诊断。

十四、鸭瘟病毒

鸭瘟病毒（DPV）可使鸭发生鸭瘟，偶尔也能使鹅发病。本病传播迅速，大批流行时发病率和死亡率都很高，严重威胁养鸭业的发展。

（一）主要生物学特性

1. 形态与结构

鸭瘟病毒是双股 DNA 病毒，为疱疹病毒科甲疱疹病毒亚科成员。病毒呈球形，直径为 80～120nm，呈二十面体对称，有囊膜。本病毒缺乏血凝特性，也无红细胞吸附作用。病毒只有 1 个血清型，但不同分离株毒力不同。

2. 抵抗力

鸭瘟病毒对外界因素的抵抗力不强。56℃ 10min、50℃ 90～120min 能破坏其感染性；22℃以下 30d 感染力丧失；含有病毒的肝组织，－20～－10℃低温 347d 对鸭仍有致病力；在－7～－5℃环境中，3 个月毒力不减；但反复冻融，则容易使之丧失毒力。在 pH 为 7～9 的环境中稳定，但 pH 3 或 pH 11 可迅速灭活病毒。70% 乙醇 5～30min、0.5% 漂白粉和 5% 石灰水 30min 即被杀死。病毒对乙醚、氯仿和胰酶敏感。

（二）致病性

在自然情况下，鸭瘟病毒主要侵害家鸭。各种年龄和品种的鸭均可感染，但以番鸭、麻鸭和绵鸭易感性最高，北京鸭次之。自然流行中，成年鸭和产蛋母鸭发病率和死亡率较高，1 月龄以下的雏鸭发病较少。

（三）微生物学诊断

一般根据流行病学、临床症状和病理变化不难作出正确的诊断，但对初次发生本病的地区，必须进行病毒的分离鉴定才能达到确诊目的。

1. 病毒分离鉴定

采集病鸭的肝、脾或肾等病料，处理后取上清液，接种于 9 ~ 14 日龄鸭胚绒毛尿囊膜上，接种 4 ~ 14d 鸭胚死亡，呈现特征性的弥散性出血。本法敏感性不如用上清液接种 1 日龄易感鸭，易感鸭在接种 3 ~ 12d 内死亡，剖检可见到该病的典型病灶。也可用细胞分离培养病毒，对分离到的病毒通过电镜观察、中和试验等进一步鉴定。

2. 血清学诊断

血清学试验在诊断急性感染病例中的价值不大，但鸭胚或细胞培养作中和试验，可用于监测。

十五、兔出血症病毒

兔出血症病毒（RHDV）是兔出血性败血症（俗称兔瘟）的病原体。本病以呼吸系统出血、实质器官水肿、淤血及出血性变化为特征。于 1984 年初首先在我国江苏等地暴发，随即蔓延到全国多数地区。此后，世界上许多国家和地区也报道了本病。

（一）主要生物学特性

1. 形态与结构

兔出血症病毒是嵌杯病毒科兔嵌杯状病毒属的成员。病毒粒子呈球形，直径 32 ~ 36nm，二十面体对称，无囊膜。该病毒具有血凝性，能凝集人类的各型红细胞，也可凝集绵羊、鸡、鹅的红细胞，但凝集能力较弱，不凝集其它动物的红细胞。该病毒只有 1 种血清型，欧洲野兔综合征病毒与兔出血症病毒抗原性相关，但血清型不同。

2. 抵抗力

兔出血症病毒对乙醚、氯仿和 pH 3 有抵抗力，能够耐受 50℃ 1h。

（二）致病性

引进的纯种兔和杂交兔比我国本地兔对该病毒易感，毛用兔比肉用兔易感。在自然条件下，只感染年龄较大的家兔。病毒主要通过直接接触传染，也可通过病毒污染物经消化道、呼吸道、损伤的皮肤黏膜等途径感染。大多为急性和亚急性型，发病率和死亡率都较高。2 月龄以下的仔兔自然感染时一般不发病。其它动物均无易感性。

（三）微生物学诊断

1. 病毒抗原检测

无菌采取病兔的肝、脾、肾及淋巴结等，磨碎后加生理盐水制成1∶10悬液，冻融3次，3 000r/min离心30min，取上清液作血凝试验。把待检的上清液连续2倍稀释，然后加入1%人O型红细胞，37℃作用60min观察结果。也可用荧光抗体试验、琼脂扩散试验或斑点酶联免疫吸附试验检测病料中的病毒抗原。

2. 血清抗体检测

血清抗体检测多用于本病的流行病学调查和疫苗免疫效果的检测，常用的方法是血凝抑制试验。也可用间接血凝试验检测血清抗体。

1. 葡萄球菌和链球菌的实验室诊断要点有哪些?
2. 比较大肠杆菌与沙门菌的培养特性及生化特性。
3. 简述布鲁菌的微生物学诊断方法。
4. 简述多杀性巴氏杆菌的致病作用。
5. 如何进行炭疽杆菌的微生物学鉴定。
6. 简述猪丹毒杆菌的致病特点及如何进行微生物学诊断。
7. 结核分枝杆菌的致病有何特点?
8. 破伤风梭状芽孢杆菌的致病条件是什么?
9. 口蹄疫病毒有几个血清型?如何进行口蹄疫病毒的微生物学诊断?
10. 简述猪瘟病毒的微生物学诊断要点。
11. 简述犬瘟热的临床表现及微生物学诊断要点。
12. 简述新城疫病毒的微生物学诊断要点。
13. 简述禽流感病毒的致病特点。
14. 简述传染性法氏囊病病毒的致病特点。

项目十 微生物的其它应用

【知识目标】

掌握青贮饲料、单细胞蛋白、微生态制剂的概念；熟悉饲料和畜产品中微生物的来源；理解饲料和畜产品中微生物对产品品质的影响及公共卫生意义；了解微生物酶制剂和微生态制剂的应用。

【技能目标】

能将所学的微生物知识应用于畜牧生产实践，提高产品品质。

任务一 | 微生物与饲料

饲料中存在着各种微生物，一方面饲料为微生物提供了生长繁殖所需的物质和环境；另一方面，微生物的各种活动也极大地影响着饲料的营养价值。其中，有的对饲料的生产加工、保存和动物健康有益，有的却能破坏饲料的营养成分，危害动物健康。

微生物饲料是原料经微生物及其代谢产物转化而成的新型饲料，没有使用药剂，其生产环境很少受到污染，是动物的“绿色食品”。用于生产微生物饲料的主要有细菌、酵母菌、霉菌、放线菌、单细胞藻类等。

微生物在饲料生产中的作用主要有三个方面：一是将各种原料转化为菌体蛋白而制成单细胞蛋白饲料，如酵母饲料和藻体饲料；二是改变原料的理化性状，提高其营养价值和适口性，如青贮饲料和发酵饲料；三是分解原料中的有害成分，如饼粕类发酵脱毒饲料。

一、单细胞蛋白饲料

单细胞蛋白是指通过大量培养酵母菌、白地霉、藻类及部分细菌、放线菌等微生物而获得的菌体蛋白。由单细胞微生物或藻类生产的高蛋白饲料称为单细胞蛋白饲料。其蛋白质含量一般占菌体干物质的40%～60%，还富含多种维生素等其它营养成分，营养价值很高。单细胞蛋白不仅用于饲料生产，而且对开发新型食品有重要意义。因此，利用工业废水、废气、天然气、石油烷烃类、农副加工产品以及有机垃圾等资源来生产单细胞蛋白饲料，是解决饲料蛋白资源严重不足的一条重要途径。

单细胞蛋白饲料营养价值高，且生产条件要求不高，在我国已有批量生产，显示出了很好的生产和应用前景。单细胞蛋白饲料包括酵母饲料、白地霉饲料、石油蛋白饲料和藻体饲料等。

（一）酵母饲料

将酵母菌繁殖在工农业废弃物及农副产品下脚料中制成的饲料称为酵母饲料，是单细胞蛋白的主要产品。酵母饲料营养齐全，风干制品中粗蛋白质含量为50%～60%，并含有多种必需氨基酸、多种维生素，是近似于鱼粉的优质蛋白质饲料，常作为畜禽蛋白质及维生素的添加饲料。

一般认为，酵母饲料除了可以向动物提供动物性蛋白以外，还可以向动物提供一些生物活性物质，促进动物消化道内有益微生物菌群的生长繁殖，进而提高动物对饲料的消化率，减少疾病的发生。

常用于生产酵母饲料的酵母菌有产朊假丝酵母、热带假丝酵母、啤酒酵母等。它们对营养要求不高，除利用己糖外，也可利用植物组织中的戊糖作为碳源，并且能利用各种廉价的铵盐作氮源。因此，生产酵母饲料的原料广泛，如亚硫酸盐纸浆废液、废糖蜜、粉浆水等。如用农作物秸秆、玉米芯、糠壳、棉籽壳、锯末、畜禽粪便时，需预先水解为糖。上述各种原料中以利用亚硫酸盐纸浆废液最为经济。

（二）白地霉饲料

白地霉饲料是将白地霉培养在工农业副产品中形成的单细胞蛋白饲料。白地霉又称乳卵孢霉，属于霉菌。菌丝为分枝状，宽3～7μm，为有隔菌丝。节孢子呈筒状、方形或椭圆形。白地霉为需氧菌，适合在28～30℃及pH 5.5～6.0的条件下生长。在麦芽汁中生长可形成菌膜，在麦芽汁琼脂上生长形成菌落，菌膜和菌落都为白色绒毛状或粉状。白地霉能利用简单的糖类作为碳源，可以利用尿素、硫酸铵等无机氮化物作为氮源，生产原料来源十分广泛，可采用通气深层液体培养基或浅层培养。生产过程大致与酵母菌饲料相当。

（三）石油蛋白饲料

以石油或天然气为碳源生产的单细胞蛋白饲料称为石油蛋白饲料，又称烃蛋白饲料。能利用石油和天然气的微生物种类很多，包括酵母菌、细菌、放线菌和霉菌，生产上以酵母菌和细菌较常用。以石油或石蜡为原料时主要接种解脂假丝酵母、热带假丝酵母等酵母菌；以天然气为原料时接种嗜甲基微生物。

以石油为原料时，所接种的酵母菌能利用其中的石蜡组分（十一碳以上的烷烃)，在加入无机氮肥及无机盐，pH 5 和 30℃左右的条件下通气培养，就能得到石油蛋白。将其从油中分离出来干燥，就得到了石油蛋白饲料。

以石蜡为原料时，生产条件基本相同，但原料几乎全部能被酵母菌所分解。形成的石油蛋白也不混杂油类，只需要经过水洗、干燥，就能得到高纯度石油蛋白。

用天然气生产的石油蛋白为第二代石油蛋白。嗜甲基微生物能利用的碳源范围很广，包括甲烷、甲醇及其氧化物，如甲醛、甲酸；还包括含两个以上甲基但不含 C—C 键的物质，如三甲基胺等。在适宜条件下，嗜甲基微生物经过通气培养，就能将这些物质和含氮物转化成菌体蛋白。

（四）藻体饲料

藻类是生活在水域或湿地，以天然无机物为培养基，以二氧化碳为碳源、氨等为氮源，通过光合作用进行繁殖的一类单细胞或多细胞蛋白。胞体多带有色素。

藻类细胞中蛋白质占干重的 50% ~70%，脂肪含量达干重的 10% ~20%，营养比其它任何未浓缩的植物蛋白都高。生产藻体饲料的藻类主要有小球藻、盐藻和大螺旋藻。生产螺旋藻饲料与普通微生物培养不同，一般在阳光及二氧化碳充足的露天水池中进行，温度 30℃左右，pH 8 ~10，通入二氧化碳则产量更高。得到的螺旋藻经过简单过滤、洗涤、干燥和粉碎，即可成为藻体饲料。藻体饲料可提高动物的生长速度，搞高饲料转化率，并减少疾病。水池养殖藻类既充分利用了淡水资源，又能美化环境。

二、微生物与发酵饲料

粗饲料经过微生物发酵而制成的饲料称为发酵饲料。粗饲料富含纤维素、半纤维素、果胶物质、木质素等粗纤维和蛋白质，但难以被动物直接消化吸收。经过微生物发酵分解后，使饲料变得软熟香甜、略带酒味，还可分解其中部分难以消化的物质，从而提高了粗饲料的适口性和利用效率。发酵饲料包括米曲霉发酵饲料、纤维素酶解饲料、瘤胃液发酵饲料、担子菌发酵饲料等。

（一）米曲霉发酵饲料

粗饲料经米曲霉发酵处理而制成的饲料称为米曲霉饲料。米曲霉属于需氧性真菌，在 30 ~32℃，pH 6 ~6.5 的条件下生长快，菌落为绒毛状，初期为白色，以后变为绿色。菌丝细长，孢子梗为瓶状，长 6μm，呈单层排列，分生孢子近球形，直径 3μm，表面有突起。

米曲霉能利用无机氮和蔗糖、淀粉、玉米粉等作为碳源，具有极高的淀粉酶活力，能将较难消化的动物蛋白，如鲜血、血粉、羽毛等降解为可消化的氨基酸，形成自身蛋白。米曲霉在畜禽新鲜血液与米糠、麦麸的混合物中繁殖后，形成的发酵饲料含粗蛋白达干重的30%以上。目前，玉米、高粱等秸秆粉发酵饲料已广泛应用于牛、羊等草食动物的日粮中，并取得了显著的经济效益。

（二）纤维素酶解饲料

富含纤维素的原料在微生物纤维素酶的催化下制成的饲料称为纤维素酶解饲料。细菌、真菌和担子菌是生产纤维素酶解饲料的主要微生物。秸秆粉或富含纤维素的工业废渣，如玉米芯粉、蔗渣、麸皮、稻草、鸡粪等，都可作为生产的原料。

（三）瘤胃液发酵饲料

瘤胃液发酵饲料是粗饲料经瘤胃液发酵而成的一种饲料。牛、羊瘤胃液中含有细菌和纤毛虫，它们能分泌纤维素酶，将纤维素降解。向秸秆粉中加入适量水、无机盐和氮素（硫酸铵），再接种瘤胃液，在密闭缸内保温发酵后，就可得到瘤胃液发酵饲料。

（四）担子菌发酵饲料

将担子菌接种于由粗饲料粉、水、铵盐组成的混合物中，担子菌就能使其中的木质素分解，形成粗蛋白含量较高的担子菌发酵饲料。

三、微生物与青贮饲料

青贮饲料是把青绿或半干饲料装入青贮窖内，在厌氧条件下靠微生物发酵制成的能长期保存的饲料。其颜色黄绿、气味酸香、柔软多汁、适口性好，是一种易加工、耐贮藏、营养价值高的饲料。

（一）与青贮饲料有关的微生物

青贮过程中参与活动和作用的微生物很多，主要有乳酸菌、真菌、丁酸菌、腐败菌及肠道杆菌等，它们在青贮原料中相互制约、巧妙配合，在密闭的条件下才能调制成青贮饲料。

1. 乳酸菌

乳酸菌是驱动青贮饲料进行乳酸发酵的菌类，在青贮过程中起决定作用。青贮原料中含量一般为$8.0\times10^{6}\sim1.7\times10^{7}$个/g，主要包括乳酸链球菌、胚芽乳酸杆菌、棒状乳酸杆菌等。它们能分解青贮原料而产生乳酸，能迅速降低pH，从而抑制其它微生物的生长繁殖，有利于饲料的保存。乳酸菌不含蛋白水解酶，但能利用饲料中的氨基酸。

乳酸菌都是革兰阳性菌，无芽孢，大多数无运动性，厌养或微需氧。乳酸链球菌是兼性厌养菌，要求pH为4.2～8.6；乳酸杆菌为专性厌氧菌，要求pH为3.0～8.6，产酸能力较强。

2. 真菌

与青贮饲料有关的酵母，在青贮原料中含量一般为$5.0\times10^{6}\sim5.07\times$

10^8 个/g。青贮初期原料中的 pH 较高，在有氧或无氧环境中，酵母菌都能迅速繁殖，分解糖类产生乙醇，与乳酸一起形成青贮饲料独特的酸香气味。随着乳酸的增多，pH 逐渐降低，其生长繁殖受到抑制，酵母菌的活动很快停止。

与青贮饲料有关的真菌没有固定的种类，存在于青贮饲料的边缘和表层等接触空气的部分。真菌是青贮饲料的有害微生物，也是导致青贮饲料好气性变质的主要微生物。

3. 丁酸菌

丁酸菌又称酪酸菌，是一类革兰阳性、严格厌氧的梭状芽孢杆菌，有游动性。在厌氧的状态下生长，能分解糖类产生丁酸和气体；将蛋白质分解成胺类及有臭味的物质；还可破坏叶绿素，使青贮饲料上出现黄斑，严重影响其营养价值和适口性。

在青贮原料中丁酸菌的含量一般为 1.0×10^6 个/g，在青贮过程中避免大量土壤污染，丁酸菌数量就会减少，而且其严格厌氧，耐酸性差（在 pH 4.7 以下时即不活动），只要在青贮初期保证严格的厌氧条件，乳酸菌有足量的积累，pH 迅速下降，丁酸菌就不能大量繁殖，青贮饲料的质量就可以得到保障。

4. 腐败菌

凡能强烈分解蛋白质的细菌统称为腐败菌，包括枯草杆菌、马铃薯杆菌、腐败梭状芽孢杆菌、变形杆菌等。大多数能强烈地分解蛋白质和糖类，并产生臭味和苦味，严重降低青贮饲料的营养价值和适口性。

5. 肠道杆菌

肠道杆菌是一类革兰阴性、无芽孢的兼性厌氧菌，以大肠杆菌和产气杆菌为主。分解糖类虽然能产生乳酸，但也产生大量气体，还能使蛋白质腐败分解，从而降低青贮饲料的营养价值。

（二）青贮各阶段微生物的活动

青贮发酵过程按微生物的活动规律，大致可以分为 3 个阶段。

1. 预备发酵阶段

当青贮料装填压紧并密封在青贮窖或塔内之后，附着在原料上的微生物即开始生长，由于铡断的青鲜饲料内可溶性营养成分的外渗，以及青贮饲料间或多或少的空气，各种需氧菌和兼性厌氧菌都能旺盛地进行繁殖，包括腐败菌、酵母菌、肠道细菌和霉菌等，而以大肠杆菌和产气杆菌群占优势。随着青贮料的植物细胞的继续呼吸作用和微生物的生物氧化作用，饲料间残留的氧气很快耗尽，形成厌氧环境；同时，由于各种微生物的代谢活动，产生乳酸、醋酸、琥珀酸等，使青贮料变为酸性，逐渐造成了有利于乳酸菌生长繁殖的环境。此时，乳酸链球菌占优势，其后是更耐酸的乳酸杆菌占优势，当青贮料 pH 在 5 以下时，绝大多数微生物的活动便被抑制，霉菌也因厌氧环境而不能活动。

预备发酵阶段的长短，随原料的化学成分和填窖的紧密程度而有不同，含糖多和填装紧密的饲料，一般酸化较快。

2. 酸化成熟阶段

酸化成熟阶段起主要作用的是乳酸杆菌。由于乳酸杆菌的大量繁殖，乳酸进一步积累，pH 进一步下降，使饲料进一步酸化成熟，其它一些剩余的细菌就全部被抑制，无芽孢的细菌逐渐死亡，有芽孢的细菌则以芽孢的形式保存休眠下来，青贮料进入最后一个阶段。

3. 完成保存阶段

当乳酸菌产生的乳酸积累到一定程度，pH 为 4.0 ~4.2 时，乳酸菌本身也受到了抑制，并开始逐渐地死亡，青贮料在厌氧和酸性的环境中成熟，并长时间地保存下来。

任务二 | 微生物与畜产品

一、乳及乳制品中的微生物

乳与乳制品是一类营养丰富的食品，是各种微生物极好的天然培养基。微生物在代谢过程中产生各种代谢产物，可以引起乳与乳制品变质或食物中毒。

（一）鲜乳中微生物的来源

鲜乳中的微生物主要来源于乳畜自身、外界环境和工作人员。

1. 乳房

乳腺组织内无菌或含有很少细菌，乳房内的细菌主要存在于乳头管及其分枝。细菌常常污染乳头开口部并蔓延至乳腺管及乳池下部，因此，在最先挤出的少量乳液中，会含有较多的细菌。正常情况下，随着挤乳的进行，乳中细菌数会显著下降。所以在挤乳时最初挤出的乳应单独存放，另行处理。正常存在于乳房中的微生物，主要是一些无害的球菌，其数量和种类并不多。只有在管理不良、污染严重或当乳房呈现病理状态时，乳中的细菌含量及种类才会大大增加，甚至有病原菌存在。

2. 乳畜体表

乳畜体表及乳房上常附着粪便、草屑及灰尘等。挤乳时不注意操作卫生，这些带有大量微生物的附着物就会落入乳中，造成严重污染。这些污染菌中，多数为芽孢杆菌和大肠杆菌。

3. 空气

畜舍内的空气，尤其是含灰尘较大的空气中含有很多的细菌，其中多数为芽孢杆菌及球菌，此外也含有大量的霉菌孢子。挤乳及收乳过程中，空气中的尘埃落入乳中即可造成污染。

4. 容器和用具

挤乳时所使用的容器及用具，如乳桶、挤乳机、滤乳布和毛巾等，如不事先进行清洗杀菌，则通过这些用具也可使鲜乳受到污染。特别是在夏秋季节，当容器及用具洗涮不彻底、消毒不严格时，微生物便在其中生长繁殖，这些细菌又多属耐热性球菌（约占 70%）和杆菌，一旦对乳造成污染，即使高温瞬间灭菌也难以彻底杀灭。

5. 饲料及褥草

挤乳前饲喂干草时，附着在干草上的细菌随同灰尘、草屑等飞散在厩舍的空气中，既污染了畜体，又污染了所有用具，或挤乳时直接落入乳桶，造成乳的污染。此外，往厩舍内搬入褥草时，特别是灰尘多的碎褥草，舍内空气可被大量的细菌所污染，成为乳被细菌污染的来源。

6. 工作人员

操作工人的手和服装，也常成为乳被细菌污染的来源。挤乳人员如不注意个人卫生，不严格执行卫生操作制度，挤乳时就可直接污染乳汁。如果工作人员患有某些传染病，或是带菌（毒）者则更危险。

（二）鲜乳中的微生物类群

鲜乳中污染的微生物有细菌、酵母菌和霉菌等多种类群，但最常见且活动占优势的微生物主要是一些细菌。

1. 乳酸菌

乳酸菌是一类能使碳水化合物分解而产生乳酸的细菌，主要包括乳酸杆菌和链球菌两类，约占鲜乳内微生物总数的 80%。较为常见和重要的链球菌类有乳酸链球菌、乳酪链球菌、粪链球菌、嗜热链球菌、液化链球菌。较常见的和重要的乳酸杆菌类有嗜酸乳杆菌、保加利亚乳杆菌、干酪乳杆菌、短乳杆菌、发酵乳杆菌、乳酸乳杆菌等。

2. 胨化细菌

胨化细菌是可使不溶解状态的蛋白质变成溶解状态的简单蛋白质的一类细菌。常见的有芽孢杆菌属中的细菌，如枯草杆菌、地衣芽孢杆菌、蜡状芽孢杆菌等；假单胞菌属中的细菌，如荧光假单胞菌和腐败单胞菌等。

3. 脂肪分解菌

脂肪分解菌主要是革兰阴性杆菌，其中具有较强分解脂肪能力的细菌是假单胞菌属和无色杆菌属等。

4. 酪酸菌

酪酸菌是一类使糖类分解而产生酪酸、二氧化碳、氢气的细菌。已知的酪酸菌种有 20 余种，有的属厌氧菌、有的属需氧菌；如牛乳中出现的魏氏杆菌就属此种。

5. 产生气体菌

产生气体菌是一类能分解糖类而产酸和产气的细菌，如大肠杆菌和产气肠细菌。

6. 产碱菌

产碱菌是能使牛乳中所含的有机盐如柠檬酸盐分解而形成碳酸盐，从而使牛乳变成碱性的一类细菌，如粪产碱杆菌、稠乳产碱杆菌。

7. 病原细菌

鲜乳中除有可能存在可引起牛乳房炎的病原菌外，有时还出现人畜共有的病原菌，如布鲁菌、结核杆菌、病原性大肠杆菌、沙门菌、金黄色葡萄球菌和溶血性链球菌等。

8. 真菌

常见的酵母菌主要有脆壁酵母、洪氏球拟酵母、高加索奶酒球拟酵母、球拟酵母等；常见的霉菌有乳粉孢霉、乳酪粉孢霉、黑念珠霉、变异念珠霉、腊叶芽枝霉、乳酪青霉、灰绿青霉、灰绿曲霉和黑曲霉等。青霉属和毛霉属等较少发现。

（三）鲜乳贮藏中微生物的变化

鲜乳在消毒前其中都有一定数量、不同种类的微生物存在，如果放置在室温 10 ~21℃环境中，微生物的生长过程可分为 5 个时期。

1. 抑制期

鲜乳中含有多种抗菌性物质，具有杀灭或抑制乳中微生物的作用。在这期间，乳液含菌数不会增高，但持续时间与抗菌物质含量、环境温度、乳液最初含菌数有关。含菌少的鲜乳，13 ~14℃可持续 36h。

2. 乳链球菌期

鲜乳中的抗菌物质减少或消失后，存在于乳中的微生物即迅速繁殖。这些细菌主要是乳链球菌、乳酸杆菌、大肠杆菌和一些蛋白质分解菌等，其中尤以乳链球菌生长繁殖特别旺盛，使乳液的酸度不断升高，抑制了其它腐败细菌的活动。当酸度升高至一定限度时，一般达 pH 4. 5 时，乳链球菌本身就会受到抑制，不再继续繁殖，并且相反地会逐渐减少，这时期就会有乳液凝块出现。

3. 乳酸杆菌期

由于乳酸链球菌在乳液中繁殖，随着乳液 pH 下降，乳酸杆菌的活动力逐渐增强。当 pH 继续下降至 4. 5 以下时，乳酸杆菌尚能继续繁殖并产酸。在这一阶段，乳液中可出现大量乳凝块，并有大量乳清析出。

4. 真菌期

当酸度继续升高至 pH 3. 5 ~3 时，绝大多数微生物被抑制甚至死亡，仅酵母菌和霉菌尚能适应高酸性的环境，并能利用乳酸及其它一些有机酸。由于酸被利用，乳液的酸度就会逐渐降低，使乳液的 pH 不断上升接近中性。

5. 胨化菌期

经过上述几个阶段的微生物活动后，乳液中的乳糖含量大量被消耗，残余量已很少，在乳中仅是蛋白质和脂肪尚有较多的量存在。因此，适宜分解蛋白质的细菌和能分解脂肪的细菌在其中生长繁殖，出现乳凝块被消化即液化，乳液的 pH 逐步提高，向碱性转化，并有腐败臭味产生的现象。这时的腐败菌大部分属于芽孢杆菌属、假单胞菌属以及变形杆菌属中的一些细菌。

（四）鲜乳在冷藏中微生物的变化

未消毒鲜乳在冷藏保存的条件下，一般的嗜温微生物增殖被抑制，而低温微生物能够增殖，但生长速度缓慢。低温时，鲜乳中较为多见的细菌有假单胞菌、醋酸杆菌、产碱杆菌、无色杆菌、黄杆菌属等，还有一部分乳酸菌、微球菌、酵母菌和霉菌等。多数假单胞菌属中的细菌，在低温时活性非常强并具有耐热性，即使在加热消毒后的牛乳中，残留脂肪酶还有活力，使乳脂肪分解。

（五）乳制品中的微生物

乳除供鲜食外，还可利用微生物的有益作用制成多种制品，乳制品不但具有较长的保存期和便于运输等优点，而且也丰富了人们的生活。

1. 奶粉中的微生物

奶粉是由全脂乳液或脱脂乳液经过消毒、浓缩、喷雾干燥而制成的粉状制品。在奶粉制造过程中，绝大部分微生物被清除或杀死，且奶粉含水量较低，一般为2% ~3%，不利于微生物存活，故经密封包装后，细菌不会繁殖。如果原料乳污染严重，则会成为奶粉中含菌量高的主要原因；此外，加工不规范、容器及包装材料清洁不彻底等可造成第二次污染。奶粉中污染的细菌主要有耐热的芽孢杆菌、微球菌、链球菌、棒状杆菌等，甚至会有病原菌出现，最常见的是沙门菌和金黄色葡萄球菌。

2. 酸乳制品中的微生物

酸乳制品是鲜乳制品经过乳酸菌类发酵而制成的产品，其中含有大量的乳酸菌、活性乳酸及其它营养成分。普通酸乳一般用保加利亚乳杆菌和嗜热链球菌作为发酵剂而制成，这两种乳酸菌在乳中生长时保持共生关系。普通酸乳中含有大约1%的乳酸，不适于病原菌的生存。乳酸菌还能产生抗菌物质，起到净化酸乳的作用。如果鲜乳在加热前受到葡萄球菌污染，其可在乳中生长繁殖并产生毒素，在制作酸奶加热消毒过程中，葡萄球菌被杀死，而毒素则留在乳中，从而会引起食物中毒。

嗜酸菌乳是利用嗜酸乳杆菌发酵而制成的乳制品。嗜酸乳杆菌可在人和动物的胃肠道内定居，并能产生嗜酸菌素等多种抗菌物质，抑制有害菌类，维持肠道内微生物区系的平衡。

3. 炼乳中的微生物

由于淡炼乳水分含量已减少，装罐后经过 115 ~117℃ 15min 高温灭菌或超高温灭菌后，可使制品不含有病原菌和引起变质的杂菌。但如果由于加热灭菌不充分，有抗热力大的细菌残留；或装罐不密封，被外界微生物污染，会造成淡炼乳发生变质。如污染枯草杆菌、嗜热乳芽孢杆菌、蜡状芽孢杆菌、单纯芽孢杆菌、巨大芽孢杆菌等，会出现凝乳；耐热性的厌氧芽孢菌可引起产气乳；刺鼻芽孢杆菌和面包芽孢杆菌等可引起苦味乳。

甜炼乳是借乳液中高浓度糖分形成的高渗环境来防止微生物的生长，装罐后不再进行灭菌。但有时原料乳污染严重，或加工过程中的再污染，特别是加入含有较多微生物的蔗糖，以致装罐后的甜炼乳发生变质。炼乳球拟酵母、球拟酵母等可在甜炼乳中繁殖而产生气体，使罐膨胀。葡萄球菌、枯草芽孢杆菌和马铃薯芽孢杆菌等细菌，可引起甜炼乳变稠。在原料乳中污染了较多的细菌后，即使细菌已死亡，但酶的凝乳作用并不消失，因此仍会出现变稠现象。葡萄曲霉和芽枝霉等霉菌可使甜炼乳罐头在贮存中发霉。

4. 干酪中的微生物

干酪是在乳酸菌作用下，使原料乳经过发酵、凝乳、乳清分离、压榨成型、盐渍与成熟等过程而制成的一种固体乳制品。由于原料乳品质不良、消毒不彻底，或加工方法不当，往往会使干酪污染各种微生物而引起变质。大肠杆菌类等有害微生物可使干酪膨胀。腐败菌类可使干酪表面湿润发黏，甚至整块干酪变成黏液状，并有腐败气味。苦味酵母、液化链球菌、乳房链球菌等微生物强力分解蛋白质后，可使干酪产生不快的苦味。污染霉菌会引起发霉。干酪的食物中毒以葡萄球菌污染引起的较多见，其次是病原性大肠杆菌，沙门菌再次之。

二、肉及肉制品中的微生物

（一）鲜肉中微生物的来源

健康动物的胴体，尤其是深部组织，是无微生物存在的，但从解体分割到销售要经过许多环节，组织中经常会有不同数量的微生物存在。鲜肉中微生物的来源与许多因素有关，如动物生前的饲养管理条件、机体健康状况及屠宰加工的环境条件、操作程序等。

1. 宰前微生物的污染

健康动物的体表及与外界相通的腔道、某些部位的淋巴结内都不同程度地存在着微生物，尤其是消化道内的微生物类群最多。通常情况下，这些微生物不侵入肌肉等机体组织中，只有在动物机体抵抗力下降的情况下，某些病原性或条件性致病微生物可进入淋巴液、血液，并侵入到肌肉组织或实质脏器。有些微生物也可经体表的创伤、感染而侵入深层组织。此外，动物感染病原微生物时，在它们的组织内部也可以有相应的病原微生物存在。

2. 屠宰过程中微生物的污染

宰杀时，在放血、脱毛、剥皮、去内脏、分割等过程中，存在于动物被毛、皮肤、消化道、呼吸道、泌尿生殖道中的微生物，以及屠宰加工场所的卫生状况等，均会造成鲜肉的污染。因此，宰前对动物进行淋浴，使用符合《中华人民共和国生活饮用水卫生标准》的水源，坚持正确操作及注意个人卫生，可减少微生物对鲜肉的污染。

（二）鲜肉中常见的微生物类群

鲜肉中的微生物种类较多，包括细菌、病毒、真菌等，可分为致腐性微生物、致病性微生物及食物中毒性微生物三类。

1. 致腐性微生物

致腐性微生物主要有细菌和真菌。细菌是造成鲜肉腐败的主要微生物，主要包括假单胞菌属、无色杆菌属、产碱杆菌属、小球菌属、链球菌属、黄杆菌属、八叠球菌属、明串珠菌属、变形杆菌属、大肠杆菌属、芽孢杆菌属、梭状芽孢杆菌属等。真菌在鲜肉中不仅没有细菌数量多，而且分解蛋白质的能力也较细菌弱，生长较慢，在鲜肉变质中只起一定作用，常见的有假丝酵母菌属、丝孢酵母属、芽枝霉属、卵孢霉属、枝霉属、毛霉属、根霉属、青霉属、曲霉属、交链孢霉属、念珠霉属等，其中以毛霉及青霉为最多。

2. 致病性微生物

致病性微生物包括引起人畜共患病的微生物和只感染动物的微生物两类。前者常见的有炭疽杆菌、布鲁菌、李斯特菌、鼻疽杆菌、土拉杆菌、结核分枝杆菌、猪丹毒杆菌、口蹄疫病毒、狂犬病病毒、水疱性口炎病毒、禽流感病毒等。后者常见的有多杀性巴氏杆菌、坏死杆菌、猪瘟病毒、兔出血症病毒、鸡新城疫病毒、鸡传染性支气管炎病毒、鸡传染性法氏囊病病毒、鸡马立克病病毒、鸭瘟病毒等。

3. 中毒性微生物

有些致病性微生物或条件性致病微生物，污染后产生大量毒素，从而引起食物中毒。常见的细菌有沙门菌、志贺菌、致病性大肠杆菌、变形杆菌、蜡样芽孢杆菌、链球菌、空肠弯曲菌、小肠结肠炎耶尔森菌等。常见的真菌有麦角菌、赤霉、黄曲霉、黄绿青霉、毛青霉、冰岛青霉等。

（三）冷藏肉中微生物的来源及类群

冷藏肉的微生物来源，以外源性污染为主，如屠宰、加工、贮藏及销售过程中的污染。肉类在低温下贮存，能抑制或减弱大部分微生物的生长繁殖。嗜冷性细菌，尤其是霉菌常可引起冷藏肉的污染与变质。冷藏肉中常见的嗜冷细菌有假单胞杆菌、莫拉菌、不动杆菌、乳杆菌及肠杆菌科的某些菌属，尤其以假单胞菌最为常见；常见的真菌有球拟酵母、隐球酵母、红酵母、假丝酵母、毛霉、根霉、枝孢霉、青霉等。

（四）肉制品中微生物的来源及类群

肉制品的种类很多，一般包括熟肉制品、灌肠制品和腌腊制品。由于加工原料、制作工艺、贮存方法各有差异，因此各种肉制品中的微生物来源与种类也有较大区别。

1. 熟肉制品中微生物的来源及类群

熟肉制品包括酱卤肉、烧烤肉、肉松、肉干等，经加热处理后，一般不含有细菌的繁殖体，但可能含少量细菌的芽孢。引起熟肉变质的微生物主要是真菌，如根霉、青霉及酵母菌等，它们的孢子广泛分布于加工厂的环境中，很容易污染熟肉表面并导致变质。因此，加工好的熟肉制品应在冷藏条件运送、贮存和销售。

2. 灌肠制品中微生物的来源及类群

灌肠类肉制品系指以鲜（冻）畜肉腌制、切碎、加入辅料、灌入肠衣后经风（焙）干制成的生肠类肉制品，或煮熟而成的熟肠类肉制品。前者如腊（香）肠，后者如火腿肠等。

与生肠类变质有关的微生物有酵母菌、微杆菌及一些革兰阴性菌。熟肠类如果加热适当可杀死其中细菌的繁殖体，但芽孢可能存活，加热后及时进行冷藏，一般不会危害产品质量。

3. 腌腊制品中微生物的来源及类群

腌制是肉类的一种加工方法，也是一种防腐的方法。这种方法在我国历史悠久，至今还普遍使用。肉的腌制可分为干腌法和湿腌法。腌制的防腐作用，主要是依靠一定浓度的盐水形成高渗环境，使微生物处于生理干燥状态而不能繁殖。

腌腊制品中多以耐盐或嗜盐的菌类为主，弧菌是极常见的细菌，也可见到微球菌、异型发酵乳杆菌、明串珠菌等。一些腌腊制品中可见到沙门菌、致病性大肠杆菌、副溶血性弧菌等致病性细菌。一些酵母菌和霉菌也是引起腌腊制品发生腐败、霉变的常见菌类。

三、蛋及蛋制品中的微生物

（一）鲜蛋中微生物的来源

健康禽类所生的鲜蛋内部一般是无菌的。蛋由禽体排出后的蛋壳表面有一层胶状物质，蛋壳内层有一层薄膜，再加上蛋壳的结构，具有防止水分蒸发、阻碍外界微生物侵入的作用。其次，在蛋壳膜和蛋白中，存在一定的溶菌酶，也可以杀灭侵入壳内的微生物。故正常情况下鲜蛋可保存较长的时间而不发生变质。但当家禽卵巢及子宫感染微生物，或者蛋产出后，在运输、贮藏及加工过程中壳外黏液层破坏，微生物经蛋壳上的气孔侵入蛋内，则鲜蛋内部及蛋制品中会带上微生物。

（二）鲜蛋中微生物的类群

以大肠菌群、假单胞菌属、产碱杆菌属、变形杆菌属、青霉属、枝孢属、毛霉属、枝霉属等较为常见。另外，蛋中也可能存在病原微生物，如沙门菌、金黄色葡萄球菌、变形杆菌、禽白血病病毒、鸡新城疫病毒、禽传染性支气管病毒、禽呼肠孤病毒等。

（三）蛋制品中微生物的来源及类群

蛋制品包括两大类，一类是鲜蛋的腌制品，主要有皮蛋、咸蛋、糟蛋；另一类是去壳的液蛋和冰蛋、干蛋粉和干蛋白片。

1. 皮蛋

皮蛋又称松花蛋，是用一定量的水、生石灰、碳酸钠、盐、草木灰配成液料，将新鲜完整的鸭蛋浸入液料中，每个蛋壳表面包一层以残料液拌调的黄泥，再滚上一层稻糠而制成，经25～30d后成熟。料液中的氢氧化钠具有强大的杀菌作用，盐也能抑菌防腐，故松花蛋能很好地保存。

2. 咸蛋

咸蛋是将清洁、无破裂的鲜蛋浸于20%盐水中，或在壳上包一层含盐50%的草木灰浆，经30～40d成熟。高浓度的盐溶液有强大的抑菌作用，所以咸蛋能在常温下保存而不腐败。

3. 糟蛋

糟蛋是先用糯米配制成优质酒糟，加适量食盐，然后将鲜蛋洗净、晾干，轻轻击破钝端及一侧的蛋壳，但勿破壳膜，将蛋钝端向上插入糟内，使蛋的四周均有酒糟，依次排列，一层蛋一层糟，最上层以糟料盖严，最后密封，经4～5个月成熟。糟料中的醇和盐具有消毒和抑菌作用，所以糟蛋不但气味芳香，而且也能很好地保存。

4. 液蛋和冰冻蛋

液蛋和冰冻蛋是将经过光照检查、水洗、消毒、晾干的鲜蛋，打出蛋内容物搅拌均匀，或分开蛋白、蛋黄各自混匀，必要时蛋黄中加一定量的盐或糖，然后进行巴氏消毒、装桶冷冻而成。液蛋极易受微生物的污染，污染的主要来源是蛋壳、腐败蛋和打蛋用具。故打蛋前要照蛋，剔除黏壳蛋、散黄蛋、霉坏蛋和已发育蛋。所有用具在用前用后要清洁、干燥、消毒。

5. 干蛋粉

干蛋粉分为全蛋粉、蛋黄粉，是各类液蛋经充分搅拌、过滤，除去碎蛋壳、蛋黄膜、系带等，经巴氏消毒、喷雾、干燥而制成的含水量仅4.5%左右的粉状制品。干蛋粉的微生物来源及其控制措施除与液蛋相同外，还必须严格按照干蛋粉制作的操作规程并对所用器具作清洁消毒。

6. 干蛋白片

干蛋白片是在蛋白液经搅拌、过滤、发酵除糖后不使蛋白凝固的条件下，蒸发其水分，烘干而成的透明亮晶片。干蛋白片的微生物污染及其控制措施与液蛋、冰蛋和干蛋粉基本相同。

任务三 | 微生物活性制剂

一、微生物酶制剂

（一）微生物酶制剂的种类及作用

微生物酶制剂是由非致病性微生物产生的酶制成的制剂。动物生产中所使用的微生物酶制剂主要为水解酶。应用价值较高的微生物酶制剂有以下几种。

1. 聚糖酶

聚糖酶包括纤维素酶、木聚糖酶、β－葡聚糖酶、β－半乳糖苷酶、果胶酶等。聚糖酶能摧毁植物细胞的细胞壁，有利于细胞内淀粉、蛋白质和脂肪释放，促进消化吸收。聚糖酶能分解可溶性非淀粉多糖，降低食糜的黏性，提高肠道微环境对食糜的消化分解及吸收利用效率。甘露聚糖酶能和某些致病细菌结合，减少畜禽腹泻类传染病的发生。聚糖酶能分解非淀粉多糖，不仅能减少畜禽饮水量和粪便的含水量，而且能减少粪便中及肠道后段的不良分解产物，使环境中氨气和硫化氢浓度降低，有利于净化环境。

2. 植酸酶

所有植物性饲料都含有1%～5%的植酸盐，它们含有占饲料总磷量60%～80%的磷。植酸盐非常稳定，而单胃动物不分泌植酸酶，故难以直接利用饲料中的植酸盐。植酸酶能催化饲料中植酸盐的水解反应，一方面使其中的磷以无机磷的形式释放出来，被单胃动物所吸收，另一方面能使与植酸盐结合的锌、铜、铁等微量元素及蛋白质释放，因而提高动物对植物性饲料的利用率。植酸酶还能降低粪便含磷量约30%，减少磷对环境的污染。

3. 淀粉酶（包括α－淀粉酶、支链淀粉酶）和蛋白酶

幼小动物消化功能尚不健全，淀粉酶和蛋白酶分泌量不足，支链淀粉酶可降解饲料加工中形成的结晶化淀粉。枯草杆菌蛋白酶能促进豆科饲料中蛋白质的消化吸收。

4. 酯酶和环氧酶

霉菌毒素如玉米赤酶烯酮，细菌毒素如单孢菌素，是饲料在潮湿环境下易产生的微生物毒素。酯酶能破坏玉米赤霉烯酮，环氧酶能分解单孢菌素，生成无毒降解产物。

（二）微生物酶制剂的生产

酶是微生物的重要代谢产物之一。微生物酶制剂一般来源于霉菌、细菌的发酵培养物。不同的菌种产生的酶种类不同，如木霉分泌纤维素酶、木聚糖酶、β－葡聚糖酶；曲霉分泌α－淀粉酶、蛋白酶、植酸酶。酶制剂可以只含

一种酶，也可以是多种酶的复合酶制剂。

生产酶制剂时，首先要选育菌种，然后在液态基质中发酵培养，经过过滤、提取、浓缩、干燥、粉碎等处理而成。

（三）微生物酶制剂的应用

1. 作为饲料添加剂

由于单胃动物不分泌聚糖酶，幼龄动物产生的消化酶不足，所以植物性饲料中有的成分不能被动物消化吸收。多种动物饲喂实践表明，饲料中加入微生物酶制剂能弥补动物消化酶的不足，促进动物对饲料的充分消化和利用，能明显提高动物的生产能力。淀粉酶、蛋白酶适用于肉食动物、仔猪、肉鸡等；纤维素酶主要用于育肥猪；植酸酶常用于多种草食动物，但反刍类瘤胃中能产生植酸酶，可以不用。

2. 微生物饲料的辅助原料

含糖量低的豆科植物制作青贮饲料时，加入淀粉酶或纤维素酶制剂，能将部分多糖分解为单糖，促进乳酸菌的活动，同时降低果胶含量，提高青贮饲料的质量。

3. 用于饲料脱毒

应用酶法可以除去棉籽饼中的毒素，酯酶和环氧酶制剂还能分解饲料中的霉菌毒素和单孢菌素。

4. 防病保健，保护环境

纤维素酶对反刍类前胃迟缓和马属动物消化不良等症具有一定防制效果。酶制剂改善了动物肠道微环境，减少了有害物质的吸收和排泄，降低了空气中氨、硫化氢等有害物质的浓度，有利于保护人和动物的生存环境，增进健康。

二、微生态制剂

（一）微生态制剂的概念

微生态制剂又称活菌制剂或生菌剂，是指运用微生态学原理，利用对宿主有益无害的益生菌或益生菌的促生长物质，经特殊工艺加工而成的活菌制剂。在美国称为直接饲用微生物，欧盟委员会将其称为微生物制剂。微生态制剂的英文名“probiotics”，来源于古希腊语，意为“for life”（有益于生命），我国也有人译为“益生素”、“活菌制剂”或“生菌剂”，但多数人仍称之为“微生态制剂”。微生态制剂可直接饲喂动物，并能有效促进动物体调节肠道微生态平衡，具有无副作用、无残留、无污染以及不产生抗药性等特点。目前，微生态制剂已被公认为有希望取代抗生素的饲料添加剂。

（二）微生态制剂的种类及生产菌种

1. 微生态制剂的种类

根据不同的分类依据可有不同的划分方法，但常根据微生态制剂的物质组成划分为益生素、益生元、合生元3类。

（1）益生素　指改善宿主微生态平衡而发挥有益作用，达到提高宿主健康水平和健康状态的活菌制剂及其代谢产物，包括乳酸菌制剂、芽孢杆菌制剂、真菌及活酵母制剂等。

（2）益生元　又称化学益生素，是一种不能被宿主消化吸收，也不能被肠道有害菌利用，只能被有益微生物选择性吸收利用或能促进有益菌活性的一类化学物质。能选择性地促进肠内有益菌群的活性或生长繁殖，起到增进宿主健康和促进生长的作用。最早发现的益生元是双歧因子，后来又发现多种不能被消化的功能性寡糖，如果寡糖（FOS）、低聚木糖（XOS）、甘露寡糖（MOS）、乳寡糖（GAS）、寡葡萄糖（COS）、半乳寡糖（TOC）和寡乳糖（CAS）、有机酸及其盐类、某些中药等。

（3）合生元　又称合生素，是益生菌和益生元按一定比例结合的生物制剂，或再加入维生素、微量元素等。其既可发挥益生菌的生理性细菌活性，又可选择性地增加这种菌的数量，使益生作用更显著、更持久，如低聚糖合生元、中草药合生元等。

2. 生产菌种

用于微生态制剂生产的菌种，首先应该是GRAS菌（公认的安全菌），如乳杆菌、某些双歧杆菌和肠球菌。只要有任何安全性疑问，在用作生产用菌种前，就有必要作短期的或长期的毒理学试验。

国外使用微生态制剂的历史悠久，如日本已形成了使用双歧杆菌制剂的传统。美国食品与药物管理局审批的、可在饲料中安全使用的菌种包括：黑曲霉、米曲霉、4种芽孢杆菌、4种拟杆菌、5种链球菌、6种双歧杆菌、12种乳杆菌、2种小球菌以及肠系膜明串珠菌和酵母菌等。英国除了使用以上菌种外，还使用伪长双歧杆菌、尿链球菌（我国称为屎链球菌）、枯草杆菌Toyoi变异株等。

2003年我国农业部公布了可直接用于生产动物饲料添加剂的菌种15个，包括干酪乳杆菌、植物乳杆菌、嗜酸乳杆菌、两歧双歧杆菌、粪肠球菌、屎肠球菌、乳酸肠球菌、枯草芽孢杆菌、地衣芽孢杆菌、乳酸片球菌、戊糖片球菌、乳酸乳杆菌、啤酒酵母、产朊假丝酵母和沼泽红假单胞菌。

（三）微生态制剂的作用

1. 拮抗病菌并维持肠道微生态平衡

在正常情况下，动物肠道微生物种群及其数量处于一个动态的微生态平衡状态，当机体受到某些应激因素的影响，这种平衡可能被破坏，导致体内菌群比例失调，需氧菌如大肠杆菌增加，并使蛋白质分解产生胺、氨等有害物质，动物表现出下痢等病理状态，生产性能下降。在动物饲料中添加微生态制剂不仅可以保持微生态环境的相对稳定，而且可以有效抑制病原体附集到胃肠道黏膜上，起到屏蔽作用，阻止致病菌的定植与入侵，以保护动物体不受感染。

2. 产生多种酶类

益生素在动物体内还能产生各种消化酶，提高饲料转化率。如芽孢杆菌有很强的蛋白酶、脂肪酶、淀粉酶活力，还能降解植物性饲料中较复杂的碳水化合物。乳酸菌能合成多种维生素供动物吸收，并产生有机酸加强肠蠕动，促进吸收。某些酵母菌有富集微量元素的作用，使之由无机态形式变成动物易消化的有机态形式。益生素能够维持动物小肠绒毛的结构并加强其功能，从而促进营养物质的吸收利用。

3. 营养和促生长作用

益生素在动物肠道内生长繁殖，能产生多种营养物质如维生素、氨基酸、促生长因子等，参与机体的新陈代谢。此外，一些益生素还产生一些重要的营养因子，从而促进矿物质元素利用，减少应激反应。

4. 增强机体免疫功能

益生素能提高抗体的数量和巨噬细胞的活力。乳酸菌可诱导机体产生干扰素、白细胞介素等细胞因子，通过淋巴循环活化全身的免疫防御系统，提高机体抑制癌细胞增殖的能力。霉菌分泌的一些代谢产物，可以增强机体免疫力。双歧杆菌细胞壁中的完整肽聚糖可使小鼠腹腔巨噬细胞 IL－1、IL－6 等细胞因子的 mRNA 的表达增多，从而在调节机体免疫应答反应中起作用。

5. 提高反刍动物对纤维素的消化率

益生素尤其是酵母和霉菌，具有促进瘤胃微生物繁殖和活性的能力，稳定瘤胃内环境，促进瘤胃菌体蛋白质合成，改变十二指肠内氨基酸构成比，促进厌氧菌特别是乳酸菌生长繁殖，进一步提高瘤胃中纤维素成分的早期消化，使纤维素成分消化速度加快，加强对瘤胃内氮的利用和蛋白质的合成，提高磷的消化利用率。

（四）微生态制剂使用注意事项

1. 选用合适的菌株

理想的微生态制剂应对人畜无毒害作用，能耐受强酸和胆汁环境，有较高的生产性能，体内外易于繁殖，室温下有较高的稳定性，对所用动物应该是特异性的。

2. 考虑用药程序

要考虑到饲料中应用的抗生素种类、浓度对微生态制剂效果的影响。使用微生态制剂前后应停止使用抗生素，以免降低效果或失效。

3. 正确使用

确保已经加入饲料或饮水中的制剂充分混匀，并有足够的活菌量。微生态制剂是活菌制剂，应保存于阴凉避光处，以确保微生物的活性。贮存时间不宜过长，以防失效。

1. 名词解释

单细胞蛋白饲料、青贮饲料、发酵饲料、酵母饲料、微生态制剂、益生素、益生元。

2. 简述青贮饲料中的微生物及其作用。

3. 试述鲜乳中微生物的来源及在贮藏过程中的微生物学变化。

4. 试述鲜肉中病原微生物的来源及危害。

5. 试述鲜蛋中微生物的来源及危害。

6. 试述微生态制剂的作用。

参 考 文 献

1. 李舫. 动物微生物. 北京：中国农业出版社，2006
2. 陆承平. 兽医微生物学. 第四版. 北京：中国农业出版社，2008
3. 刘莉，王涛. 动物微生物及免疫. 北京：化学工业出版社，2010
4. 欧阳素贞，曹晶. 动物微生物与免疫. 北京：化学工业出版社，2009
5. 郝民忠. 动物微生物. 重庆：重庆大学出版社，2007
6. 葛兆宏. 动物微生物. 北京：中国农业出版社，2001
7. 王坤，乐涛. 动物微生物. 北京：中国农业大学出版社，2007
8. 羊建平，梁学勇. 动物微生物. 北京：中国农业大学出版社，2011
9. 黄青云. 畜牧微生物学. 第四版. 北京：中国农业出版社，2003
10. 蔡宝祥. 家畜传染病学. 第四版. 北京：中国农业出版社，2001
11. 杜念兴. 兽医免疫学. 第二版. 北京：中国农业出版社，2000
12. 吴清民. 兽医传染病学. 北京：中国农业大学出版社，2001
13. 董德祥. 疫苗技术基础与应用. 北京：化学工业出版社，2002
14. 崔保安. 动物微生物学. 北京：中国农业出版社，2005
15. 李决. 兽医微生物学及免疫学. 成都：四川科学技术出版社，2003
16. 沈萍，陈向东. 微生物学. 第二版. 北京：高等教育出版社，2006
17. 余伯良. 发酵饲料生产与应用新技术. 北京：中国农业出版社，2000
18. 中国农业科学院哈尔滨兽医研究所. 动物传染病. 北京：中国农业出版社，2008
19. 赵良仓. 动物微生物及检验. 北京：中国农业出版社，2009
20. 杨汉春. 动物免疫学. 第二版. 北京：中国农业大学出版社，2003